高等院校美术·设计
专业系列教材

室内装饰施工图设计

INTERIOR DECORATION CONSTRUCTION DRAWING DESIGN

帅 斌　林钰源　总主编
廖风华　向 东　著

岭南美术出版社
中国·广州

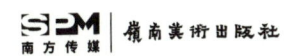

图书在版编目（CIP）数据

室内装饰施工图设计/帅斌，林钰源总主编；廖风华，向东著. --广州：岭南美术出版社，2024. 11. （大匠：高等院校美术·设计专业系列教材）. --
ISBN 978-7-5362-8100-4

I. TU238.2

中国国家版本馆CIP数据核字第2024WV1418号

出 版 人：刘子如
策　　划：刘向上　李国正
责任编辑：王效云　郭海燕
责任技编：谢　芸
特约编辑：邱艳艳
装帧设计：黄明珊　罗　靖　黄金梅
　　　　　邹　晴　朱林森　黄乙航
　　　　　盖煜坤　徐效羽　郭恩琪
　　　　　石梓洳
　　　　　友间文化

室内装饰施工图设计
SHINEI ZHUANGSHI SHIGONG TU SHEJI

出版、总发行：岭南美术出版社（网址：www.lnysw.net）
　　　　　　　（广州市天河区海安路19号14楼　邮编：510627）
经　　销：全国新华书店
印　　刷：东莞市翔盈印务有限公司
版　　次：2024年11月第1版
印　　次：2024年11月第1次印刷
开　　本：889 mm×1194 mm　1/16
印　　张：12.75
字　　数：210千字
印　　数：1—1000册
ISBN 978-7-5362-8100-4

定　　价：62.00元

《大匠——高等院校美术·设计专业系列教材》

编 委 会

总 主 编： 帅 斌　林钰源

编　　委： 何 锐　佟景贵　金 海　张 良　李树仁
　　　　　　董大维　杨世儒　向 东　袁塔拉　曹宇培
　　　　　　杨晓旗　程新浩　何新闻　曾智林　刘颖悟
　　　　　　尚 华　李绪洪　卢小根　钟香炜　杨中华
　　　　　　张湘晖　谢 礼　韩朝晖　邓中云　熊应军
　　　　　　贺锋林　陈华钢　张南岭　卢 伟　张志祥
　　　　　　谢恒星　陈卫平　尹康庄　杨乾明　范宝龙
　　　　　　孙恩乐　金 穗　梁 善　华 年　钟国荣
　　　　　　黄明珊　刘子如　刘向上　李国正　王效云

序一 「大匠」本位，设计初心

对于每一位从事设计艺术教育的人士而言，"大国工匠"这个词都不会陌生，这是设计工作者毕生的追求与向往，也是我们编写这套教材的初心与夙愿。

所谓"大匠"，必有"匠心"，但是在我们的追求中，"匠心"有两层内涵，其一是从设计艺术的专业角度看，要具备造物的精心、恒心，以及致力于在物质文化探索中推陈出新的决心。其二是从设计艺术教育的本位看，要秉承耐心、仁心，以及面对孜孜不倦的学子时那永不言弃的师心。唯有"匠心"所至，方能开出硕果。

作为一门交叉学科，设计艺术既有自然科学的严谨规范，又有人文社会科学的风雅内涵。然而，与其他学科相比，设计艺术最显著的特征是高度的实用性，这也赋予了设计艺术教育高度职业化的特点，小到平面海报、宣传册页，大到室内陈设与建筑构造，无不体现着设计师匠心独运的哲思与努力。而要将这些"造物"的知识和技能完整地传授给学生，就必须首先设计出一套可供反复验证并具有高度指导性的体系和标准，而系列化的教材显然是这套标准最凝练的载体。

对于设计艺术而言，系列教材存在的意义在于以一种标准化的方式将各个领域的设计知识进行系统性的归纳、整理与总结，并通过多门课程的有序组合，令其真正成为提升理论认知、指导技能实践、提高综合素养的有效手段。因此，表面上看，它以理论文本为载体，实际上却是以设计的实践和产出为目的，古人常言"见微知著"，设计知识和技能的传授同样如此。为了完成一套高水平的应用型教材的编撰工作，我们必须从每一门课程开始逐一梳理，具体问题具体分析，如此才能以点带面、汇聚成体。然而，与一般的通识性教材不同，设计类教材的编撰必须紧扣具体的设计目标，回归设计的本源，并就每一个知识点的逻辑性和应用性进行阐述。即使在讲述综合性的设计原理时，也应该以具体实践项目为案例，而这一点，也是我们在深圳职业技术学院近30年的设计教育实践中所奉行的一贯原则。

例如在阐述设计的透视问题时，不能只将视野停留在对透视原理的文字性解释上，而是要旁征博引，对透视的来源、历史和趋势进行较为全面的阐述，而后再辅以建筑设计、产品设计、平面设计领域中的具体问题来详加说明，这样学生就不会只在教材中学到单一枯燥的理论知识，而是能通过恰当的案例和具有拓展性的解释进一步认识到知识的应用场景。如果此时导入适宜的习题，将会令他们得到进一步的技能训练，并有可能启发他们举一反三，联想到自己在未来职业生涯中可能面对的种种专业问题。我们坚持这样的编写方式，是因为我们在学校的实际教学中正是以"项目化"为引领去开展每一个环节及任务点的具体设计的。无论是课程思政建设还是金课建设，均是如此。而这种教学方式的形成完全是基于对设计教育职业化及其科学发展规律的高度尊重。

提到发展规律问题，就不能绕过设计艺术学科的细分问题，随着今天设计艺术教育的日趋成熟，设计正表现出越来越细的专业分类，未来必定还会呈现出进一步的细分。因此，我希望我们这套教材的编写也能够遵循这种客观规律，紧跟行业动态发展趋势，并根据市场的人才需求开发出越来越多对应的新型课程，编写更多有效、完备、新颖的配套教材，以帮助学生在日趋激烈的就业环境中展现自身的价值，帮助他们无缝对接各种类型的优质企业。

职业教育有着非常具体的人才培养定位，所有的课程、专业设置都应该与市场需求相衔接。这些年来，我们一直在围绕这个核心而努力。由于深圳职业技术学院位处深圳，而深圳作为设计之都，有着较为完备的设计产业及较为广泛的人才需求，因此我们学院始终坚持着将设计教育办到城市产业增长点上的宗旨，努力实现人才培养与城市发展的高度匹配。当然，做到这种程度非常不容易，无论是课程的开发，还是某门课程的教材编写，都不是一蹴而就的。但是我相信通过任课教师们的精耕细作，随着这套教材的不断更新、拓展及应用，我们一定会有所收获，为师者若要以"大匠"为目标，必然要经过长年累月的教学积累与潜心投入。

历史已经充分证明了设计教育对国家综合实力的促进作用，设计对今天的世界而言是一种不可替代的生产力。作为世界第一的制造业大国，我国的设计产业正在以前所未有的速度向前迈进，国家自主设计、研发的手机、汽车、高铁等早已声名在外，它们反映了我国在科技创新方面日益增强的国际竞争力，这些标志性设计不但为我国的经济建设做出了重要贡献，还不断地输出着中华文化、中国内涵，令全世界可以通过实实在在的物质载体认识中国、了解中国。但是，我们也应该看到，为了保持这种积极的创造活力，实现具有可持续性的设计产业发展，最终实现从"中国制造"向"中国智造"的转型升级，令"中国设计"屹立于世界设计之林，就必须依托于高水平设计人才源源不断的培养和输送，这样光荣且具有挑战性的使命，作为一线教师，我们义不容辞。

"大匠"是我们这套教材的立身本位，为人民服务是我们永不忘怀的设计初心。我们正是带着这种信念，投入每一册教材的精心编写之中。欢迎来自各个领域的设计专家、教育工作者批评指正，并由衷希望与大家共同成长，为中国设计教育的未来做出更多贡献！

帅　斌

深圳职业技术学院教授、艺术设计学院院长

2022年5月12日

序二 致敬工匠

能否"造物",无疑是人与其他动物之间最大的区别。人能"造物"而别的动物不能"造物"。目前我们看到的人类留下的所有文化遗产几乎都是人类的"造物"结果。"造物"从远古到现代都离不开"工匠"。"工匠"正是这些"造物"的主人。"造物"拉开了人与其他动物的距离。人在"造物"之时,需要思考"造物"所要满足的需求和满足需求的具体可行性方案,这就是人类的设计活动。在"造物"的过程中,为了能够更好地体现工匠的"匠意",往往要求工匠心中要有解决问题的巧思——"意匠"。这个过程需要精准找到解决问题的点子和具体可行的加工工艺方法,以及娴熟驾驭具体加工工艺的高超技艺,才能达成解决问题、满足需求的目标。这个过程需要选择合适的材料,需要根据材料进行构思,需要根据构思进行必要的加工。古代工匠早就懂得因需选材,因材造意,因意施艺。优秀工匠在解决问题的时候往往匠心独运,表现出高超技艺,从而获得人们的敬仰。

在这里,我们要向造物者——"工匠"致敬!

一、编写"大匠"系列教材的初衷

2017年11月,我来到广州商学院艺术设计学院。我发现当前很多应用型高等院校设计专业所用教材要么沿用原来高职高专的教材,要么直接把学术型本科教材拿来凑合着用。这与应用型高等院校对教材的要求不相适应。因此,我萌发了编写一套应用型高等院校设计专业教材的想法。很快,这个想法得到各个兄弟院校的积极响应,也得到岭南美术出版社的大力支持,从而拉开了编写《大匠——高等院校美术·设计专业系列教材》(以下简称"大匠"系列教材)的序幕。

对中国而言,发展职业教育是一项国策。随着改革开放进一步深化和中国制造业的迅猛发展,中国制造的产品已经遍布世界各国。同时,中国的高等教育发展迅猛,但中国的职业教育却相对滞后。近年来,中国才开始重视职业教育。2014年李克强总理提道:"发展现代职业教育,是转方式、调结构的战略举措。由于中国职业教育发展不够充分,使中国制造、中国装备质量还存在许多缺陷,与发达国家的高中端产品相比,仍有不小差距。'中国制造'的差距主要是职业人才的差距。要解决这个问题,就必须发展中国的职业教育。"

艺术设计专业本来就是应用型专业。应用型艺术设计专业无疑属于职业教育，是中国高等职业教育的重要组成部分。

艺术设计一旦与制造业紧密结合，就可以提升一个国家的软实力。"中国制造"要向"中国智造"转变，需要中国设计。让"美"融入产品成为产品的附加值需要艺术设计。在未来的中国品牌之路上，需要大量优秀的中国艺术设计师的参与。为了满足人民群众对美好生活的向往，需要设计师的加盟。

设计可以提升我们国家的软实力，可以实现"美是一种生产力"，有助于满足人民群众对美好生活的向往。在中国的乡村振兴中，我们看到设计发挥了应有的作用。在中国的旧改工程中，我们同样看到设计发挥了化腐朽为神奇的效用。

没有好的中国设计，就不可能有好的中国品牌。好的国货、国潮都需要好的中国设计。中国设计和中国品牌都来自中国设计师之手。培养中国自己的优秀设计人才无疑是我们的当务之急。中国现代高等教育艺术设计人才的培养，需要全社会的共同努力。这也正是我们编写这套"大匠"系列教材的初衷。

二、冠以"大匠"之名，致敬"工匠精神"

这是一套应用型的美术·设计专业系列教材，之所以给这套教材冠以"大匠"之名，是因为我们高等院校艺术设计专业就是培养应用型艺术设计人才的。用传统语言表达，就是培养"工匠"。但我们不能满足于培养一般的"工匠"，我们希望培养"能工巧匠"，更希望培养出"大匠"，甚至企盼培养出能影响一个时代和引领设计潮流的"百年巨匠"，这才是中国艺术设计教育的使命和担当。

"匠"字，许慎《说文解字》称："从匚，从斤。斤，所以做器也。"匚指筐，把斧头放在筐里，就是木匠。后陶工也称"匠"，直至百工皆以"匠"称。"匠"的身份，原指工人、工奴，甚至奴隶，后指有专门技术的人，再到后来指在某一方面造诣高深的专家。由于工匠一般都从实践中走来，身怀一技之长，能根据实际情况，巧妙地解决问题，而且一丝不苟，从而受到后人的推崇和敬仰。鲁班，就是这样的人。不难看出，传统意义上的"匠"，是具有解决问题的巧妙构思和精湛技艺的专门人才。

"工匠"，不仅仅是一个工种，或是一种身份，更是一种精神，也就是人们常说的"工匠精神"。"工匠精神"在我看来，就是面对具体问题能根据丰富的生活经验积累进行具体分析的实事求是的科学态度，是解决具体问题的巧妙构思所体现出来的智慧，是掌握一手高超技艺和对技艺的精益求精的自我要求。因此，不怕面对任何难题，不怕想破脑壳，不怕磨破手皮，一心追求做到极致，而且无怨无悔——工匠身上这种"工匠精神"，是工匠获得人们敬佩的原因之所在。

《韩非子》载："刻削之道，鼻莫如大，目莫如小，鼻大可小，小不可大也。目小可大，大不可小也。"借木雕匠人的木雕实践，喻做事要留有余地，透露出"工匠精神"中也隐含着智慧。

民谚"三个臭皮匠，赛过一个诸葛亮"，也在提醒着人们在解决问题的过程中集体智慧的重要性。不难看出，"工匠精神"也包含了解决问题的智慧。

无论是"垩鼻运斤"还是"游刃有余"，都是古人对能工巧匠随心所欲的精湛技术的惊叹和褒扬。

一个民族，不可以没有优秀的艺术设计者。

人在适应自然的过程中，为了使生活变得更加舒适、惬意，是需要设计的。今天，在我们的生活中，设计已无处不在。

未来中国设计的水平如何，关键取决于今天中国的设计教育，它决定了中国未来的设计人员队伍的整体素质和水平。这也是我们编写这套"大匠"系列教材的动力。

三、"大匠"系列教材的基本情况和特色

"大匠"系列教材，明确定位为"培养新时代应用型高等艺术设计专业人才"的教材。

教材编写既着眼于时代社会发展对设计的要求，紧跟当前人才市场对设计人才的需求，也根据生源情况量身定制。教材对课程的覆盖面广，拉开了与传统学术型本科教材的距离；在突出时代性的同时，注重应用性和实战性，力求做到深入浅出，简单易学，让学生可以边看边学，边学边用。尽量朝着看完就学会，学完就能用的方向努力。"大匠"系列教材，填补了目前应用型高等艺术设计专业教材的阙如。

教材根据目前各应用型高等院校设计专业人才培养计划的课程设置来编写，基本覆盖了艺术设计专业的所有课程，包括基础课、专业必修课、专业选修课等。

每本教材都力求篇幅短小精悍，直接以案例教学来阐述设计规律。这样既可以讲清楚设计的规律，做到深入浅出，易学易懂，也方便学生举一反三，大大压缩了教材篇幅的同时，也突出了教材的实践性。

另外，教材具有鲜明的时代性。教材重视课程思政，把为国育才、为党育人、立德树人放在首位，明确提出培养为人民的美好生活而设计的新时代设计人才的目标。

设计当随时代。新时代、新设计呼唤推出新教材，"大匠"系列教材正是追求适应新时代要求而编写的。这套教材重视学生现代设计素质的提升，重视处理素质培养和设计专业技能的关系，重视培养学生协同工作和人际沟通能力；致力培养学生具备东方审美眼光和国际化设计视野，培养学生对未来新生活形态有一定的预见能力；同时，使学生能快速掌握和运用更新换代的数字化工具。

因此，这套教材力求处理好学术性与实用性的关系，处理好传承优秀设计传统和时代发展需要的创新关系，既关注时代设计前沿活动，又涉猎传统设计经典案例。

在主编选择方面，我们发挥各参编院校的优势和特色，发挥各自所长，力求每位主编都是所负责方面的专家。同时，该套教材首次引入企业人员参与编写。

四、鸣谢

感谢岭南美术出版社领导们对这套教材的大力支持！感谢各个参加编写教材的兄弟院校！感谢各位编委和主编！感谢对教材进行逐字逐句细心审阅的编辑们！感谢黄明珊老师设计团队为教材的形象，包括封面和版式进行了精心设计！正是你们的参与和支持，才使得这套教材能以现在的面貌出现在大家面前。谢谢！

林钰源

华南师范大学美术学院首任院长、教授、博士生导师

2022年2月20日

前言

这是一本写给室内设计或环境艺术设计专业高年级学生和职场新人的书。

一直以来,室内装饰施工图设计的相关书籍有两类:一类是针对室内设计或环境艺术设计专业低年级的入门教科书,以介绍AutoCAD软件基础操作为主,辅以各种类型的案例绘制过程讲解;另一类是针对有一定经验的施工图设计师能力提升的参考书,侧重于实际工程的细节积累与各种技术标准应用。这两类书籍的内容难度或浅或深,都难以满足职场新人的现实需求。

因此,本书着眼于以下几点:

一、条理清晰、遵循规范。首先深度解析各制图规范以正本清源,然后将室内装饰施工图设计的工作流程分为前后衔接的项目模块,逐层推进制图规范实际应用的范围与深度。

二、注重实战、知行合一。兼顾施工图设计师岗位需求与读者的学习能力,阐述工作思路与规划,同时侧重讲解AutoCAD软件中高阶功能的意义与应用,先讲"为什么"再讲"怎么做",这将有助于读者形成稳固长久的施工图设计知识技能体系,增强设计团队协作意识与流程管理能力。

三、去粗取精、以小见大。主要内容为施工图设计架构与流程,也涉及必备的装饰材料、工艺基础等内容;删繁就简,摒弃了一些软件基础操作教学内容以及贪大求全的案例罗列,力求各部分内容都具有一定的代表性和深度,从而达到见微知著、举一反三的效果。

四、影像教学,事半功倍。各部分内容均采用大量过程图片和讲解视频,并标识步骤顺序,易学易练,且附录视频索引便于读者回溯学习。

本书各章节示范视频见书末附录Ⅰ,标准图例引用来源见附录Ⅱ,其余图例以胡豪同学课程作业为范例进行大量实操分解,借以抛砖引玉,力求解决室内设计或环境艺术设计专业高年级学生学习施工图设计的痛点,希望本书能成为职场新人的一本有价值的案头参考书。

唐峰 向东
2022年3月25日

目 录

引 言 /001

室内装饰施工图概述 /001

一、室内装饰工程三阶段设计 /001

二、室内装饰施工图的目标 /002

三、室内装饰施工图的特点 /002

四、室内装饰施工图的原则 /003

第一章
室内装饰施工图标准解析 /005

第一节 制图规范与标准图集概述 /006

一、政府规范与图集 /006

二、企业规范与图集 /007

第二节 《GB/T 50001-2017房屋建筑制图统一标准》解析 /007

一、投影准确性与识图方向 /007

二、文字标注 /008

三、尺寸标注 /013

四、标高符号 /018

五、箭头、坡度与行走线 /021

六、索引符号、详图符号与剖视符号 /022

七、折断线与连接符号 /027

八、引出线符号 /029

九、定位轴线及轴号 /030

第三节 《GB/T 50104-2010建筑制图标准》解析 /031

  一、孔洞与坑槽 /031

  二、烟道与风道 /032

  三、建筑结构孔洞符号 /032

  四、门洞、门与窗 /033

第四节 《JGJ/T 244-2011房屋建筑室内装饰装修制图标准》解析 /035

  一、对中符号（CL线） /035

  二、转角符号与展开立面图 /036

第五节 其他常见通用符号 /037

  一、材料标注符号 /037

  二、天花标注符号 /039

  三、物料标注符号 /040

  四、起铺符号 /040

第二章
平面布置图设计 /043

第一节 室内装饰施工图设计准备 /044

  一、软件环境设置 /044

  二、施工图设计协调 /055

  三、施工图工作架构逻辑 /055

  四、施工图图幅及图框 /056

  五、方案图深化准备 /062

  六、施工图线型与线宽 /063

  七、施工图比例 /064

第二节 家具平面布置图设计 /065

  一、平面布置图 /065

  二、总平面图、缩略图与分区平面图 /066

  三、平面类图纸图层特点与应用 /066

四、建筑底图的制作　/068

　　五、装饰完成线　/069

　　六、家具　/071

　　七、电器与陈设　/072

第三节　图纸排版与标注　/072

　　一、布局与视口排版　/072

　　二、布局标注　/077

第三章
辅助平面图设计　/081

第一节　图层状态　/082

　　一、图层状态的含义　/082

　　二、图层状态的意义　/082

　　三、图层状态的基本操作　/083

第二节　天地平面图设计　/085

　　一、铺地平面图设计　/085

　　二、天花平面图设计　/089

第三节　电气平面图设计　/093

　　一、灯具及开关平面图设计　/093

　　二、插座平面图设计　/098

　　三、天花机电末端定位图设计　/101

第四章
立面图设计　/103

第一节　立面图相关概念与表达　/104

　　一、剖面图、断面图与立面图　/104

　　二、特殊立面图与剖面图　/106

　　三、室内立面图的内容　/109

第二节　立面图设计常识　/109

　　一、层高、净高、降板与沉箱　/109

　　二、建筑构件及部件　/110

第三节　客厅立面图设计步骤　/116

　　一、立面图图层设置　/116

　　二、立面图框架　/117

　　三、客厅立面图细节　/120

　　四、客厅立面图整理　/122

第四节　其他空间立面图设计　/124

　　一、卧室立面图设计　/124

　　二、卫生间立面图设计　/124

第五章
构造详图设计　/127

第一节　构造详图基础知识　/128

　　一、构造详图的概念　/128

　　二、构造详图的分类　/128

　　三、构造详图的内容　/130

　　四、构造详图的材料　/130

　　五、装饰材料连接方式　/131

　　六、装饰构造生根方式　/134

　　七、典型装饰构造的组成及完成面厚度　/136

　　八、室内空间界面收口　/137

第二节　天花构造详图设计　/139

　　一、天花构造详图的设计常识　/139

　　二、天花构造详图的设计步骤　/141

　　三、天花节点大样图设计　/144

第三节　墙面构造详图设计　/147

　　一、墙面构造详图的设计常识　/147

二、墙面构造详图的设计步骤 /147

第四节 楼（地）面构造详图设计 /147

一、楼（地）面构造详图的设计常识 /147

二、楼（地）面构造详图的设计步骤 /147

第六章
施工图编排、输出与管理 /149

第一节 室内装饰施工图编排 /150

一、施工图编排的原则 /150

二、施工图的命名与编码 /150

三、室内施工图的组成 /152

第二节 室内装饰施工图输出 /156

一、施工图线型 /156

二、施工图打印设置 /157

第三节 室内装饰施工图管理 /161

一、施工图电子传递 /161

二、施工图设计协同 /162

三、施工图设计审查 /163

四、竣工图归档 /163

附录 I
教学视频索引 /165

附录 II
图表参考 /167

附录 III
室内装饰施工图（部分）例图 /171

引 言

室内装饰施工图概述

一、室内装饰工程三阶段设计

（一）室内装饰的概念

室内装饰就是以建筑构件（墙、柱、梁与板等）为基本界面，运用多种手段进行的一种多维度（艺术、功能与技术）的空间美化活动。

室内装饰范围基本在建筑构件的围合空间（厅、室与过道等）内，偶尔也包含建筑构件的半围合空间（阳台等）。

（二）室内装饰设计的深度与流程

室内装饰设计深度是指图纸的详细程度。室内装饰设计一般分为方案设计、初步设计和施工图设计三个阶段，即三阶段设计流程。（参见附录Ⅰ视频0-1）

1.方案设计

方案设计是根据室内装饰项目要求和基本条件，在估算造价目标控制下确立设计主题、规划主要功能的思考和表达的过程。

方案设计的主要内容包含空间设计分析（主题分析与功能分析）、室内装饰效果图、基础平面方案（家具布置、天花布置和铺地布置）、主要空间的代表性立面图，以及主要材料选型说明等。方案设计是室内装饰设计的雏形，为初步设计和施工图设计奠定了基础，是最具创造性的一个关键环节，对设计全流程有重要的指导作用。

方案设计主要面对业主（甲方），力求直观易懂，设计图纸以彩图和效果图为主，并配有简要文字说明。

2.初步设计

初步设计是在方案设计的基础上，根据项目深入要求和专业之间的配合要求（互提资料），在概算造价目标控制下进行的设计主题与空间功能的深入思考和表达的过程。

初步设计的主要内容包含空间设计分析、室内装饰效果图、平面方案以及空间的代表性立面图、通用节点以及设计概算等。初步设计是方案设计的深入与补充，为施工图设计做过渡准备，是承上启下的设计环节。

初步设计需要面对业主（甲方）、专业设计人员和专业经济人员等，为方便互相理解与沟通，初步设计图纸要图文并重，并对主要技术环节进行适用性、可靠性和经济性的具体分析。

3.施工图设计（参见附录Ⅰ视频0-2）

施工图设计是在初步设计的基础上，根据项目落地实施细节要求，在预算造价目标控制下进行的设计主题与具体空间功能的思考和表达的过程。

施工图设计的主要内容包含图纸目录、说明、材料表、能够表达全部空间细节的全套平面图（家具布置图、铺地图与天花图等）、立面图和构造详图（通用详图、专用详图与门窗详图等），施工图设计是初步设计的完善与深化，可协调专业之间的矛盾，是项目施工的依据。施工图设计文件应满足设备材料采购、非标准设备制作和施工的需要。施工图设计是设计阶段和施工阶段之间的桥梁。

施工图设计主要面对专业技术（设计与施工）人员，旨在指导施工并作为预算依据，施工图设计图纸应内容完备、条理清晰且满足现行国家制图标准及行业规范。

（三）室内装饰设计流程调整

对于规模较小、设计要求简单、施工难度较低的室内装饰设计项目，可以省略初步设计阶段，形成只有方案设计与施工图设计两个阶段的室内装饰设计流程。

对于规模较大、设计要求复杂、施工难度较高的室内装饰设计项目，可以在方案设计之前增加概念设计，在施工图设计之后增加驻场深化设计（后期服务），形成五个阶段的室内装饰设计流程。

二、室内装饰施工图的目标

1.能根据施工图编制预算

在施工图设计完成以后，可以按照规则计算施工图纸工程量，套用有关单位工程或单项工程预算价格，计算工程造价。

2.能根据施工图制定采购、施工与进度要求

在施工图设计完成以后，可以根据施工图纸要求，制定材料与设备的采购计划，安排非标准件加工，满足室内装饰工程施工的质量、成本与进度要求。

3.能根据施工图进行施工和安装

在施工图设计完成以后，可以根据施工图纸要求，协调预制加工、现场安装与现场加工的关系，达到大型室内装饰工程施工的质量、成本与进度要求。

4.能根据施工图进行工程验收

在施工图设计完成以后，室内装饰工程施工过程受施工图制约，与现行国家技术标准和项目施工图共同形成工程验收的技术文件。

5.能根据施工图绘制竣工图

在施工图设计完成以后，在项目动态施工过程中进行适量设计变更，最终形成反映工程项目完备细节的竣工图，可以作为图纸归档和最终结算的依据。

三、室内装饰施工图的特点

室内装饰施工图的特点其一在于深度满足要求，而不限定表达手段。如前所述，室内装饰施工图的

特点在于设计深度满足设计目的需求，即可以指导施工并作为预算依据，满足设备材料采购、非标准设备制作和施工的需要。室内装饰施工图的表达手段多样化，可以手工制图，也可以用软件（AutoCAD、SketchUp、LayOut、ArchiCAD、Rhino和Revit等）绘制二维图样或者三维图样表达。

室内装饰施工图的特点其二在于对设计人员学习能力要求较高，学习难度大、门槛高。由于施工图涉及大量的绘图与工程技术细节，这些细节对于全日制在校生而言，囿于时空限制而普遍学习效果欠佳。另外，室内装饰行业对合格的施工图设计师需求较大。因此，寻求高效的施工图设计学习途径是室内装饰设计专业在校生与职场新人的当务之急。

四、室内装饰施工图的原则

1. 清晰

室内装饰施工图编排必须条理清晰、索引关系准确无误、打印比例恰当，保证施工图的识读便利性。

2. 规范

室内装饰施工图中图线的线型与线宽、符号、字符以及其他图面要素，均应满足现行规范以及行业通行标准要求。

3. 简练

室内装饰施工图应协调图纸内容，选择合适的设计深度，避免重复表达或无效表达，力求将必要的设计内容用较少的图纸表达完整。

4. 美观

室内装饰施工图应根据图纸内容特点，选择恰当的图幅与版式，绘图区域内容应疏密得当，从而产生整体匀称稳重的图面效果。

5. 协同

室内装饰施工图应尽量避免重复绘图操作，运用多种方法将绘图要素之间的链接关联，使施工图设计既有施工项目时间的先后顺序，又有设计人员可随时协同调整的便利性。

第一章
室内装饰施工图标准解析

第一节　制图规范与标准图集概述

室内装饰属于建筑行业门类，由各级住房与城乡建设主管部门管理。

制图规范是对工程制图过程中图纸准确性和规范性进行要求的基础性技术文件，按照规范颁布级别的不同，制图规范可以分为国标（国家标准）规范和行标（行业标准）规范。

标准图集是指由国家指定的技术科研部门出版的，按照一定规则编制的规范样本及说明文件的集合，涵盖了室内装饰工程设计、施工、验收等方面的标准做法和要求。按照图集颁布级别的不同，标准图集可以分为国标（国家标准）图集和地标（地方标准）图集。

制图规范侧重于制图基础规定，标准图集侧重于具体工程细节的标准做法与表达，二者都是具有法规性质的技术性文件。室内装饰施工图应兼顾规范性与先进性，因地制宜地正确选用和积极推广行业通行图纸标准。

一、政府规范与图集

（一）国标制图规范

室内装饰工程施工图应遵循的国标制图规范为《GB/T 50001-2017房屋建筑制图统一标准》（图1-1），《GB/T 50104-2010建筑制图标准》（图1-2）。

（二）行标制图规范

室内装饰工程施工图应遵循的行标制图规范为《JGJ/T 244-2011房屋建筑室内装饰装修制图标准》（图1-3）。

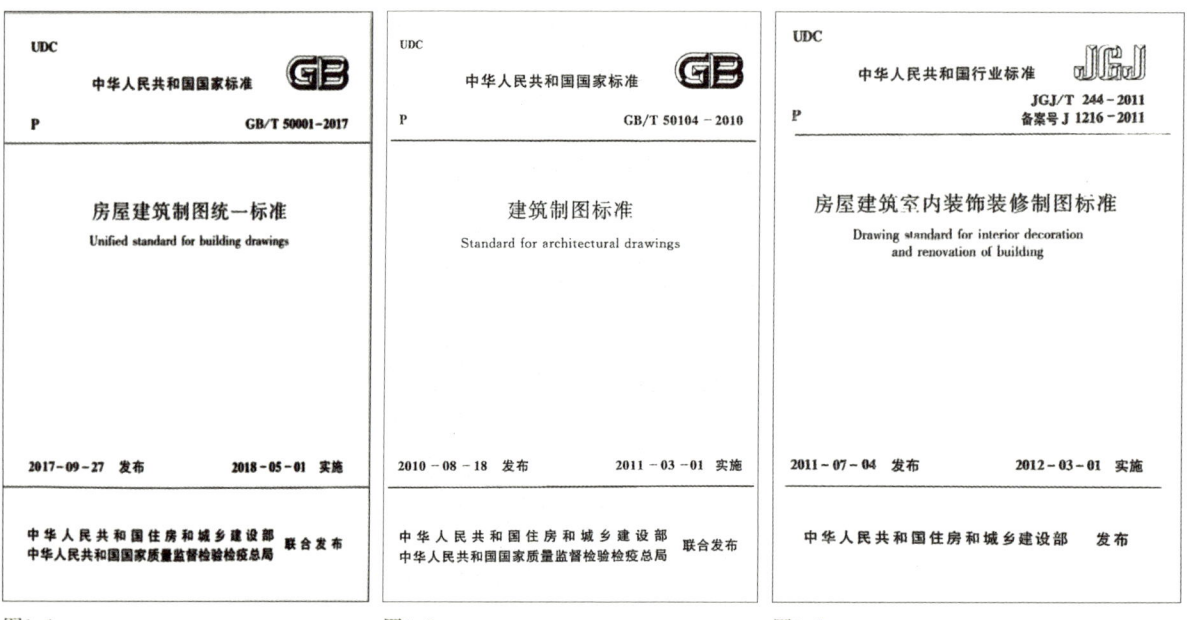

图1-1

图1-2

图1-3

(三)国标图集

室内装饰工程施工图应参考的国标图集为《13J502-1内装修-墙面装修》《12J502-2内装修-室内吊顶》《13J502-3内装修-楼(地)面装修》《16J502-4内装修-细部构造》(图1-4)等。

二、企业规范与图集

随着社会不断进步,室内装饰行业发展日新月异。经济发达地区双甲(建筑装饰工程设计专项甲级资质兼建筑装修装饰工程专业承包一级资质)装饰企业,以及室内装饰工程设计企业不断精进、推陈出新,积极推行企标(企业标准)规范与图集,为室内装饰设计人员提供了有益借鉴。

图1-4

第二节 《GB/T 50001-2017 房屋建筑制图统一标准》解析

一、投影准确性与识图方向

(一)投影准确性

据投影原理可知,平面(一)中部有一根线条,其形体用剖面A-A表达则有多种可能性;同样,平面(二)中部有两根线条,其形体用剖面B-B表达则可能性更复杂。所以,制图时应慎重对待每一根线条,力求表达的准确性(图1-5)。(参见附录Ⅰ视频1-1)

以图1-6两个平面图门符号为例(门内外地面均为水平面),左图表示门内外无高差,右图表示门内外有高差。

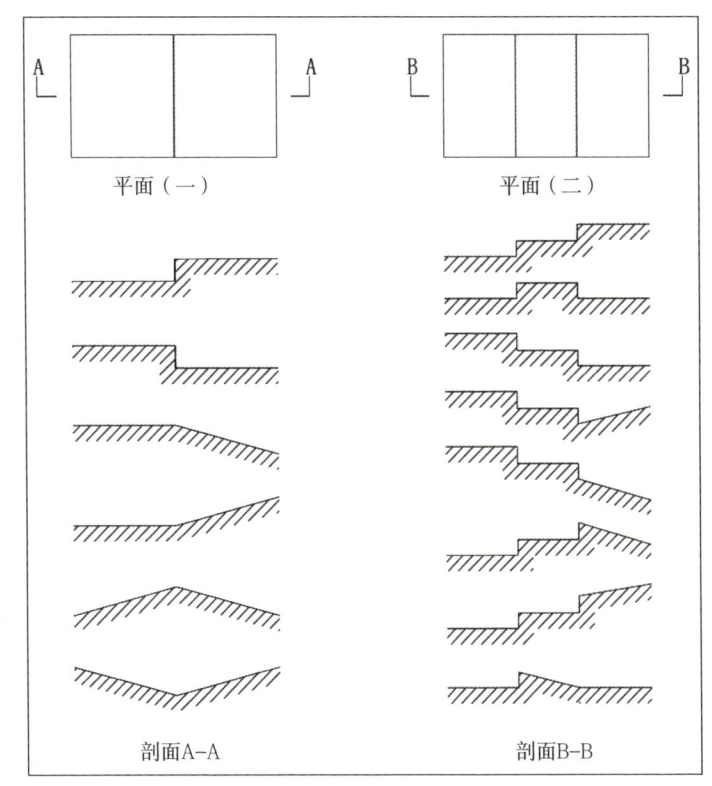

图1-5

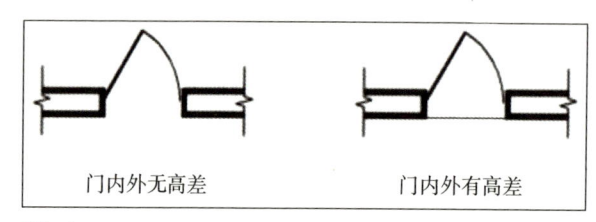

图1-6

（二）识图方向

尺寸数字标注倾斜时，除30度倾斜范围（阴影部分）以外，均应向上或向左；文字方向也以向上为主。（图1-7）

同时，在进行图样旋转等操作时，应避免错误的文字标注方向。（图1-8）

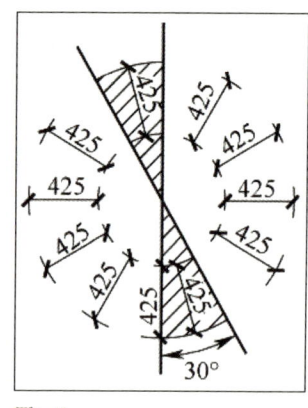

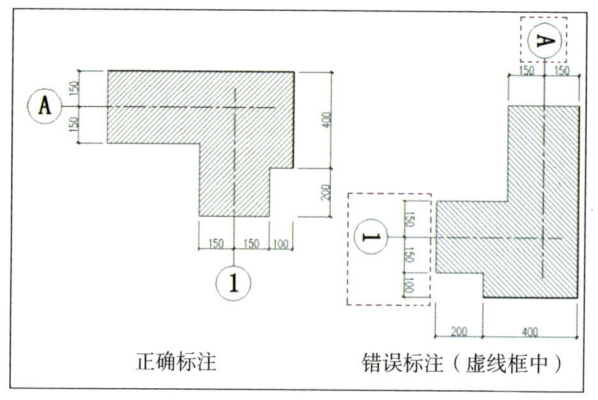

图1-7

图1-8

（三）综合识图

结合投影准确性和识图方向二者原理，可以对较小的平面高差采用局部断面图（参见第四章第一节中的"局部断面图"）表达。（图1-9）

二、文字标注

（一）字高与字体

同一套图纸中使用的字体不宜超过两种。
一般而言，较大的文字（如封面及大标题）选择高宽比为1的黑体字。较小的文字（如尺寸标注数字及细部标注文字）选择高宽比为$\sqrt{2}$（1.4，也即宽高比0.7）的长仿宋体；同时，字高的选择范围是公比为$\sqrt{2}$（1.4）的等比数列：3.5，5，7，10，14，20。长仿宋体字高与字宽要求如图1-10所示。（参见附录Ⅰ视频1-2）

图1-9

字高	3.5	5	7	10	14	20
字宽	2.5	3.5	5	7	10	14

图1-10

为了控制dwg文件大小并提高绘制图形的流畅度，对于字高≤5的字体宜采用长仿宋单线字体（矢量字体，后缀shx且宽度因子为0.7）；为了使重点信息醒目，对于字高≥7的字体宜采用黑体实心字体（True Type字体，后缀ttf且宽度因子为1）。

为了保证图面文字清晰、层次分明、协调美观，建议施工图各页面选择如下文字字高及类别：

1.封面

①项目编号：字高7，黑体实心字；②工程名称及图纸名称：字高14，黑体实心字；③出图时间：字高7，黑体实心字；④设计单位名称：字高7，黑体实心字；⑤⑥设计单位地址及电话：字高5，宋体单线字。（图1-11）

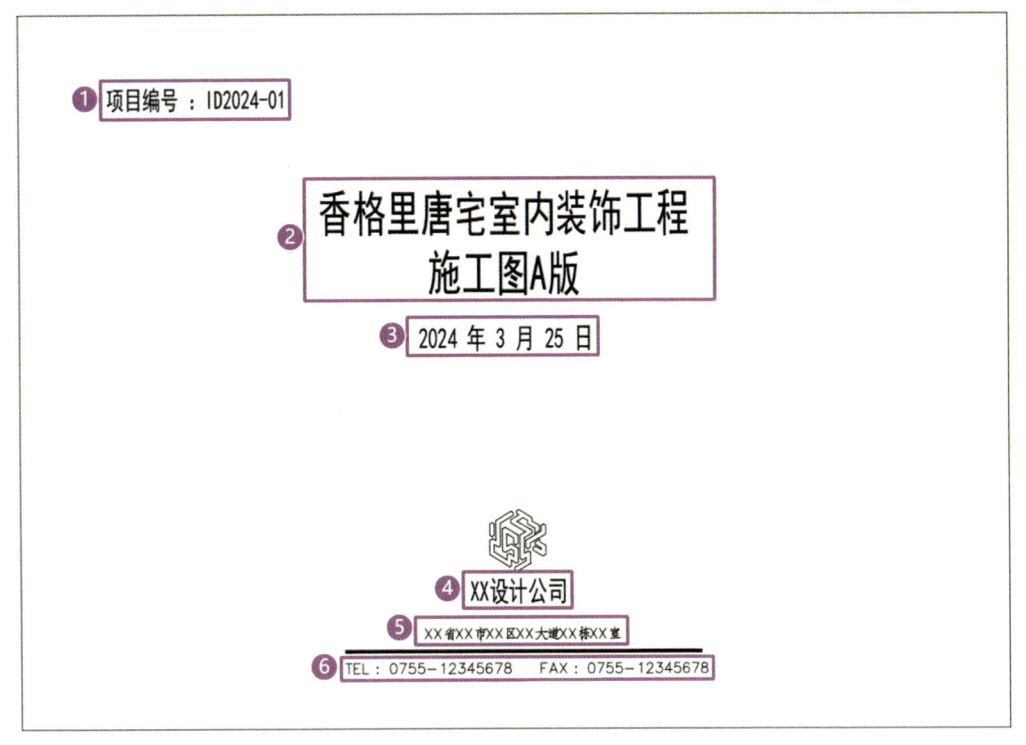

图1-11

2.目录及设计说明

⑦表头文字：字高7，长仿宋单线字；⑧表格文字：字高3.5，长仿宋单线字；⑨项目名称：字高7，长仿宋单线字；⑩标题栏图名：字高7，长仿宋单线字；⑪项目编号：字高5，长仿宋单线字；⑫业主（建设单位）名称：字高5，长仿宋单线字；⑬图幅：字高5，长仿宋单线字；⑭版次：字高5，长仿宋单线字；⑮日期：字高5，长仿宋单线字；⑯图纸编号：字高5，长仿宋单线字；⑰图号：字高5，长仿宋单线字；⑱其他图框文字：字高3.5，长仿宋单线字。（图1-12）

3.图纸

⑲轴号字母或数字：字高5，长仿宋单线字；⑳指北针字母：字高5，长仿宋单线字；㉑内视符号：立面图编号字高5，索引图号字高3.5，长仿宋单线字；㉒绘图区图名：字高7，黑体实心字；㉓绘图区比例：字高5，黑体实心字；㉔尺寸数字：字高2.5，长仿宋单线字；㉕空间名称：字高5，长仿宋单线字；㉖图例及说明文字：字高3.5，长仿宋单线字；㉗一般性标注文字：字高2.5，长仿宋单线字；标题栏文字要求同⑨至⑱。（图1-13）

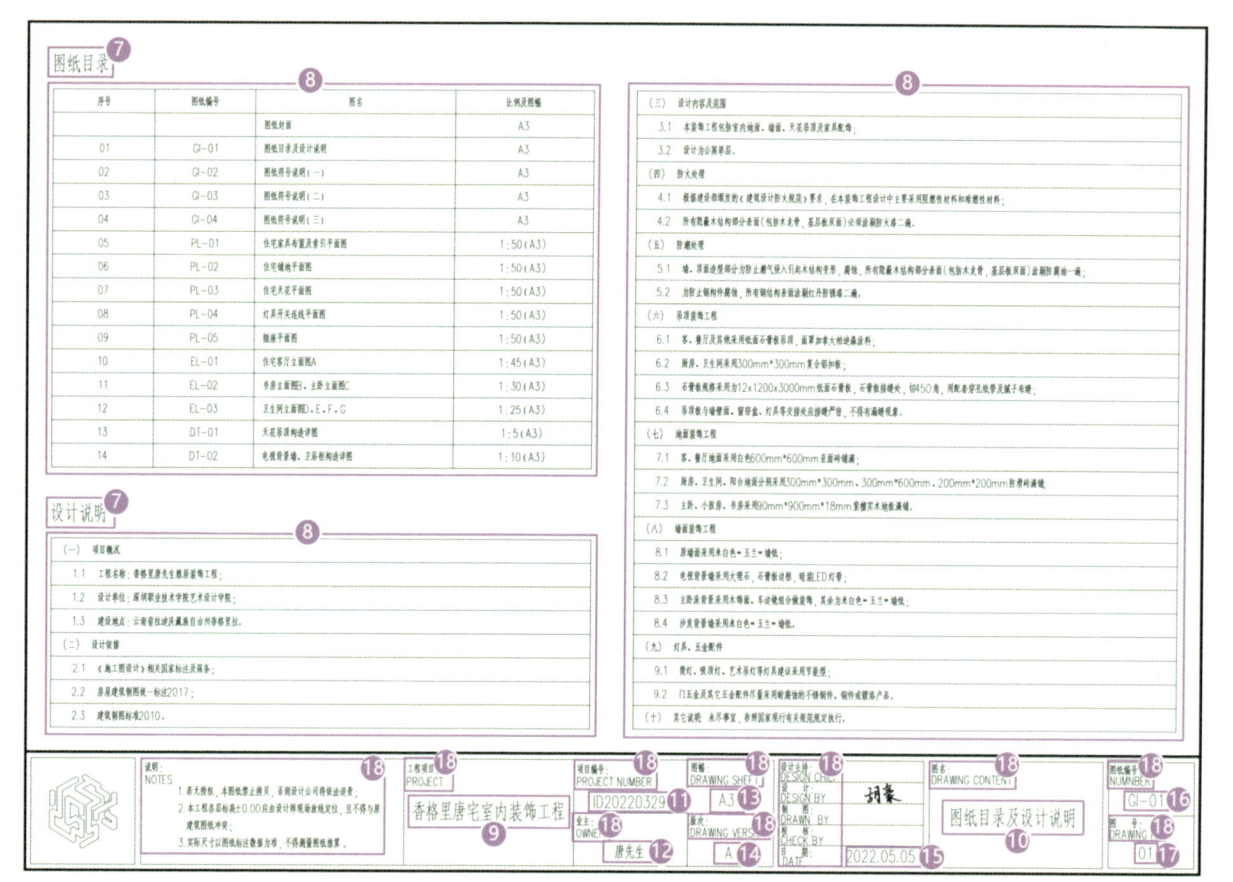

图1-12

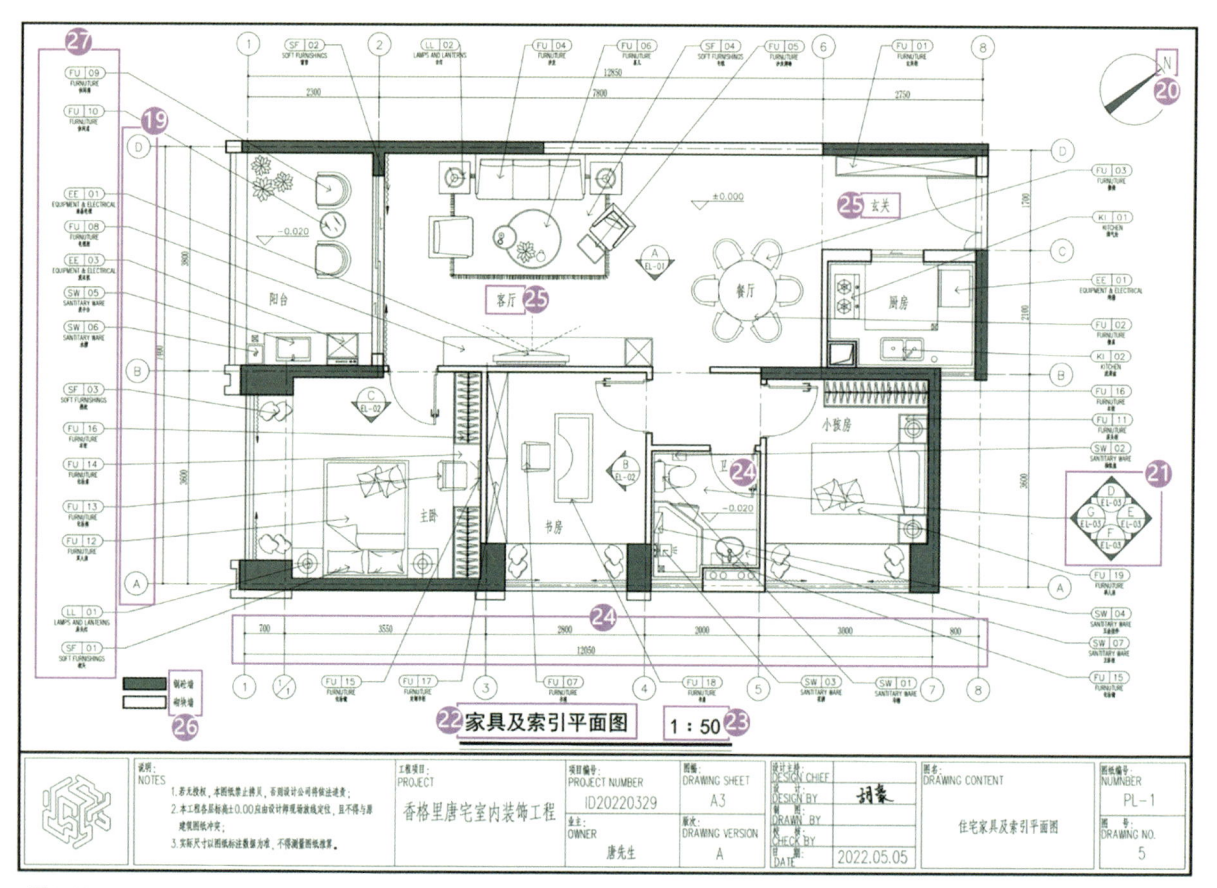

图1-13

（二）文字样式

1.矢量字体命名

将两个矢量字体文件放入"参考"工作文件夹，执行步骤①：加前缀"@@"（其中大字体@@HZTXT.SHX用于显示中文，小字体@@Tssdeng1.shx用于显示英文），如图1-14所示。（参见附录Ⅰ视频1-3）

2.安装单线字体

（1）在桌面找到AutoCAD图标，按右键执行步骤②，在弹出的菜单中执行步骤③，如图1-15所示。

图1-14

图1-15

（2）在资源管理器中双击④，打开Fonts文件夹。（图1-16）

（3）执行步骤⑤：将上述两种单线字体拷贝至Fonts文件夹，如图1-17所示，并启动AutoCAD。

图1-16

图1-17

3.设置"长仿宋"文字样式

输入命令"ST"（文字样式），在"文字样式"窗口中执行步骤⑥，在"新建文字样式"窗口中执行步骤⑦。（图1-18）

回到"文字样式"窗口中执行步骤⑧⑨（因字体名称排序方式优先级：符号>字母>文字，故@@Tssdeng1.shx会显示在列表最上面一行，在操作时便于选择），继续执行步骤⑩⑪⑫（字高为0，表示不限定统一字高，并非所有字高为0）、⑬（长仿宋体宽度因子0.7）和⑭。（图1-19）

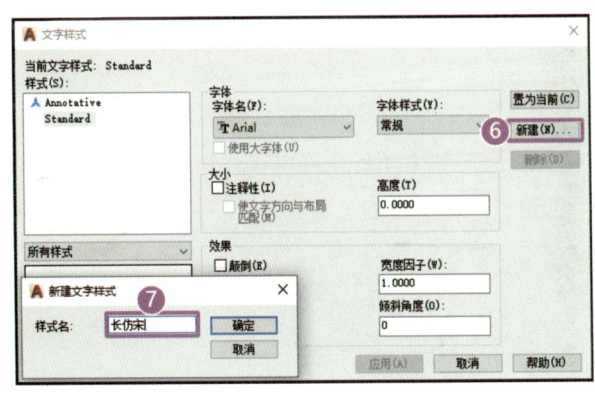

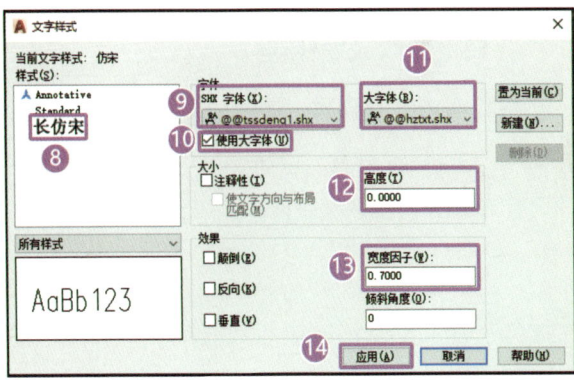

图1-18

图1-19

4.设置"黑体"文字样式

输入命令"ST"（文字样式），在"文字样式"窗口中执行步骤⑮，在"新建文字样式"窗口中执行步骤⑯。（图1-20）

回到"文字样式"窗口中执行步骤⑰⑱（True Type字体，注意字体名前无"@"符号），继续执行步骤⑲⑳（黑体宽度因子1）和㉑。（图1-21）

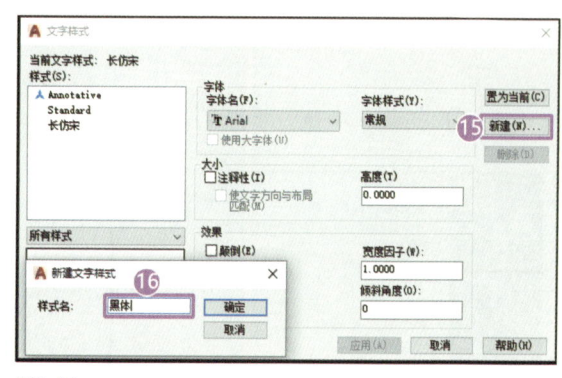

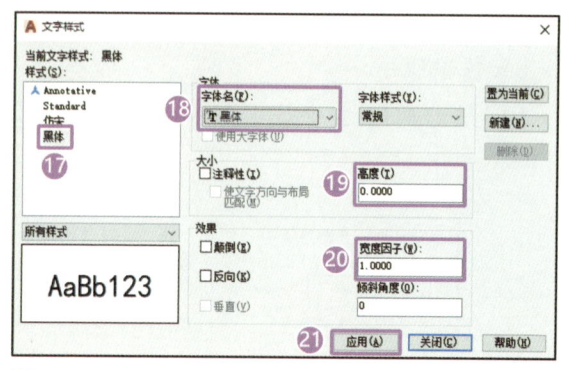

图1-20

图1-21

至此，新的"长仿宋"（单线字）和"黑体"（实心字）两种文字样式已设置完毕。

（三）文字输入

图纸中所需的两种文字样式已设置完毕。在输入文字时，如果输入命令"DT"（单行文字），则执行步骤①。（图1-22）

然后执行步骤②（输入字体名"长仿宋"或"黑体"）。（图1-23）

如果输入命令"T"（多行文字），则在绘图区指定文字区域两个对角点之后，执行步骤③（在功能区选择文字样式名"长仿宋"或"黑体"）。（图1-24）

图1-22

图1-23

图1-24

上述两种方式均可选择所需文字样式并进行文字输入。

（四）修改文字样式

对已有的文字样式（比如"黑体"），执行步骤①（单击选择），可以用"CH"命令或者同时按"Ctrl"+"0"键打开"特性"窗口，执行步骤②（下拉"样式"菜单）后，即可执行步骤③（找到所需字体单击选择）更改文字样式。（图1-25）

图1-25

（五）文字样式替代

如果电脑缺少外部dwg文件中的某种文字样式，则打开该dwg文件会出现"缺少SHX文件"窗口，此时执行操作①②。（图1-26）（参见附录Ⅰ视频1-4）

在"指定字体给样式"窗口中执行操作③（因字体名称排序方式优先级：符号>字母>文字，故@@hztxt.shx会在字体文件列表中显示在最上面一行，在操作时便于选择），对于其他无法正常显示的文字样式，可于"大字体"下拉列表中找到所需的文字样式，再操作③。最终，dwg文件中的文字样式将会正常显示。（图1-27）

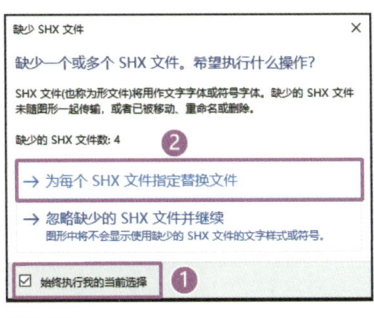

图1-26　　　　　　图1-27

三、尺寸标注

（一）尺寸标注的组成与要求

尺寸标注由尺寸界线、尺寸线、尺寸起止符号、尺寸数字四部分组成。（图1-28）

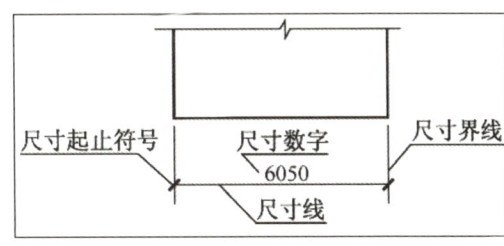

图1-28

各部分的具体要求如下。（图1-29）

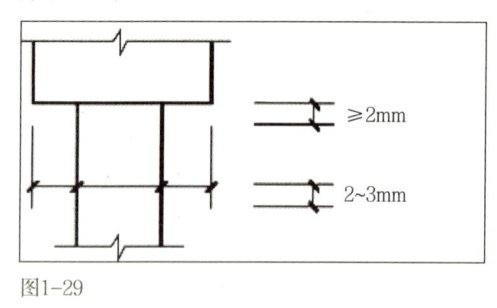

图1-29

1.尺寸界线

尺寸界线用细实线绘制，与被注长度垂直，其一端与图样轮廓距离应不小于2mm。另一端宜超出尺寸线2～3mm，图样轮廓线可用作尺寸界线。

2.尺寸线

尺寸线用细实线绘制，应与被注长度平行，两端宜以尺寸界线为边界，也可超出尺寸界线2～3mm。图样本身的任何图线不得作为尺寸线。

3.尺寸起止符号

尺寸起止符号用中实线的斜短画线绘制时，其倾斜方向应与尺寸界线成顺时针45度角，长度宜为2～3mm。尺寸起止符号用小圆点绘制时，小圆点直径1mm。

4.尺寸数字

图样尺寸应以尺寸数字为准，图样尺寸单位必须以毫米（mm）为单位；另为了增加室内装饰工程的施工便利性，尺寸数字尽量取整，个位数字尽量避免0和5以外的数值。（图1-30）

（二）尺寸标注的整体排列

尺寸数字应根据其方向注写在靠近尺寸线的上方中部。如果没有足够的注写位置，最外边的尺寸数字可以注写在尺寸界限的外侧以方便识图（AutoCAD无相应的自动调节功能，需要手动调节），中间相邻的尺寸数字可以上下错开注写，也可用引出线段表示在标注尺寸的位置。（图1-31a）

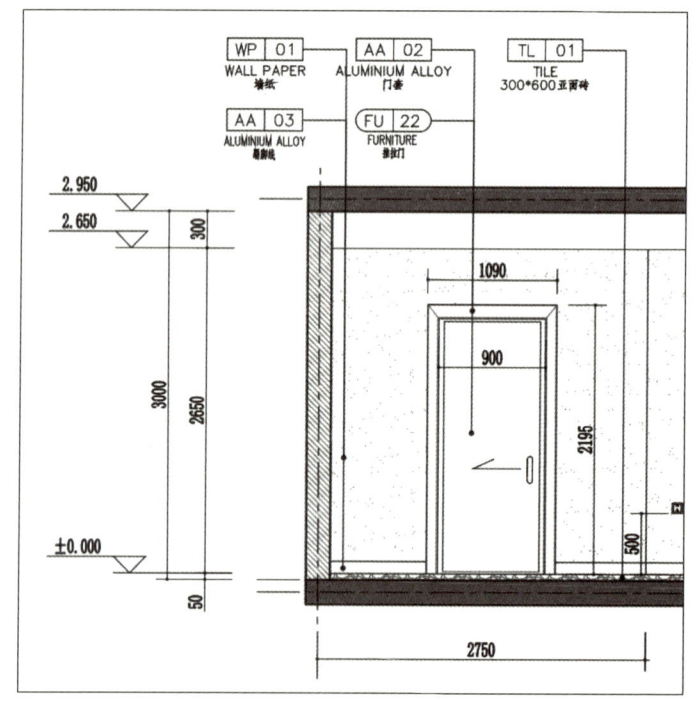

图1-30

图样轮廓线以外的尺寸界线，距图样最外轮廓之间的距离不宜小于10mm，平行排列的尺寸线的间距宜为7～10mm，并保持一致。（图1-31b）

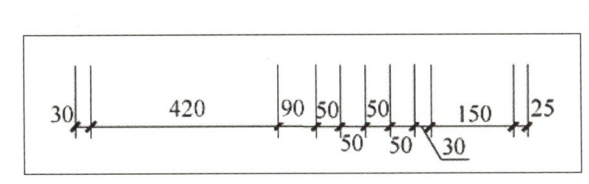

图1-31a

图1-31b

(三)尺寸标注样式设置

输入命令"D"(标注样式管理),在"标注样式管理器"窗口中执行命令①②(命名新的标注样式,如"smart标注")和③。(图1-32)

1.尺寸线和尺寸界线设置(参见附录Ⅰ视频1-5)

根据尺寸标注组成部分与整体排列要求,在"新建标注样式"窗口中,执行命令④~⑦。(图1-33)

2.尺寸起止符号设置(参见附录Ⅰ视频1-6)

根据尺寸标注组成部分与整体排列要求,在"新建标注样式"窗口中,执行命令⑧~⑫。(图1-34)

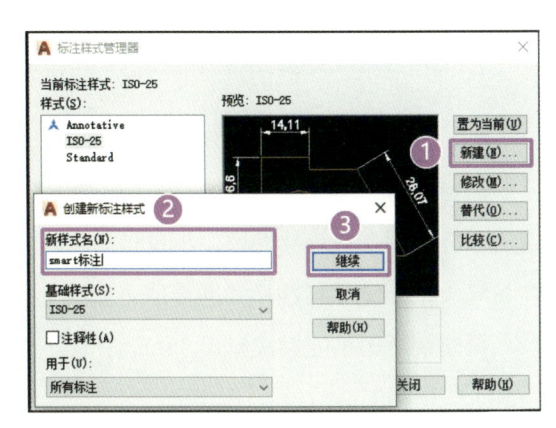

图1-32

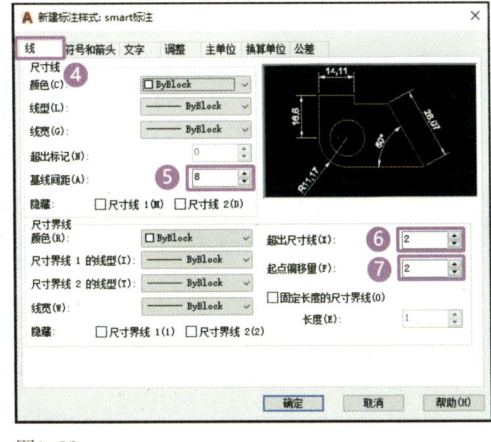

图1-33

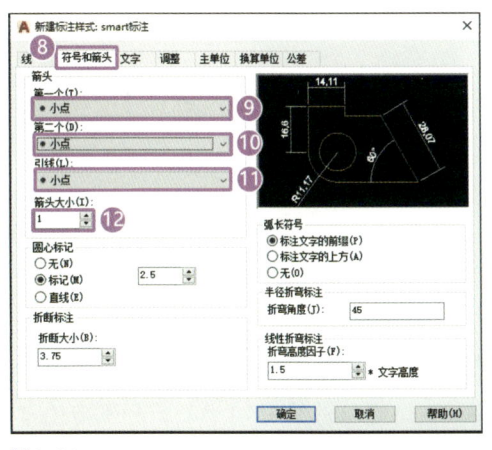

图1-34

3.尺寸数字设置(参见附录Ⅰ视频1-6)

根据尺寸标注组成部分与整体排列要求,在"新建标注样式"窗口中执行命令⑬⑭(此步骤之前已经设置好文字样式以供选用),⑮(此步骤为尺寸数字设置遮罩功能,可避免数字与图线交叉,便于识图,参见图1-35),以及⑯~⑳。(图1-36)

4.尺寸数字单位设置(参见附录Ⅰ视频1-7)

根据尺寸标注组成部分与整体排列要求,在"新建标注样式"窗口中执行命令㉑~㉓。(图1-37)

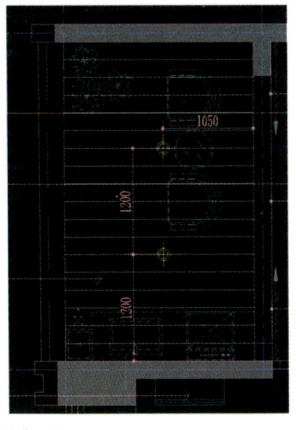

图1-35

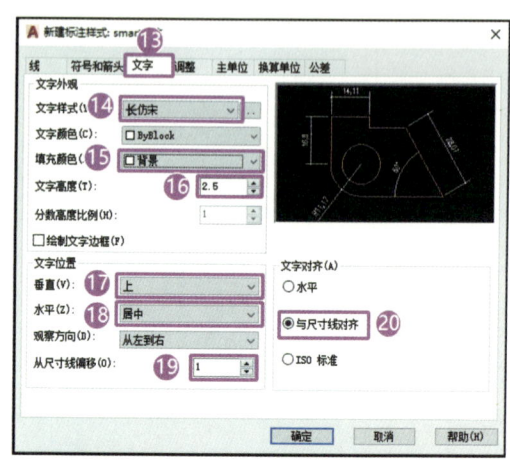

图1-36 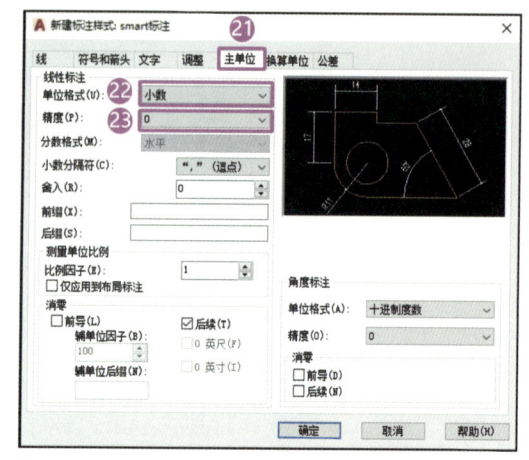　　　　　　　　　　　图1-37

5.比例调整设置（参见附录Ⅰ视频1-7）

如前所述，根据尺寸标注组成部分与整体排列要求，在"新建标注样式"窗口中执行命令㉔～㉗（便于在布局中按照统一标准样式进行尺寸标注），再执行㉘㉙。至此，新的尺寸标注样式"smart标注"已经设置完毕。（图1-38）

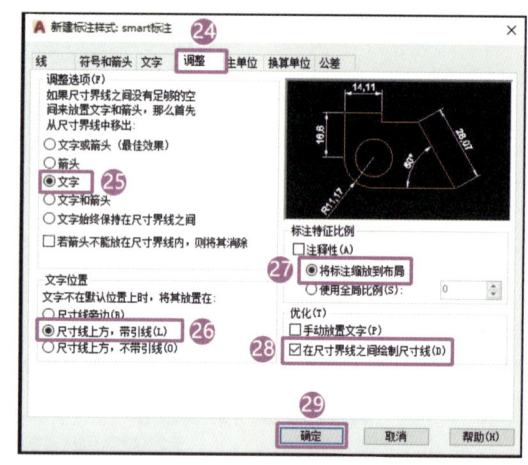

（四）常用尺寸标注命令（参见附录Ⅰ视频1-8）

AutoCAD设置了不同类别的尺寸标注命令。（图1-39）

（1）"DAL"（对齐标注）用于标注斜向尺寸。输入命令"DAL"后回车（默认"选择"），分别点击①②，可得标注结果"9"。

（2）"DLI"（线性标注）用于标注水平或者竖直方向的尺寸。输入命令"DLI"后回车，分别点击③④，可得标注结果"25"；分别点击⑤⑥，可得标注结果"20"；分别点击⑦⑧，可得标注结果"5"。

（3）"DCO"（连续标注）用于在已有线性标注之后继续生成一系列的连续标注，且当前标注的第一条尺寸界线是前一个标注的第二条尺寸线，以此类推。输入命令"DCO"后回车，选择⑧附近的尺寸界线，然后点击⑨可得标注结果"6"；点击⑩，可得标注结果"7"；点击⑪，可得标注结果"8"；最后回车确认。

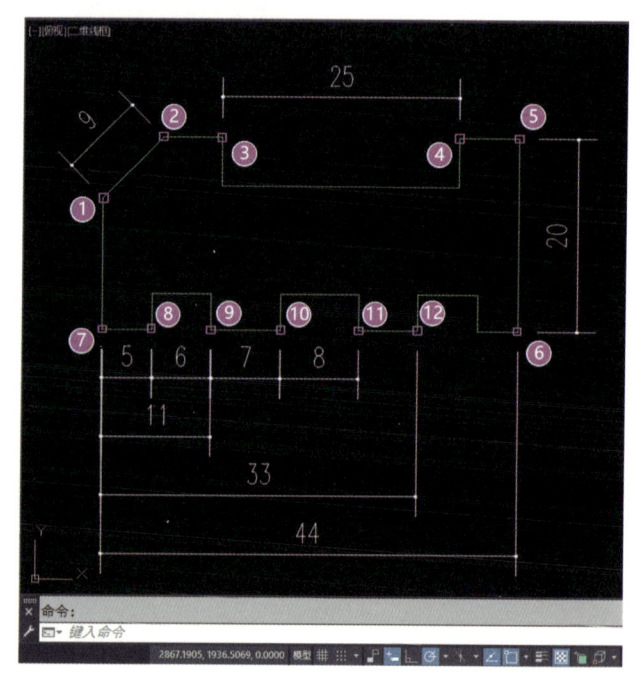

图1-38

图1-39

（4）"DBA"（基线标注）用于产生一组基于同一条尺寸界线的尺寸标注，即该组所有尺寸标注的第一条尺寸界线相同。输入命令"DBA"后回车，选择⑦附近的尺寸界线，然后点击⑨，可得标注结果"11"；点击⑫，可得标注结果"33"；点击⑥，可得标注结果"44"；基线之间间距为8，由之前尺寸标注样式设定。

（5）"QDIM"（快速标注）可以快速捕捉图元特征点批量进行标注。输入命令"QDIM"后回车，然后自右向左选定两个对角点框选图形下半部分。（图1-40）

然后指定尺寸线位置，即可得出结果。（图1-41）

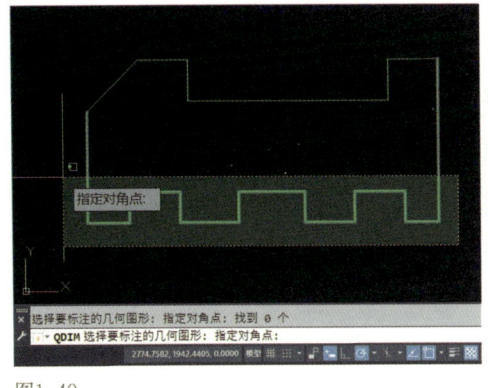

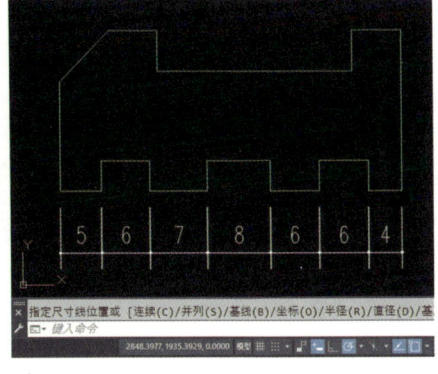

图1-40　　　　　　　　　　图1-41

（五）均分符号（EQ）

1.均分符号（EQ）的含义

图样中定位尺寸不易标注，但在定位尺寸连续相等的情况下，可在总尺寸的控制下，定位尺寸不用数值而用"EQ"字样表示。（图1-42）

2.均分符号（EQ）的绘制

如图1-43，绿色线条总长200，三等分之后标注四舍五入到个位，每段标注67，而67×3=201>200。

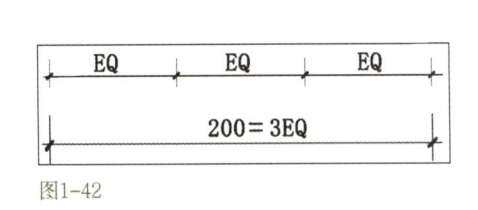

图1-42　　　　　　　　　　图1-43

故需要调整，则执行步骤①~④，尺寸数字"67"即改为"EQ"。（图1-44）

重复以上操作，得出最终结果。（图1-45）

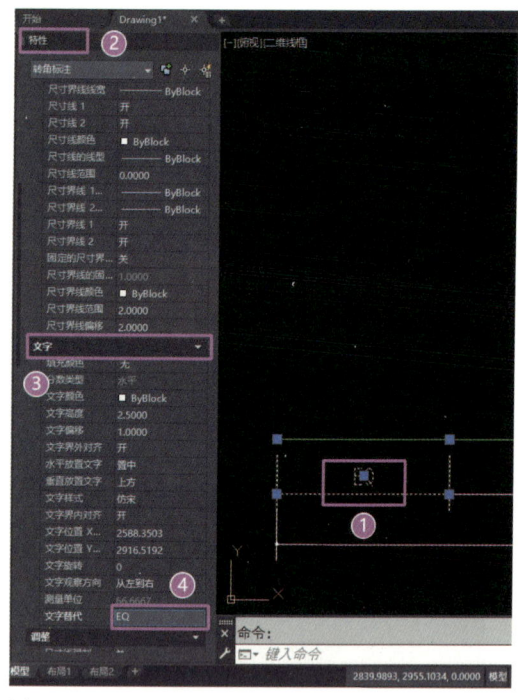

图1-44

图1-45

四、标高符号

（一）标高符号要求

标高数字以米（m）为单位，注写到小数点后第三位。零点标高应注写成±0.000；正数标高不注"+"，负数标高应注"-"（例如3.000，-0.600）。

标高符号以细实线的等腰直角三角形表示。（图1-46）

图1-46

立面图中可借助引出线进行标高标注，标高可以位于图样的左侧或者右侧。同时，标高符号的直角尖端可以向下或向上，标高数字可以写在相应标高符号的上方或下方。（图1-47）

图1-47

（二）增强属性、遮罩及绘图次序

1.增强属性

dwg文件中既有固定内容（图线或文字），也有变化的文字内容（可以编辑的变量），即增强属性。拿工牌打个比方，固定内容包含"姓名"和"职位"文字以及两条横线，而"张三"和"经理"则属于变化的文字内容（即增强属性）。（图1-48）

与此类似，标高符号也分为两部分，三角形及长横线是固定的，属于固定属性；而标高数值是可变的，属于增强属性。（图1-49）

图1-48

图1-49

2.遮罩

AutoCAD中如果各图元的线条重叠交叉，尤其是数字与图线重叠交叉，会引起识图的困难；因此，需要将重要信息（比如标高数字）前置凸显且在该标高数字底层垫一块遮罩（类似黑布），遮挡住其后的图线，从而确保标高数字的清晰。（图1-50）（参见附录Ⅰ视频1-9）

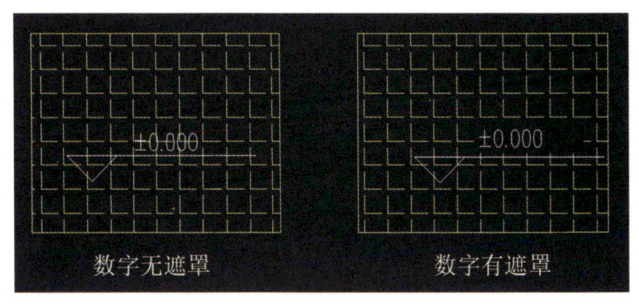

图1-50

3.绘图次序

如上所述，在图元相互重叠交叉时，需要调整前后显示顺序，即绘图次序。（参见附录Ⅰ视频1-10）

（三）标高符号绘制

首先输入命令"L"（直线），按照规范尺寸要求用直线命令绘制标高符号图线部分（45度等腰直角三角形），并在顶角内侧绘制长度为3mm的绿色目标线段。（图1-51）（参见附录Ⅰ视频1-11）

图1-51

（1）输入命令"SC"（缩放），执行步骤①（确定缩放基点）、②[选择"参照（R）"]。（图1-52）

接着，依次点击③～⑤；删掉绿色目标线段，即可得标准尺寸标高符号的图线部分。（图1-53）

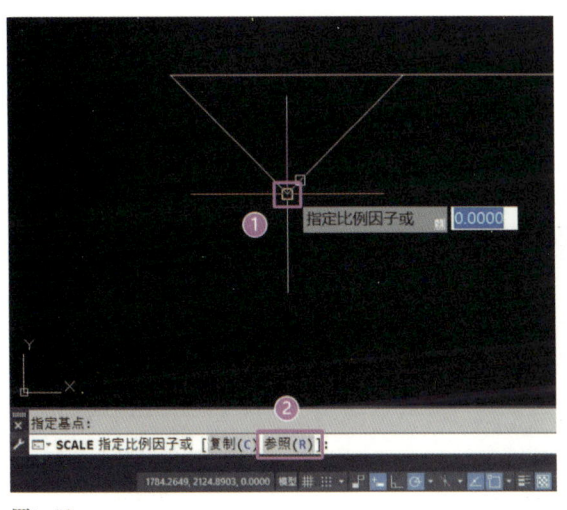

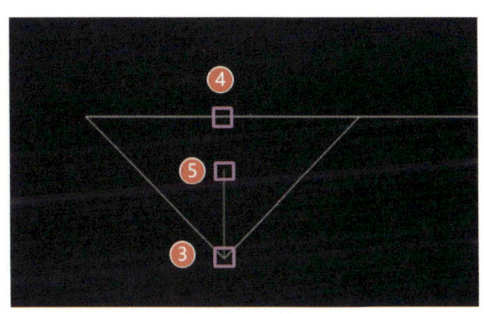

图1-52　　图1-53

（2）输入命令"ATT"（增强属性），在"属性定义"窗口中，执行步骤⑥～⑫，（图1-54）并把"标高值"属性放置到标高图线上方合适位置。（图1-55）

（3）沿"标高值"属性四周绘制矩形，并输入命令"WI"（遮罩），执行步骤⑬⑭。（图1-56）再执行步骤⑮（删除遮罩边界多段线）。（图1-57）

图1-54 　　　　　　　　　　　图1-55 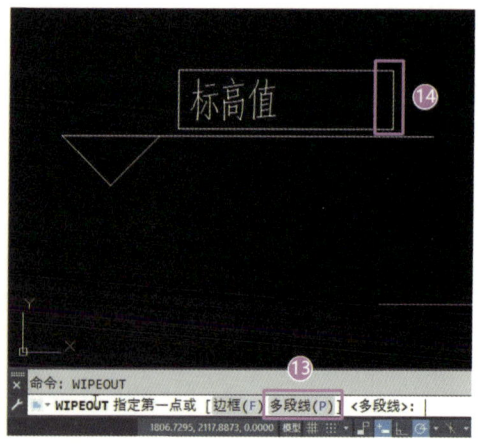　　　　　　　　图1-56

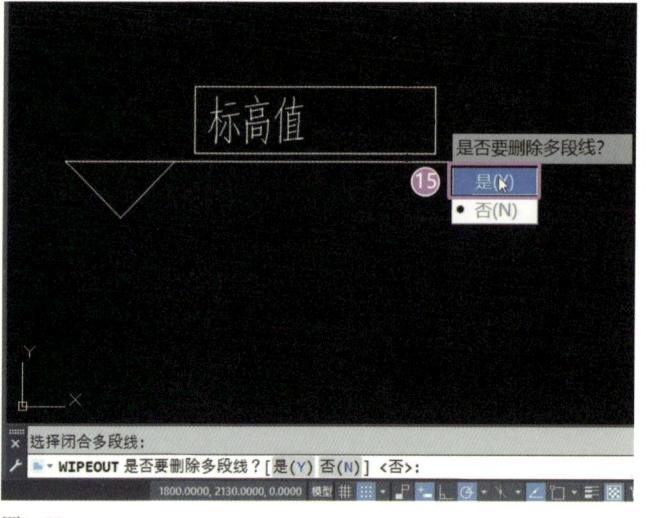

图1-57

（4）选择遮罩后按右键，执行步骤⑯⑰，将遮罩绘图次序后置，使标高属性能正确显示。（图1-58）

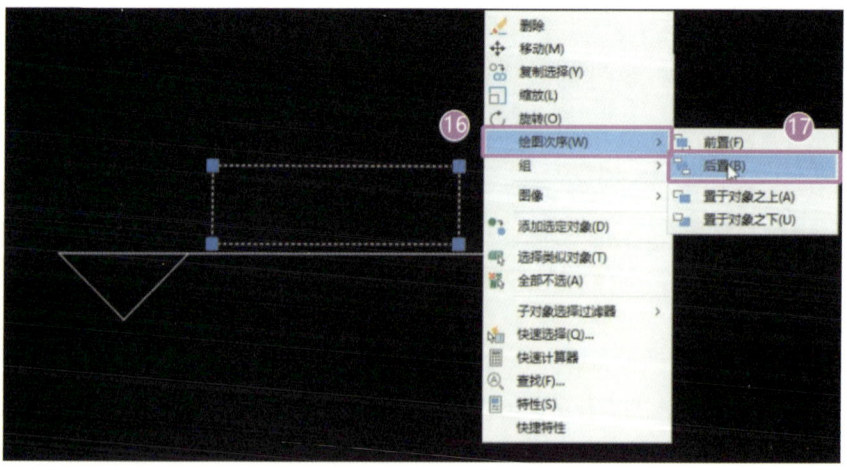

图1-58

（5）输入命令"WI"（遮罩），执行步骤⑱⑲。（图1-59、图1-60）

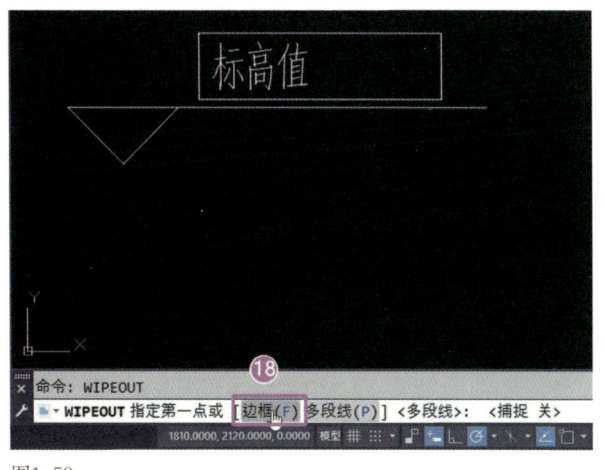

图1-59 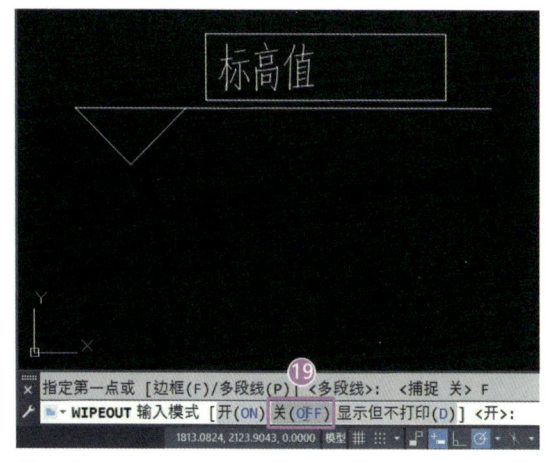　　　　　　　　　　　　　　　图1-60

（6）输入命令"B"（图块），将上述标高符号三部分内容（图线、数字增强属性及隐藏遮罩）成块，块基点为三角形顶点，块名称为"标高"，于是标高符号能正确显示。（图1-61）

（7）将标高符号块移至其他图线处，则标高数字有遮罩，能正确显示。（图1-62）

（8）双击标高符号的"±0.000"，在"增强属性编辑器"窗口中执行步骤⑳㉑。（图1-63）

图1-61 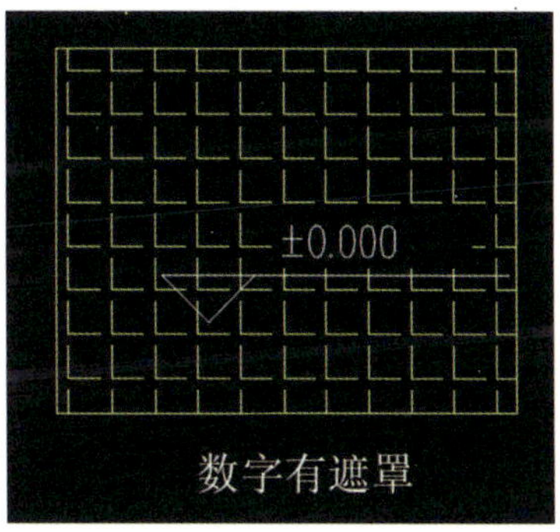　　　　　　图1-62 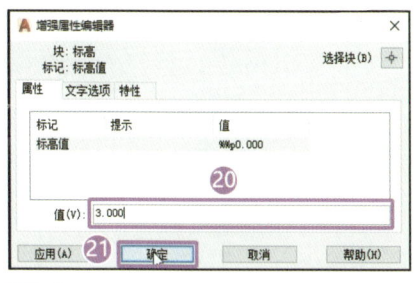　　　　　　图1-63

数值部分更改为"3.000"，且标高符号块整体性依旧完整，方便进行移动及拷贝等操作。（图1-64）

图1-64

五、箭头、坡度与行走线

（一）箭头

箭头符号以粗线宽b（不小于1mm）定义，可以输入"PL"（多段线）命令，从尖端开始分别定义线宽为0、1和0.1来绘制。（图1-65）

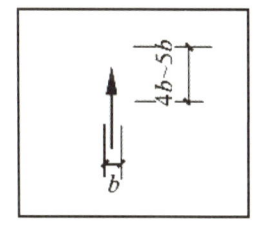

图1-65

（二）坡度标注

标注坡度时，坡度数字可以用百分数或比值（两种坡度数字含义均为坡面的竖直高度与水平长度比值），如2%表示竖直高度与水平长度比值为2/100，即1:50；1:2表示竖直高度与水平长度比值为1/2，即50%。坡度符号可以用单面或双面箭头，箭头指向下坡方向，坡度也可以用直角三角形的形式标注。（图1-66）

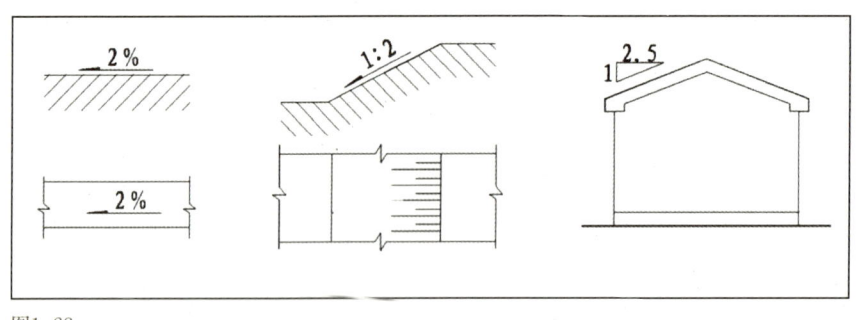

图1-66

（三）行走线

楼梯或台阶以双面箭头表示行走线（即人行方向）。（图1-67、图1-68）

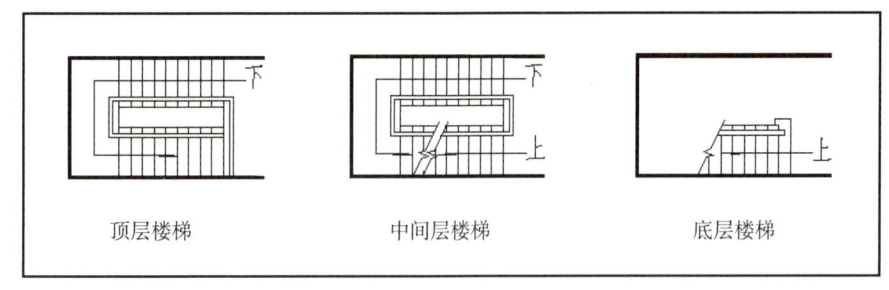

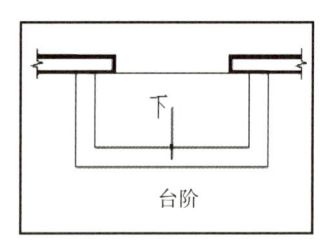

图1-67

图1-68

六、索引符号、详图符号与剖视符号

（一）索引符号

1.索引符号的要求

索引符号由以细实线绘制的直径8～10mm的圆及其直径组成。上半圆中的字符表示后续索引详图编号，下半圆中的字符表示后续索引详图所在的图纸编码或图纸序号（参见第六章第一节的"施工图命名与编码"内容）。图中（a）表示索引详图与被索引的原图在同一张图纸上且详图编号为"2"；（b）表示索引详图图纸序号为"4"，且详图编号为"3"；（c）表示索引详图在代码为J103的标准图集上，详图图纸序号为"2"，且详图编号为"5"。（图1-69）（参见附录Ⅰ视频1-12）

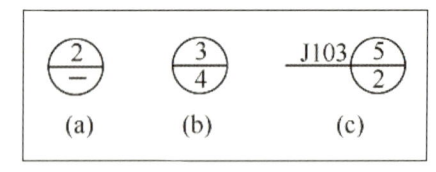

图1-69

2.索引符号绘制分析

如上所述，索引符号分为三部分，图线部分是固定的；详图编号是可变的，属于增强属性；图纸编码或图纸序号也是可变的，也属于增强属性。

3.索引符号绘制步骤（参见附录Ⅰ视频1-13）

（1）输入命令"C"（圆），绘制直径为"10"的圆，然后输入命令"L"（直线），捕捉圆的象限点，绘制水平直径；

（2）输入命令"ATT"（增强属性），在"属性定义"窗口中执行步骤①～⑧。（图1-70）

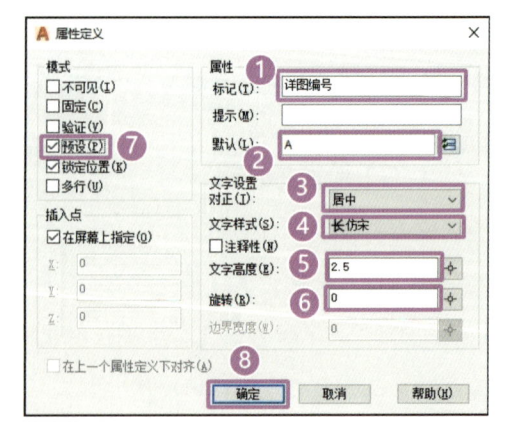

图1-70

（3）把"详图编号"属性居中放置到上半圆。（图1-71）

（4）拷贝"详图编号"属性并居中放置到下半圆，并双击"详图编号"属性后在"编辑属性定义"窗口中执行修改文字步骤⑨～⑪（图1-72），结果如图1-73所示。输入命令"B"（图块），将上述索引符号三部分内容（图线、详图编号属性及图纸编号属性）成块，块基点为圆中心，块名称为"索引"，默认值如图1-74所示。

图1-71　　　　图1-72　　　　图1-73　　　　图1-74

（5）索引符号块完整，方便进行移动、拷贝等操作。拷贝索引符号后双击该图块，在"增强属性编辑器"窗口中执行修改图号和编码步骤⑫～⑭。（图1-75）结果如图1-76所示。

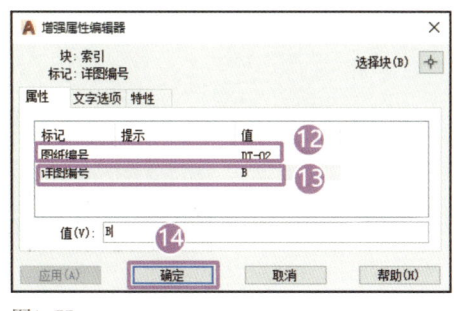

图1-75　　　　图1-76

（二）详图符号与反索引号

1.详图符号的要求

详图符号的图线部分是以粗实线绘制的直径14mm的圆。图中（a）表示详图与被索引的原图在同一张图纸上且详图编号为"3"；详图符号圆内绘制水平直径时，下半圆内字符为反索引号，表示被索引的原图的图纸序号或者图纸编码，图中（b）表示详图编号为"5"，且被索引的原图图纸序号为"3"。（图1-77）

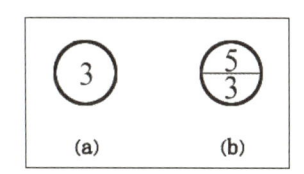

图1-77

2.详图符号绘制步骤

与索引符号类似，详图符号为含两个增强属性（详图编号和反索引号）的图块。

（1）为使详图符号为粗实线且外径14mm，输入命令"DO"（圆环），然后执行步骤①（指定圆环的内径为13mm）。（图1-78）

（2）执行步骤②（指定圆环的外径为14mm）。（图1-79）

（3）在圆环中用"L"（直线）画直径。（图1-80）

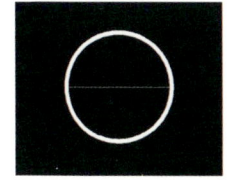

图1-78　　　　图1-79　　　　图1-80

（4）输入命令"ATT"（增强属性），在"属性定义"窗口中执行步骤③~⑥（选"黑体"字体样式使详图号显眼）、⑦（字高5可使详图号显眼，并与圆圈尺寸匹配）、⑧⑨，并把"详图编号"属性居中放置到上半圆。（图1-81）

（5）输入命令"ATT"（增强属性），在"属性定义"窗口中执行步骤⑩~⑯（选"长仿宋"字体样式且字高2.5）。（图1-82）

图1-81

图1-82

（6）把"反索引号"属性居中放置到下半圆。（图1-83）

（7）输入"B"（图块），将上述详图符号三部分内容（图线、详图编号属性及反索引号属性）成块，块基点为圆中心，块名称为"详图"，默认值如图1-84所示。

（8）详图符号块完整，方便进行移动、拷贝等操作；修改详图符号属性类似修改索引符号属性，在此不赘述。

图1-83

图1-84

（三）剖切索引符号、内视符号

1.剖切索引符号以剖切位置线表达剖视方向

索引符号如用于索引剖视详图，应在被剖切的部位绘制剖切位置线（粗实线），并以引出线（细实线）引出剖切索引符号，引出线所在的一侧为剖视方向。图中（a）表示竖直剖切后向右剖视，（b）表示水平剖切后向下剖视，（c）表示水平剖切后向上剖视，（d）表示竖直剖切后向右剖视。（图1-85）

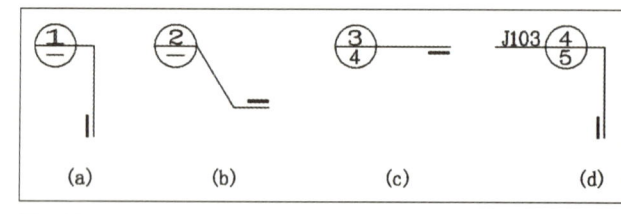

图1-85

2.剖切索引符号以三角形表达剖视方向

剖切索引符号图线为直径10mm的细实线圆加外切于半圆的等腰直角三角形组成，剖切线为沿直角三角形底边方向的细实线，直角尖端表示剖视方向；剖切索引符号字符包含上半圆的详图编号、下半圆的图纸编码。图中A的剖视方向为上，B的剖视方向为左，C的剖视方向为下，D的剖视方向为右。（图1-86）

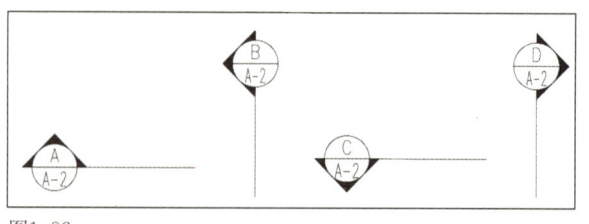

图1-86

3.内视符号以三角形表达剖视方向

内视符号是剖切索引符号的一种特殊情况，表示由平面图剖切并索引至立面图。

内视符号图线为直径10mm的细实线圆加外切于半圆的等腰直角三角形组成，其中圆心表示平面图中视点位置，直角尖端表示剖视方向；内视符号字符包含上半圆的立面图编号，下半圆的图纸编码。图中A的内视方向为上，B的内视方向为左，C的内视方向为下，D的内视方向为右。（图1-87）

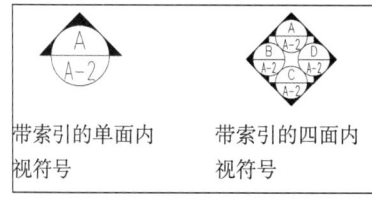

带索引的单面内视符号　带索引的四面内视符号

图1-87

（四）放大索引符号

1.放大索引符号的内容（内容源自《JGJ/T244-2011房屋建筑室内装饰装修制图标准》）

放大索引符号表示将原图的局部索引至另外的详图放大绘制（此过程中投影方向不变，无新的剖视关系）。被索引范围表示方法：（a）为中粗虚线圆圈，（b）为中粗虚线圆角矩形，（c）为中粗实线云线。其中（a）常用于范围较小的放大索引，比如详图局部放大索引；（b）和（c）常用于范围较大的放大索引，比如总平面图放大索引至分区平面图（参见第二章第二节的"总平面图、缩略图与分区平面图"）。（图1-88）

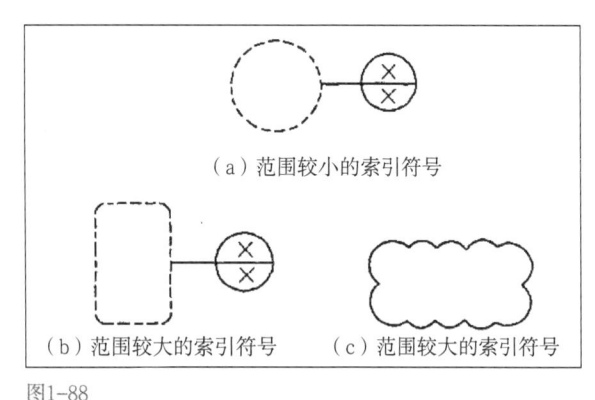

（a）范围较小的索引符号

（b）范围较大的索引符号　（c）范围较大的索引符号

图1-88

小范围放大索引的详图常与被索引原图排版在同一张图纸内，便于识读。（图1-89）

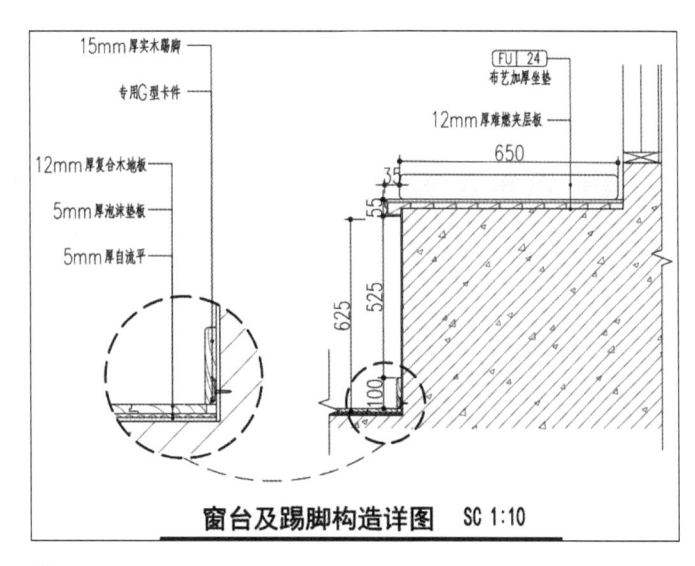

图1-89

2.云线放大符号绘制方法

（1）输入命令"REC"（矩形），绘制一个200×100的矩形，输入命令"REVC"（云线），执行步骤①。（图1-90）（参见附录Ⅰ视频1-14）

图1-90

（2）执行步骤②（确定最小弧长为10）。（图1-91）

图1-91

（3）执行步骤③（确定最大弧长为15），从而此处弧长阈值10～15与矩形尺寸匹配。（图1-92）

图1-92

（4）执行步骤④，并选择之前的矩形。（图1-93）

图1-93

（5）执行步骤⑤，即可沿矩形绘制云线。（图1-94）

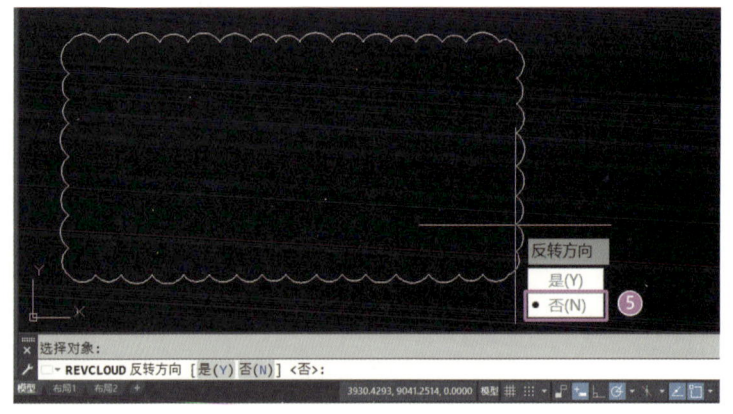

图1-94

（6）双击云线并执行步骤⑥。（图1-95）

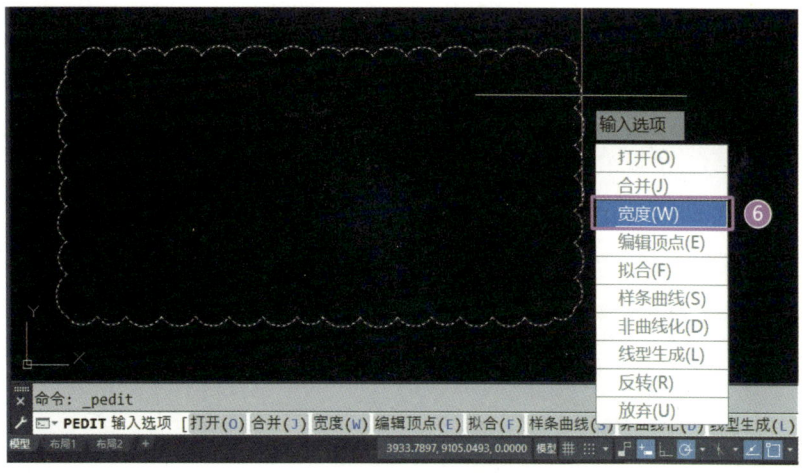

图1-95

（7）执行步骤⑦（指定云线宽度为"0.5"）。（图1-96）

图1-96

（8）云线变成中粗线。（图1-97）

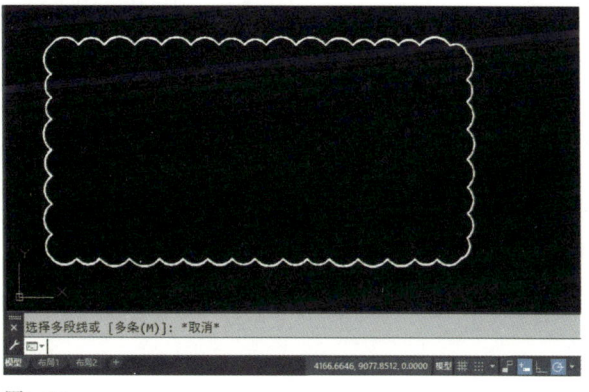

图1-97

七、折断线与连接符号

（一）符号含义

折断线表示图样断开界线，用细实线表示。连接符号由两条折断线组成，表示图样由两根折断线断开成三段，去掉中间段后将首尾两段连接。（图1-98）（参见附录Ⅰ视频1-14）

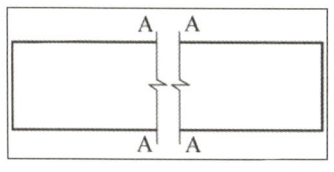

图1-98

（二）折断线绘制

折断线的实质是"PL"（多段线）。

（1）输入命令"PL"（多段线）定义线宽为"0.1"（细实线）。

（2）输入命令"BREAKLINE"（折断线），执行步骤①②（设置中心开口宽度为"2"）。（图1-99）

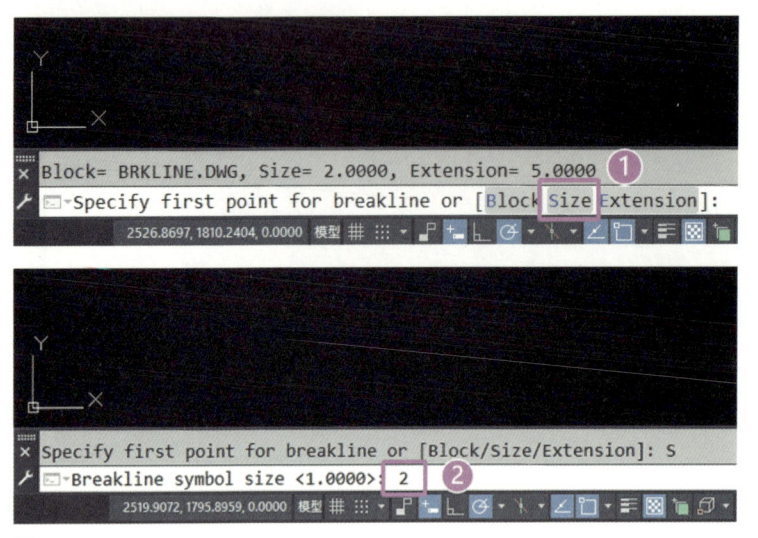

图1-99

（3）执行步骤③④（设置折断线超出图样长度为"5"）。（图1-100）

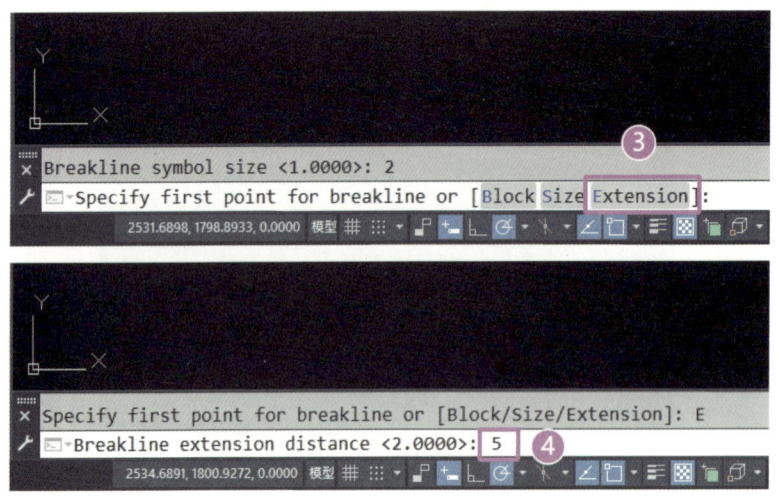

图1-100

（4）在图样中选取端点⑤⑥，并默认开口位置居中，即可完成折断线绘制。（图1-101）

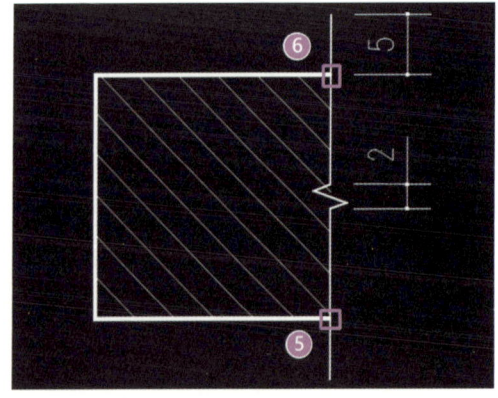

图1-101

八、引出线符号

（一）引出线的要求

1.单条引出线角度

引出线应以细实线绘制，宜采用水平方向的直线，或与水平方向成30度、45度、60度、90度的直线，或经上述角度再折为水平线。文字说明可以在水平线上方或端部。（图1-102）

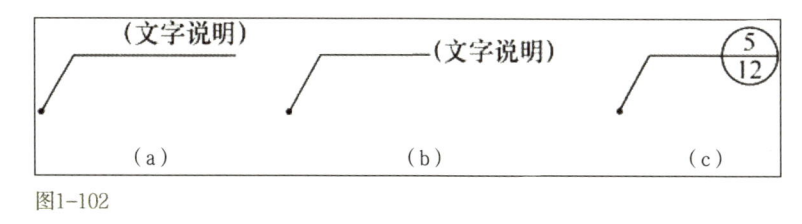

图1-102

2.相同内容的多条引出线

同时引出几个相同内容的引出线，宜多线平行，或集中于一点。（图1-103）

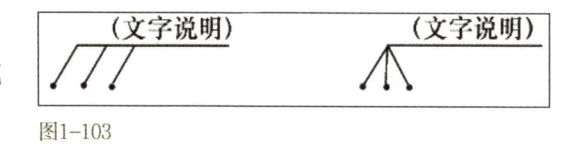

图1-103

3.多层构造共同引出线

多层构造共同引出线应通过被引出的各层，并用圆点对应各层次。层次顺序为上下时，各说明文字应与各层次对应一致，如（a）图；层次顺序为左右时，则说明文字的上下顺序分别对应层次的左右顺序，如（b）图。（图1-104）

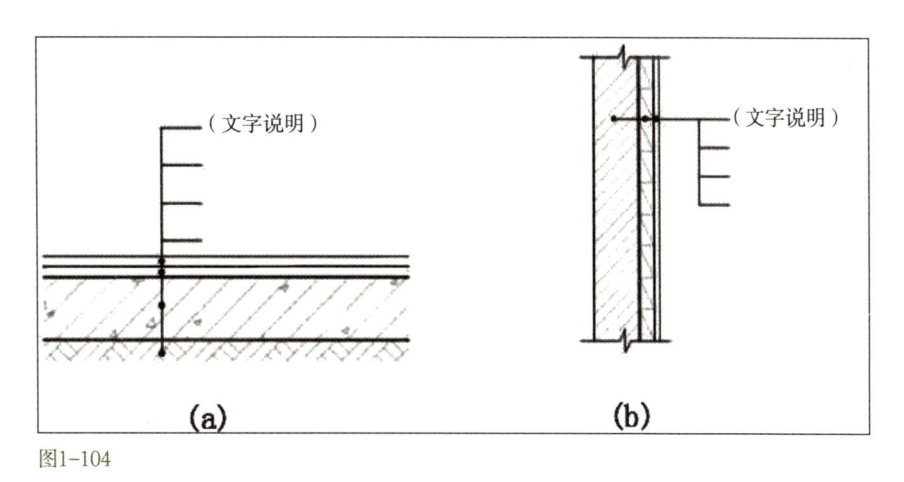

图1-104

（二）引出线的排列要求

当图纸引出线较多时，应尽量将索引详图引至图样轮廓以外，并水平对齐或竖直对齐，使图面图线减少重叠交叉，令其层次清晰且便于识读。（图1-105）

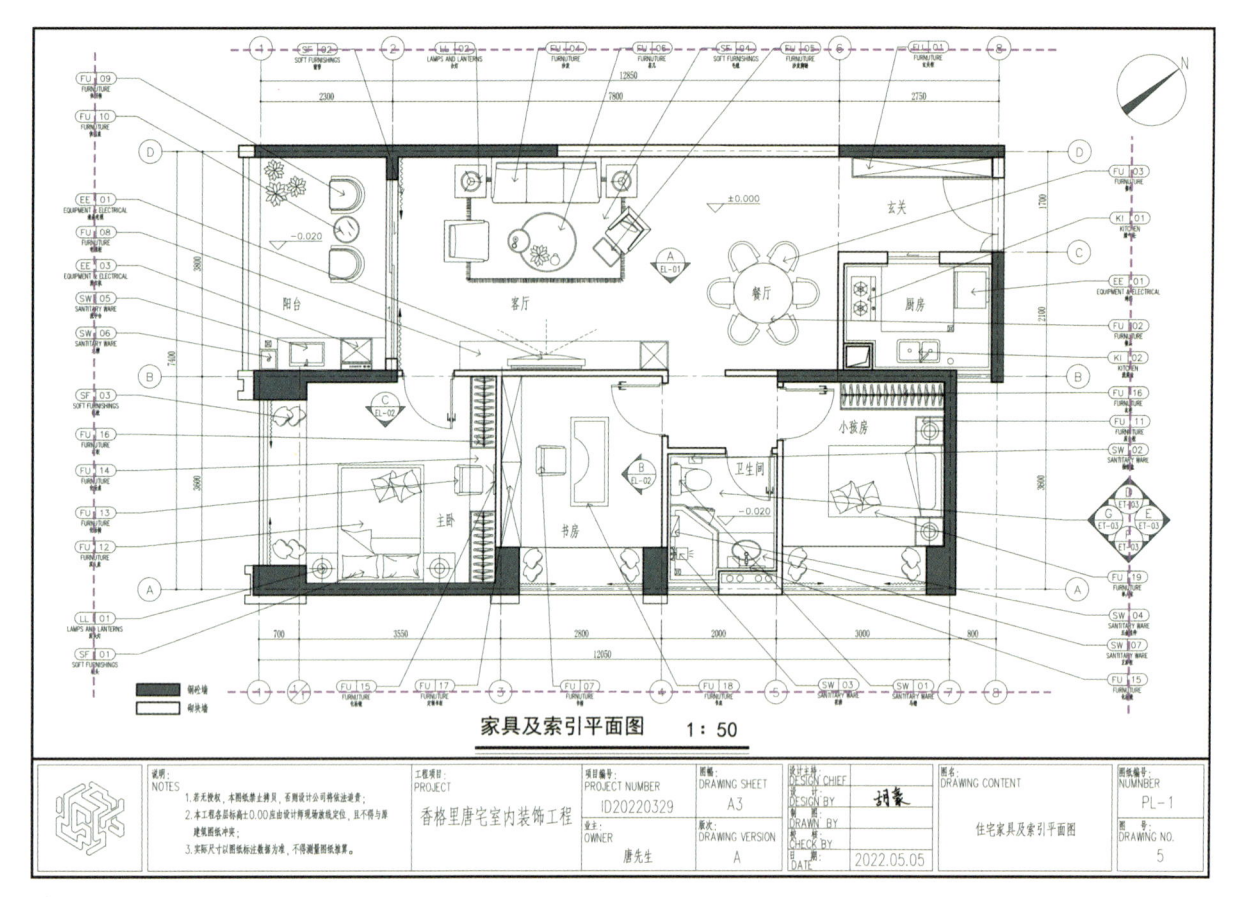

图1-105

九、定位轴线及轴号

（一）轴线及轴号基础

定位轴线用细点画线表示，其编号注在轴线端部的圆（细实线）内，圆直径为8mm，圆心在定位轴线的延长线或延长线的折线上。平面图上定位轴线的编号应标注在图样的下方与左侧，横向编号用阿拉伯数字按从左至右顺序编号，竖向编号用大写英文字母（除I、O、Z外）按从下至上顺序编号。（参见附录Ⅰ视频1-15）

（二）附加轴号

附加轴线编码应以分数形式表示：主轴号之后的附加轴号分母为"主轴号"，主轴号之前的附加轴号分母为"0"+"主轴号"。（图1-106）

（三）分区轴号

组合较复杂的平面图中定位轴线可采用分区编号，编号的注写形式应

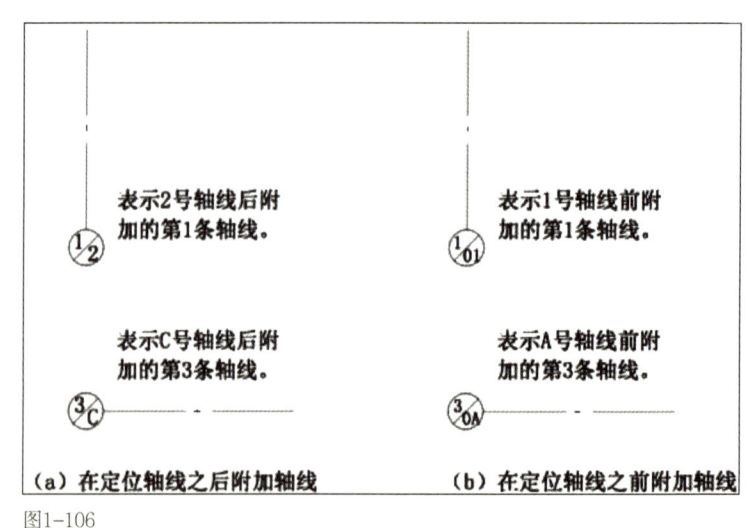

图1-106

为"分区号—分区内定位轴号",分区号宜采用阿拉伯数字或大写英文字母表示,如"1—B"表示1区B轴,"A—2"表示A区2轴。当采用分区编号且同一根轴线有不止一个编号时,相应编号应同时注明,如图1-107中"3—A"轴与"1—D"轴。

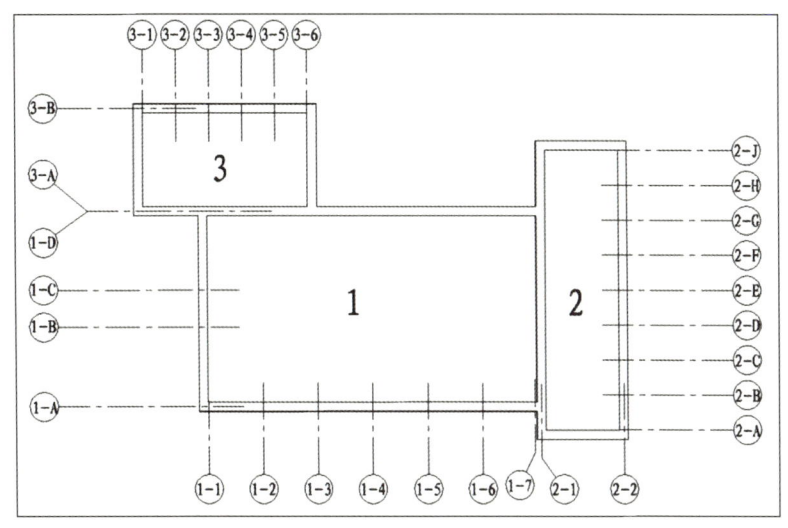

图1-107

(四)轴号绘制

轴号圆圈为直径8的细实线,轴号为字高3.5的长仿宋字。(图1-108)

(1)普通轴号的绘制:定义为含一个增强属性(轴号)的图块,名称为"主轴号"。

(2)附加轴号的绘制:定义为含两个增强属性(主轴号与附加轴号)的图块,名称为"附加轴号"。

图1-108

(3)分区轴号的绘制:定义为含两个增强属性(分区代码与轴号)的图块,名称为"分区轴号"。轴号增强属性绘制方法与索引符号增强属性绘制方法类似,在此不赘述。

第三节 《GB/T 50104-2010 建筑制图标准》解析

一、孔洞与坑槽

(一)孔洞

由于功能和造型需要,室内空间各界面(地面或墙面)会出现各类贯穿性孔洞,此类孔洞的表达方式为沿孔洞轮廓线内侧绘线并涂黑(方孔内侧绘折线,圆孔内侧绘弧线);涂黑部分亦可填充灰度。(图1-109)(参见附录Ⅰ视频1-16)

图1-109

（二）坑槽

由于功能和造型需要，室内空间各界面（地面或墙面）会出现各类非贯穿性坑槽（凹槽），此类孔洞的表达方式为沿孔洞轮廓线内侧绘线但不涂黑（方孔内侧绘折线，圆孔内侧绘弧线）。（图1-110）

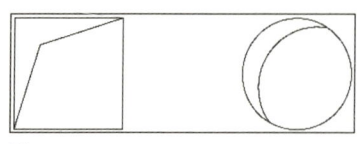

图1-110

二、烟道与风道

（一）基本符号

烟道和风道是满足室内排烟和通风功能的建筑构件，二者材料与工艺相同但位置不同（烟道位于厨房等空间，风道位于卫生间等空间），而且均不可改动位置；烟道和风道会贯穿各层楼板形成孔洞，故表达方式与孔洞图例类似。烟道图例如图1-111所示，风道图例如图1-112所示。

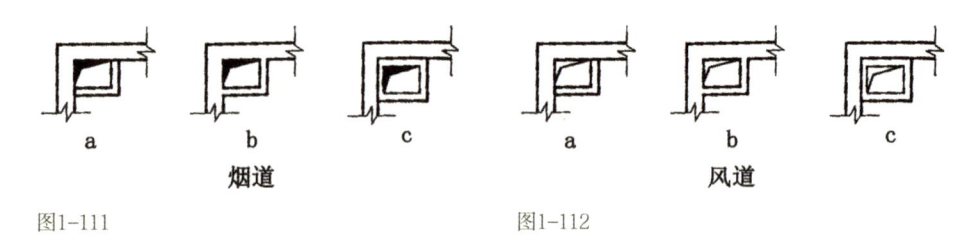

图1-111　　　　　　　　　图1-112

（二）烟风道类型（参见附录Ⅰ视频1-17）

1.分次砖砌

即烟风道与墙体材料为砌块且分次砌筑，此种烟道或风道整体性较差，易产生裂缝。此情况相邻处墙身剖面线连续。［图1-111及图1-112中（a）］

2.一体砖砌

即烟风道与墙体材料为砌块且同步砌筑，此种烟道或风道整体性较好，不易产生裂缝。此情况相邻处墙身剖面线不连续。［图1-111及图1-112中（b）］

3.预制砼吊装

即烟风道与墙体材料为砼且为工厂预制后现场安装，此种烟道或风道施工效率较高。此情况烟道或风道完全独立于墙身之外，相邻处墙身剖面线连续。［图1-111及图1-112中（c）］

三、建筑结构孔洞符号

（一）走廊

参照前述孔洞与坑槽符号原理，类似符号出现在室内装饰立面图表示墙面有空间孔洞，即走廊或壁龛。（图1-113）

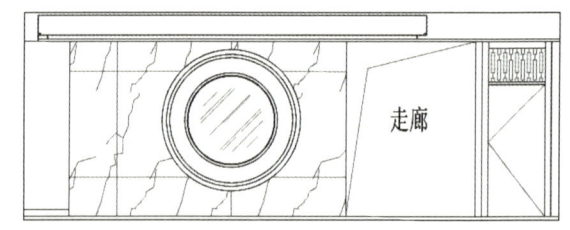

图1-113

（二）楼板孔洞

参照前述孔洞与坑槽符号原理，类似符号出现在

室内装饰平面图表示地面有空间孔洞,即挑空或共享空间。(图1-114)

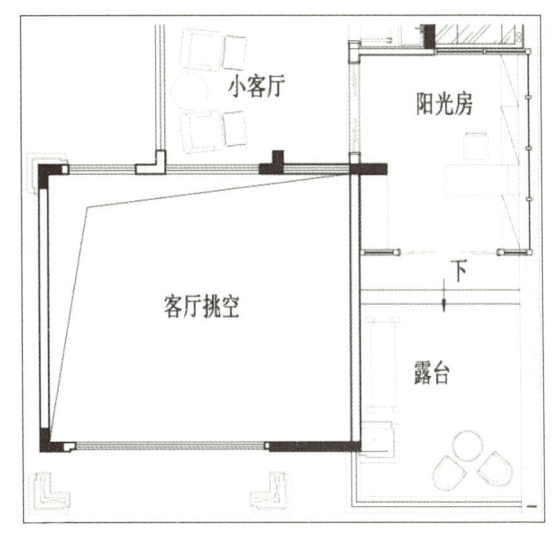

图1-114

四、门洞、门与窗

(一)门洞

1.门洞代号

门洞即墙体上提供通过性的空间孔洞,代号为其拼音声母"MD"和门洞尺寸数字,例如MD0921表示门洞宽度900mm,高度2100mm。

2.门洞图例

由于门洞贯穿墙体形成孔洞,故门洞图例源自孔洞图例。传统建筑门洞图例如图1-115所示。

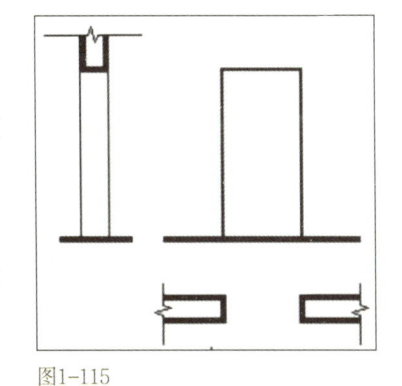

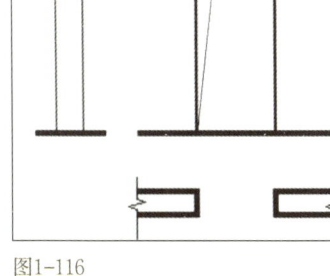

图1-115　　图1-116

室内装饰工程门洞图例如图1-116所示,门洞轮廓线范围以内可见的远景墙体常省略,从而保证立面图的清晰度。

(二)门

1.代号

门代号为其拼音声母"M"和门洞尺寸数字(安装门之前的墙体门洞尺寸),例如"M0921"表示门洞宽度900mm,高度2100mm(安装门之后门扇的宽度约800mm)。根据空间大小和功能不同,门的宽度也各不相同。一般的门宽:户门1000mm、房门900mm、厨房门700~800mm、卫生间门600~700mm。

2.立面图门图例与开启线

立面图中门扇轮廓线内两条相交线为门的开启线,开启线交角一侧为安装门铰(合页)一侧。传统表达方式为实线代表外开门(图1-117),虚线代表内开门(图1-118),虚线和实线交替代表折叠门。(图1-119)

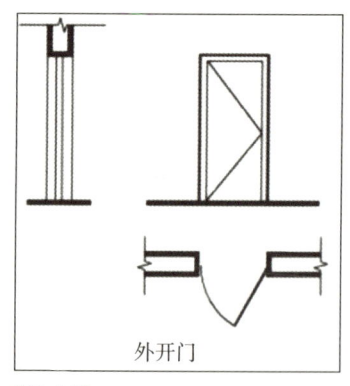

图1-117 外开门

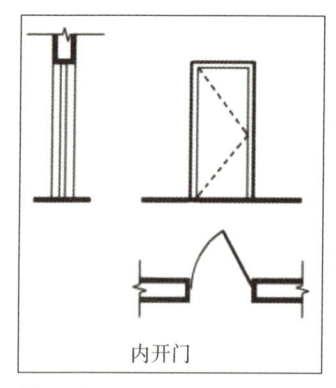

图1-118 内开门

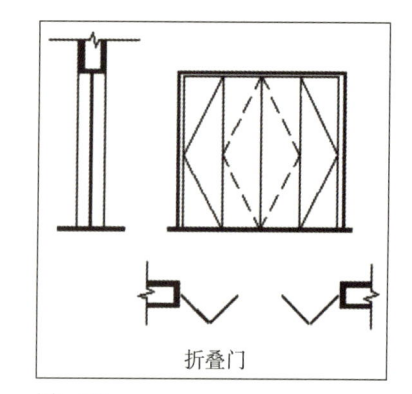

图1-119 折叠门

有时门两侧空间没有明显内外空间之分（比如过道），此时应结合平面图及详图确定门的具体开启方向。

3.门的类别与绘制

根据空间大小和功能不同，门的主要形式有平开门（单开及双开）、推拉门（明装及暗装）和折叠门。平面图设计时，一般从图库拷贝门图块（或动态块）至平面图中（参见第二章第二节"家具平面布置图设计"内容），再做相应的"SC"（缩放）、"RO"（旋转）或"MI"（镜像）操作即可。

另外，在选用门图块时应考虑打印比例与细节匹配（参见第二章第一节的"施工图比例"），尽量避免门把手细节与平面图打印比例不匹配的情况。（图1-120）

选用图线简洁的门图块，从而正确呈现平面图的必要图线信息层级。（图1-121）

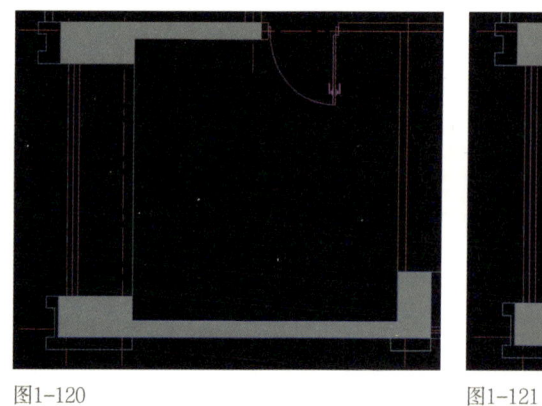

图1-120

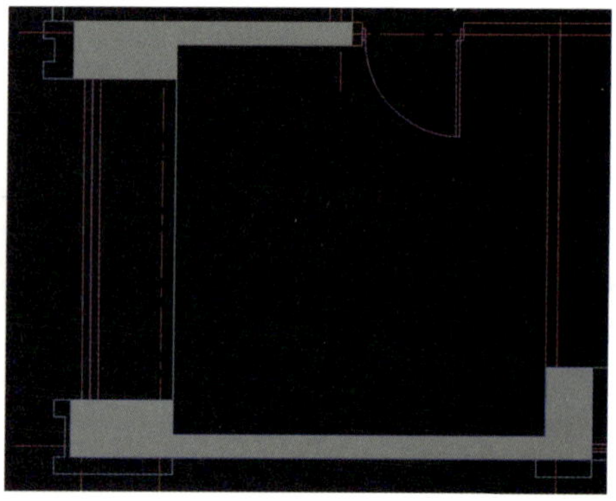

图1-121

（三）窗

1.窗代号

窗代号为其拼音声母"C"和窗洞尺寸数字（安装窗之前的墙体窗洞尺寸），例如"C0609"表示窗洞宽度600mm，高度900mm。

2.窗图例

根据空间大小和功能不同，窗的主要形式有平开窗和推拉窗。但在平面图中，窗都以简化的窗符号表示（外侧的两根线表示窗台，内侧两根线表示窗框）。（图1-122）

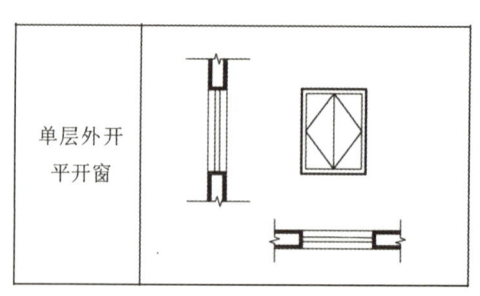

图1-122 单层外开平开窗

由于平面图的水平切面假象高度约1.5m，如果窗下框高过此水平切面，便形成高窗；如果窗上框低过此水平切面，便形成低窗（或者透气隔栅）；由于高窗和低窗未被1.5m水平切面剖切，故其轮廓线均用墙体水平剖面内的细虚线表示。（图1-123）

3.窗的绘制

平面图设计时，一般从图库拷贝窗动态块至平面图中，或用"ML"（多线）定义一组四根等距平行的细线表达。普通窗为细实线，高窗或低窗用细虚线表达（参见第二章第二节的"平面类图纸图层特点与应用"）。

图1-123

第四节 《JGJ/T 244-2011房屋建筑室内装饰装修制图标准》解析

一、对中符号（CL 线）

（一）对中符号的要求

对中符号应由对中线和对中文字组成。对中线为细单点画线，对中文字"CL"（即Central Line，中心线）为单线字体，且位于对中线的一端。（图1-124）（参考附录Ⅰ视频1-18）

（二）对中符号的绘制

1.对中线绘制

输入命令"L"（直线），绘制一定长度的直线，选择线型"CENTER"，并设定合适比例。

图1-124

2.对中符号绘制

输入命令"T"（多行文字），输入文字"C"（字体为"长仿宋"，字高3.5）；复制文字"C"后修改为文字"L"，然后调整位置使"CL"叠加。

3.对中符号成组

输入命令"G"（组），执行步骤①选择对中线和多行文字"C"和"L"。（图1-125）

然后，执行步骤②，即可将对中符号成组。（图1-126）

拷贝对中符号之后，可以输入命令"S"（拉伸），调节对中线长度。（图1-127）

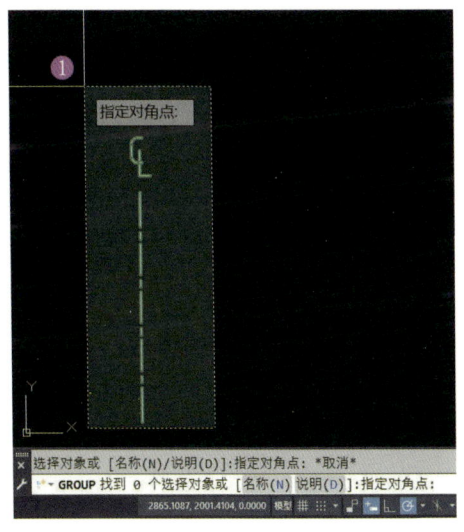

图1-125

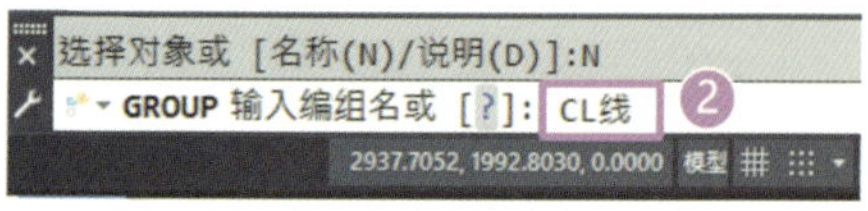

图1-126

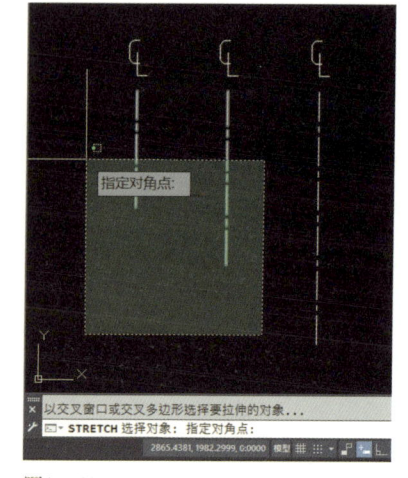

图1-127

二、转角符号与展开立面图

（一）转角符号要求

当室内装饰立面存在转折关系时，为了表达连续的展开立面内容，常以转角符号表示立面的转折。转角符号应以垂直线连接两端交叉线并加注角度符号表示（角度为90度时可以省略）。（图1-128）（参考附录Ⅰ视频1-19）

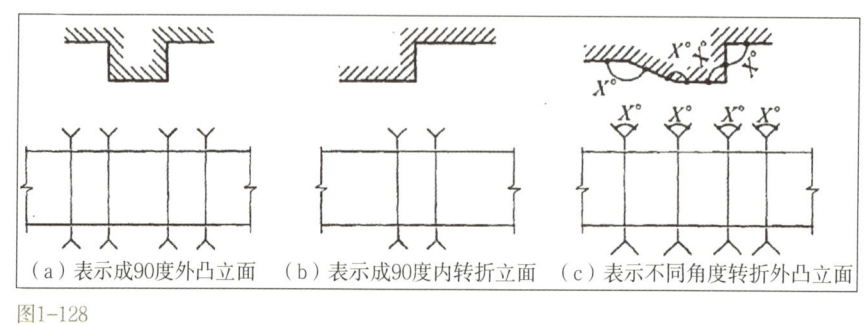

(a) 表示成90度外凸立面　(b) 表示成90度内转折立面　(c) 表示不同角度转折外凸立面

图1-128

（二）转角符号绘制

绘制转角符号各部分图线之后，输入命令"G"（组），将各部分图线成组并命名为"转角符号"，方法类似前述对中符号（CL线）绘制方法，此处不赘述。

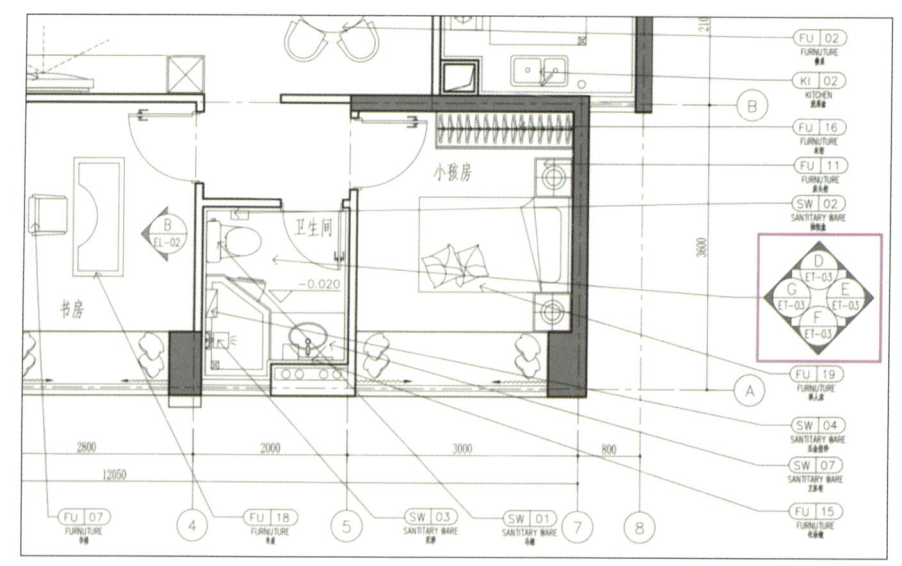

（三）展开立面图

由面积较小的空间（如卫生间）平面图索引出立面图时，单个立面图内容较少，为了清晰表达各立面图之间的对应关系并使图纸排版紧凑，故以3个转角符号连接4个立面图，以表达连续展开立面内

图1-129

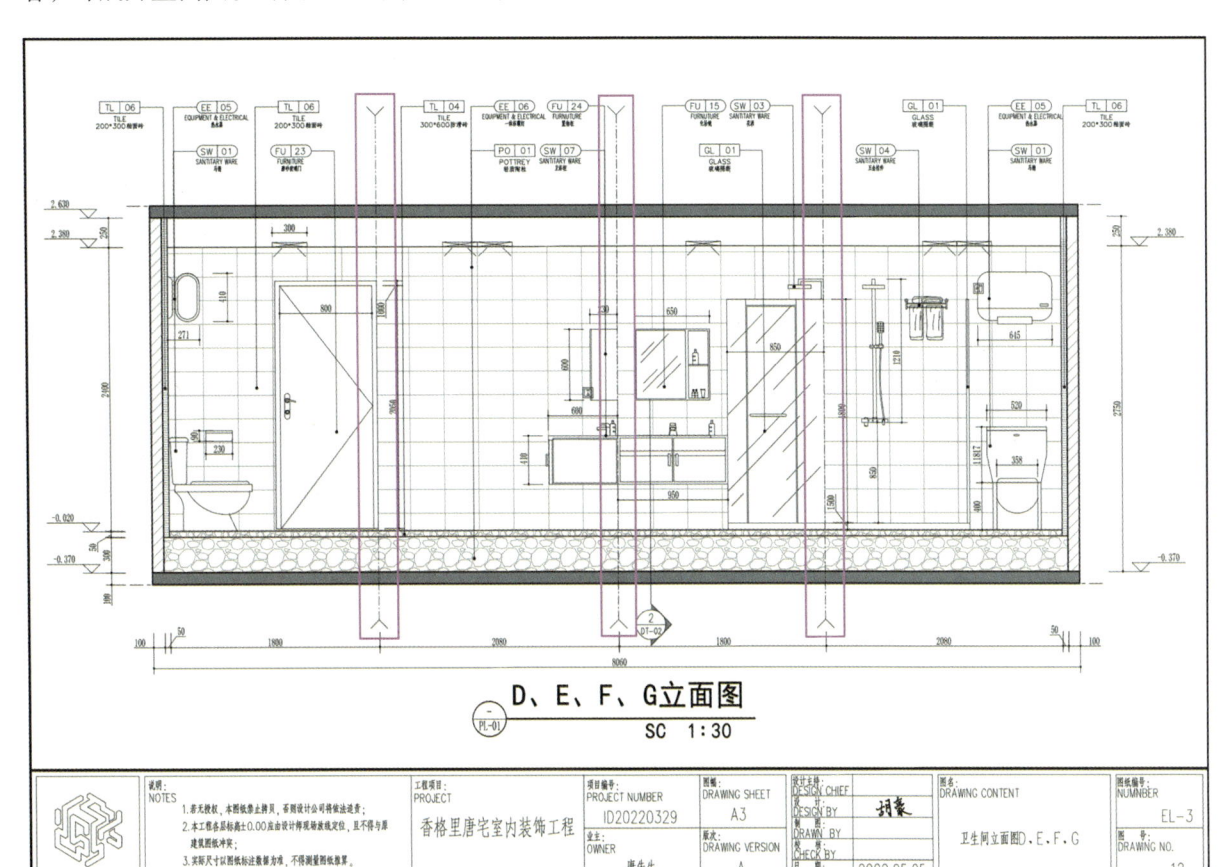

容，即展开立面图。（图1-129、图1-130）

图1-130

第五节 其他常见通用符号

此部分通用符号遵从行业通行习惯，具有一定的识读便利性，可供室内装饰施工图设计者参考。

一、材料标注符号

（一）材料标注符号的要求

材料标注符号分为两部分，即图线与三个增强属性，材料标注符号图线为4mm×14mm的细实线矩形。

增强属性①为"材料类别字母代号"（比如"ST"），增强属性②为"材料序号"（比如"01"），增强属性③为"材料文字描述"（比如"鱼肚白大理石"）。（图1-131）

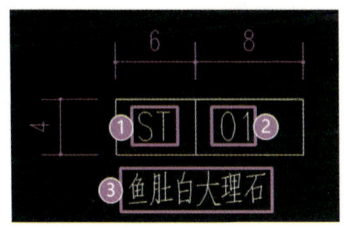

图1-131

（二）材料标注符号的绘制

（1）按尺寸要求绘制矩形图线以及三个增强属性（属性①预设值为"ST"，属性②预设值为

"01"，属性③预设值为"鱼肚白大理石"，其余参数设置同标高属性块绘制要求）。（图1-132）

（2）输入命令"B"（图块）并执行步骤④（定义块名为"材料符号"）和⑤。（图1-133）

（3）指定块的基准点⑥。（图1-134）

（4）结果如图1-135所示。

图1-132

图1-133

图1-134

图1-135

（三）材料块表的绘制

将上述各内容组合做成"材料符号"图块后，可以修改各个属性进行具体材料标注。显然，增强属性①②③之间满足一定的对应关系，即设计说明中材料表的内容，故可以在材料符号中将前述材料表中的属性对应关系进行预设，便于以后使用，这种预设方法称为"块表"。（参考附录Ⅰ视频1-20）

（1）选中"材料符号"属性块后点击右键，在快捷菜单中执行步骤⑦。（图1-136）

（2）在"块编辑器"窗口中执行步骤⑧⑨。（图1-137）

（3）点击块表位置⑩。（图1-138）

（4）执行步骤⑪。（图1-139）

图1-136

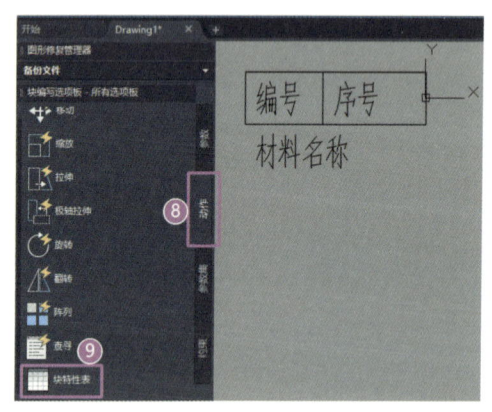

图1-137

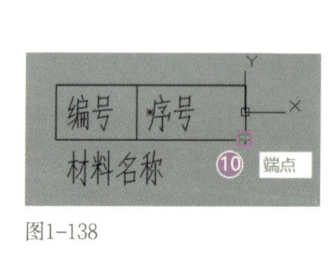

图1-138

图1-139

（5）在随后的"块特性表"窗口中执行步骤⑫⑬（全选三个属性）和⑭。（图1-140）

（6）执行步骤⑮（左右拖拽三个属性的位置如图所示）、⑯（按照设计说明中装饰材料表内容手动输入，此处仅输入四行数据示例），再后执行步骤⑰。（图1-141）

（7）执行步骤⑱。（图1-142）

（8）执行步骤⑲，以确认"块特性表"修改内容保存。（图1-143）

（9）结果如图1-144所示。

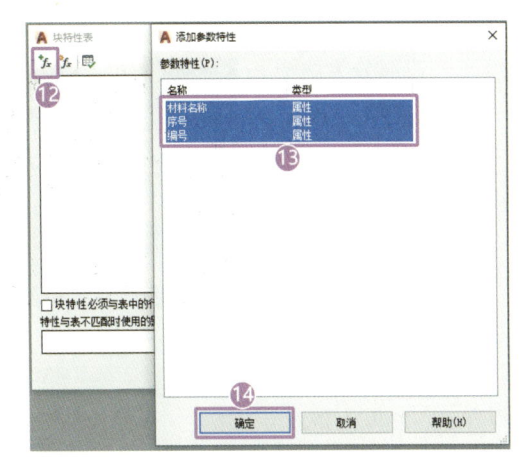

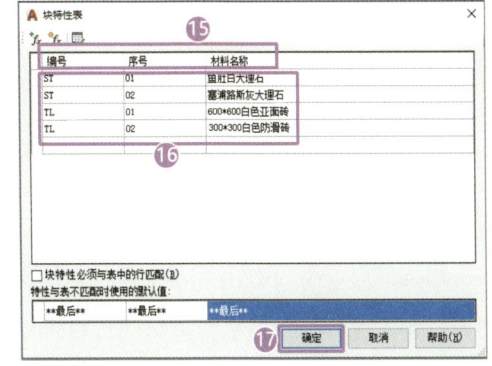

图1-140

图1-141

图1-142

图1-143

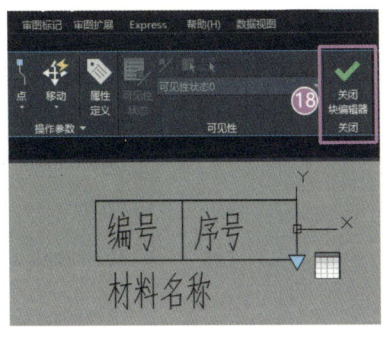

图1-144

设定材料符号内容时，首先选中"材料符号"属性块，执行步骤⑳㉑。（图1-145）

然后在"块特性表"窗口中根据需要选择数据后执行㉒㉓。（图1-146）

最后结果如图1-147所示。

图1-145

图1-146

图1-147

二、天花标注符号

（一）天花标注符号的作用

室内装饰中，天花各装饰面标高变化与材料变化较多，如果将标高信息与材料信息分开标注，则图面信息较凌乱，故可以将上述两部分信息集成为一个天花标注符号，增加识图的便利性。

039

（二）天花标注符号的绘制

天花标注符号分为两部分，即图线与四个增强属性，图线部分为两个4mm×14mm的细实线矩形。

增强属性①为"天花标高"（比如"3.000"），增强属性②为"材料类别字母代号"（比如"PT"），增强属性③为"材料序号"（比如"01"），增强属性④为"材料文字描述"（比如"加拿大柏迪森涂料"）。（图1-148）

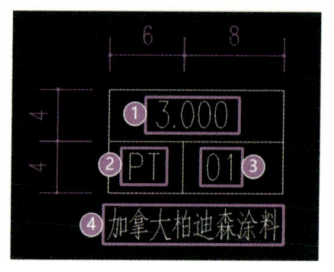

图1-148

显然，增强属性②③④之间满足一定的对应关系，即为前述材料表的内容（块表），天花标注符号绘制方法同材料符号绘制方法，此处不赘述。

三、物料标注符号

（一）物料标注符号的要求

物料标注符号分为两部分，即图线与三个增强属性，物料符号图线外轮廓为4mm×14mm。

增强属性①为"物料类别字母代号"（比如"FU"代表家具），增强属性②为"物料序号"（比如"01"），增强属性③为"物料文字描述"（比如"沙发脚踏"）。（图1-149）

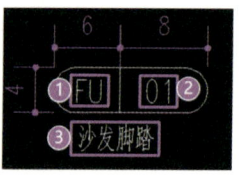

图1-149

（二）物料标注符号的绘制

为提高绘图效率，上述三个增强属性宜预设为"块表"，具体绘制方法类同材料标注符号，在此不赘述。

四、起铺符号

起铺符号是铺地图中标明块材（瓷砖、石材等）、铺装原点以及铺装方向的符号。

（一）起铺符号的作用

地面铺装材料为块材时，块材之间的分缝位置会直接影响地面的美观度，因此有必要做一些设计上的限定。以客厅瓷砖铺贴为例，图1-150中，左图瓷砖窄条①位于阳台门槛处且瓷砖窄条②位于电视机前，都比较显眼且影响美观；而右图瓷砖窄条③被沙发等家具遮盖，显然更美观、合理。故应在④处用起铺符号明确块材的起始铺装原点以及铺装方向，从而控制铺地实际效果。

（二）起铺符号的类别

起铺符号分为二向、三向和四向三种，分别适用于不同形状的铺地情况。（图1-151、图1-152）

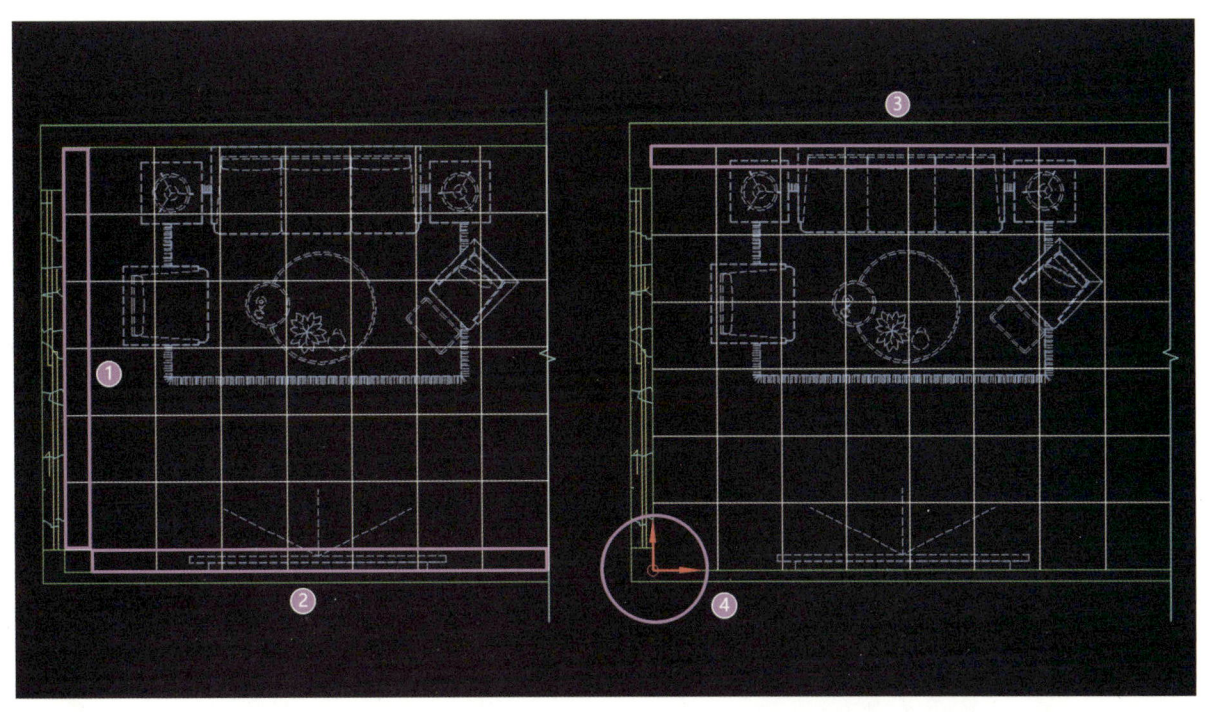

图1-150

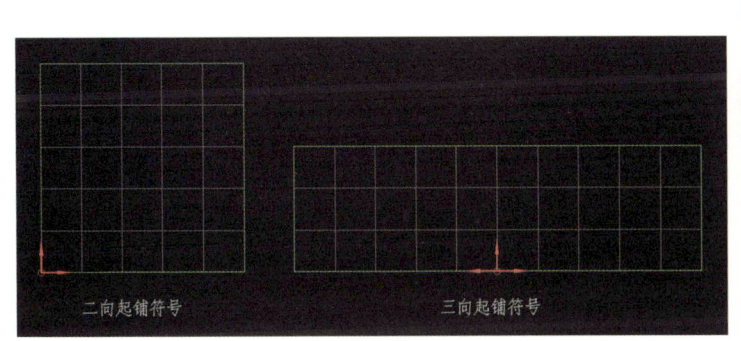

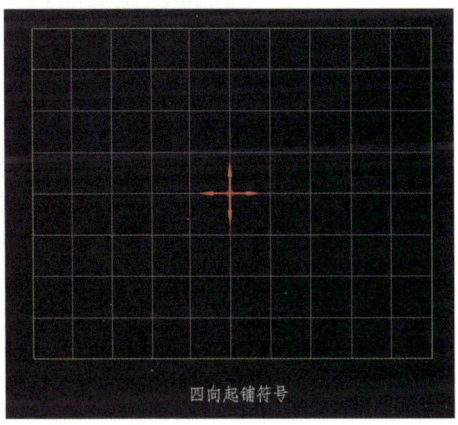

图1-151

图1-152

（三）起铺符号的绘制

二向起铺符号尺寸如图1-153所示，起铺原点圆圈用"C"（圆）绘制，起铺方向用"PL"（多段线）绘制，图线绘制完毕后做成图块即可；三向及四向起铺符号与二向起铺符号要求类似，绘制过程在此不赘述。（图1-153）

（四）起铺原点的调整

铺地平面图设计过程中常需要调整块材起铺原点。首先，单击选中网格填充图案使其虚显，然后在工具面板中点击⑤，再确定块材起铺原点⑥，不断重复上述过程即可完成起铺原点重新定位，最终达到铺地块材分缝最佳效果。（图1-154）

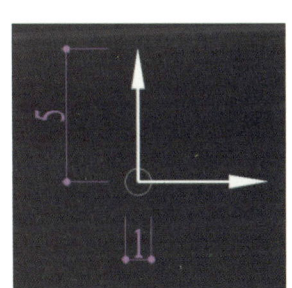

图1-153

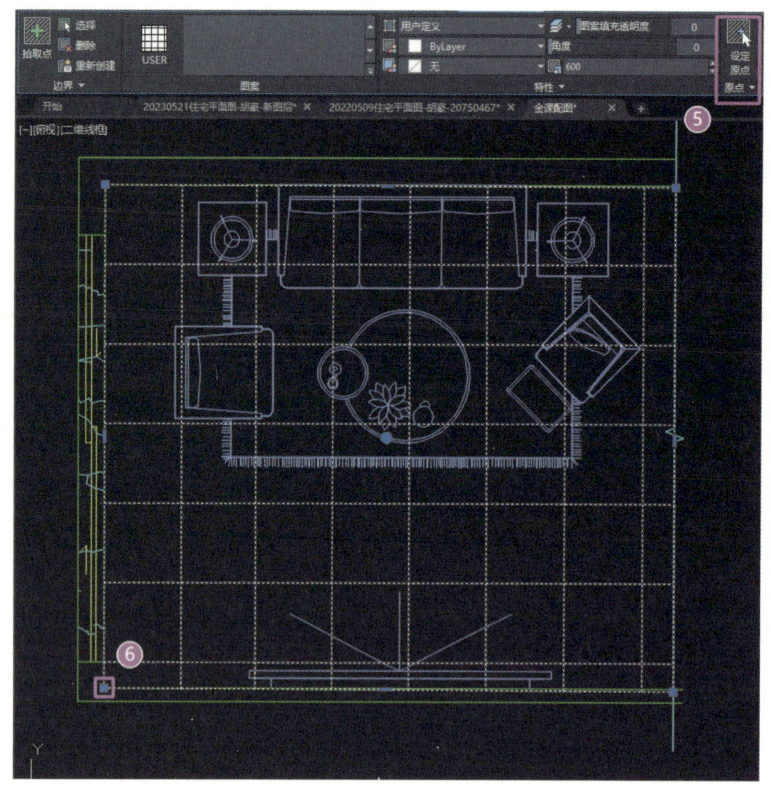

图1-154

第二章
平面布置图设计

第一节 室内装饰施工图设计准备

目前，室内装饰施工图设计软件有AutoCAD、SketchUp、LayOut、ArchiCAD、Rhino和Revit等，可以绘制二维图样或者三维图样表达施工图内容。综合行业习惯与软件特点等多种因素，AutoCAD是目前室内装饰施工图设计的主流软件。

所谓"兵马未动，粮草先行"，设置正确的软件绘图环境是提高室内装饰施工图设计效率的第一步，AutoCAD高效绘图环境的设置方法如下：

一、软件环境设置

（一）快速访问工具栏（参见附录Ⅰ视频2-1）

快速访问工具栏中使用频率较高的工具图标如图2-1所示。

1. 显示/隐藏"图层"工具

依次执行步骤①②。（图2-2）

2. 显示/隐藏"特性"工具

执行步骤③④。（图2-3）

图2-1

图2-2 　　图2-3

（二）菜单栏（参见附录Ⅰ视频2-1）

菜单栏中排列着各类分级下拉工具菜单。（图2-4）

图2-4

显示/隐藏菜单栏：执行步骤①②。（图2-5）

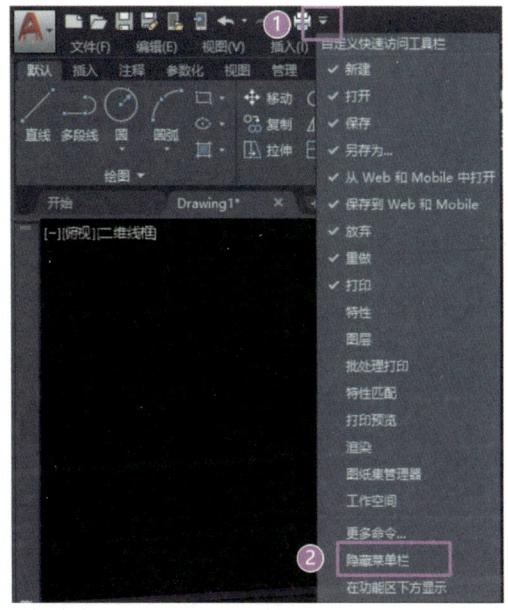

图2-5

（三）功能区/工具面板（参见附录Ⅰ视频2-1）

功能区/工具面板中排列着各类工具图标。（图2-6）

图2-6

显示/隐藏功能区/工具面板：同时按"Ctrl"+"0"键即可。

（四）图形窗口（参见附录Ⅰ视频2-2）

1.文件选项卡

文件选项卡区域排列了AutoCAD软件中已经打开的若干个文件标签。（图2-7）

显示/隐藏文件选项卡：输入命令"OP"，打开"选项"窗口，然后执行步骤①②③。（图2-8）

2.绘图区背景色调节

输入命令"OP"，打开"选项"窗口，然后执行步

图2-7

骤①②。（图2-9）

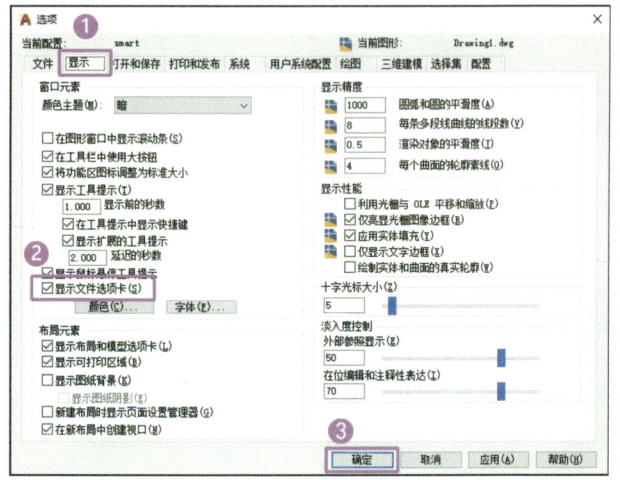

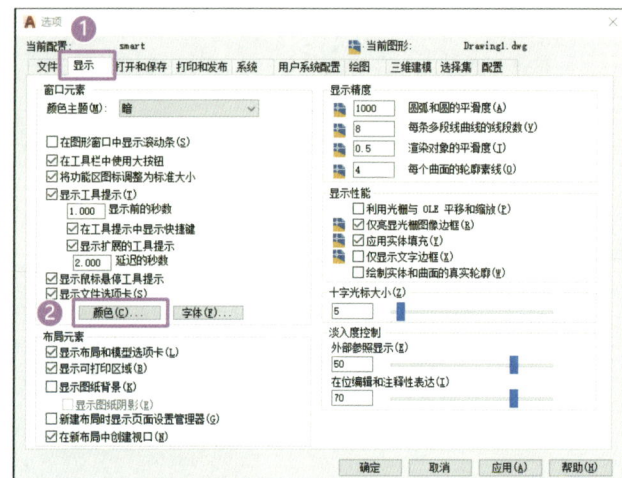

图2-8

图2-9

（1）模型空间背景色调节：在"图形窗口颜色"窗口中继续执行步骤③④⑤。（图2-10）

（2）布局空间背景色调节：继续执行步骤⑥⑦⑧⑨。（图2-11）

（3）布局空间取消"显示图纸背景"：继续执行步骤⑩⑪。（图2-12）

至此，软件模型空间与布局空间均为整体黑色背景，绘图时空间切换能保持良好的一致性。

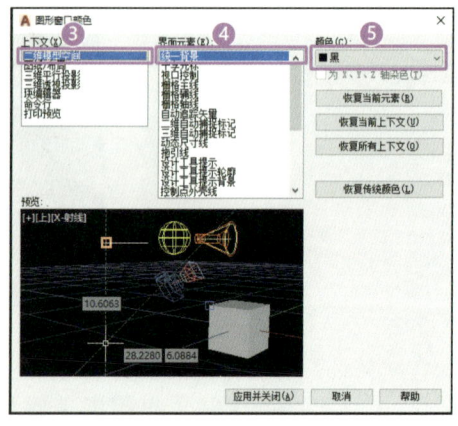

图2-10

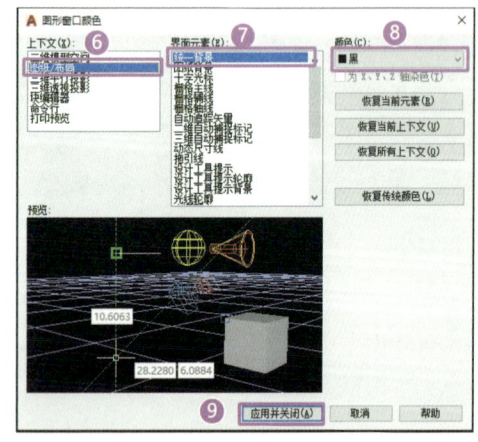

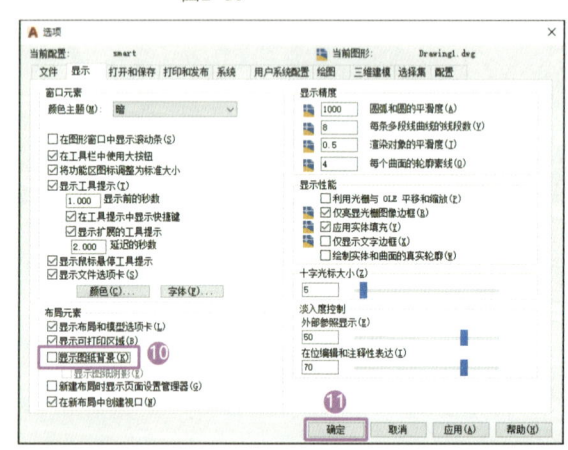

图2-11

图2-12

3.光标的相关概念及设置

十字光标：绘图光标处白色横竖交叉线，用于命令模式下定位。（图2-13）

拾取框：绘图光标处白色小方框，用于编辑模式下选取图元对象；在默认模式下，十字光标与拾取框同时显示。（图2-13）

自动捕捉标记：命令模式下，图元的控制点被搜索后提示标记，常以黄色小方框提示。（图2-13）

靶框：命令模式下，图元的控制点被搜索范围（灵敏度），如红色方框所示（不显示）。（图2-13）

夹点：编辑模式下，当物体被选中后，图元的控制点以蓝色方块提示。（图2-14）

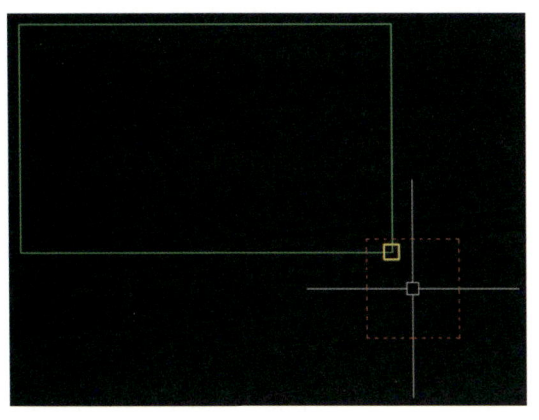

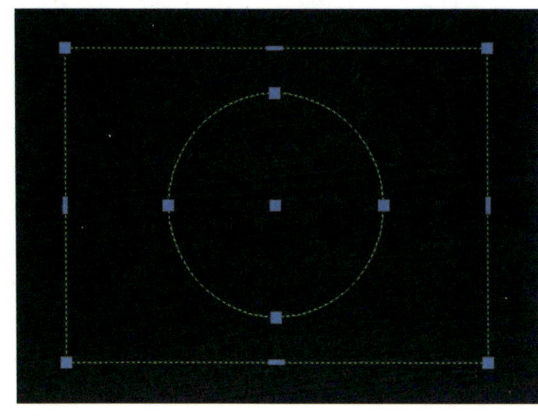

图2-13　　　　　　　　　　图2-14

（1）设置十字光标：输入命令"OP"，打开"选项"窗口，然后执行步骤①②（滑块距左端约占全长1/3，或输入数值"30"）。（图2-15）

（2）设置拾取框：继续执行步骤③④（滑块距左端约占全长1/3）。（图2-16）

（3）设置夹点：继续执行步骤⑤（滑块距左端约占全长1/3）。（图2-16）

（4）设置自动捕捉标记：继续执行步骤⑥⑦（滑块距左端约占全长1/3）。（图2-17）

（5）设置靶框：继续执行步骤⑧（滑块滑至最右端）和⑨。（图2-17）

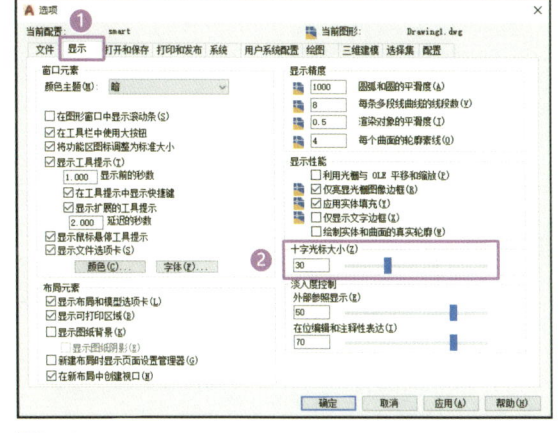

图2-15

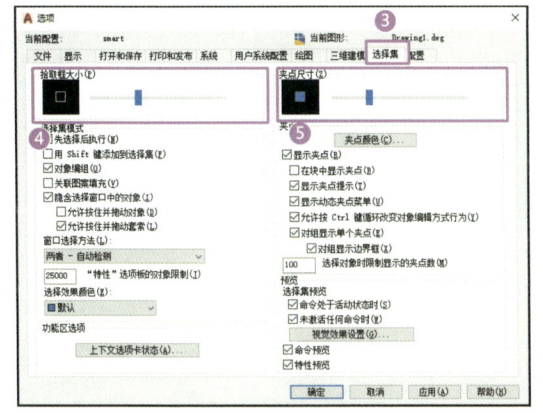

图2-16　　　　　　　　　　图2-17

4.动态提示框

命令模式下，跟随光标移动的动态赋值输入框即为动态提示框。（图2-18）

设置动态提示框字体：输入命令"OP"，打开"选项"窗口，然后执行步骤①②。（图2-19）

图2-18 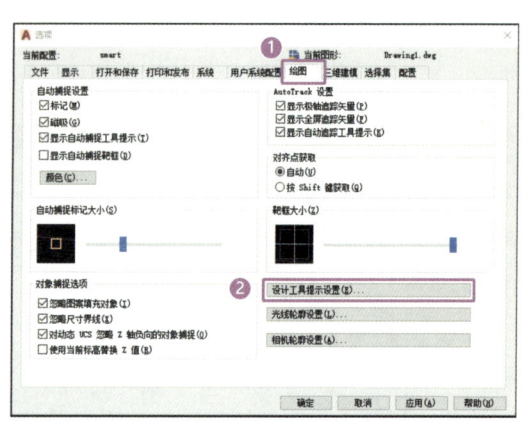　　　　图2-19

然后在"工具提示外观"窗口中继续执行步骤③（滑块滑至最右端或输入数值"6"）和④。（图2-20）

5.参照文件淡入度

设置参照文件淡入度：输入命令"OP"，打开"选项"窗口，然后执行步骤①②（淡入度"50"，使外部参照灰显与其他图线区分）和③。（图2-21）

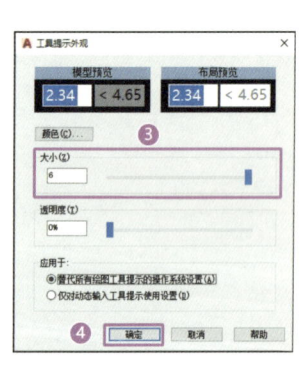

图2-20 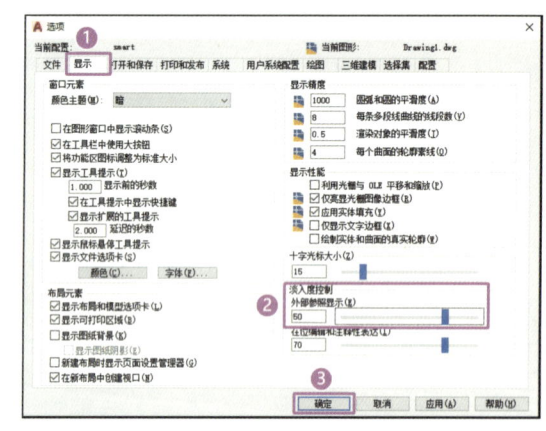　　　　图2-21

（五）命令行（参见附录Ⅰ视频2-2）

1.显示/隐藏命令行

同时按"Ctrl"+"9"键。（图2-22）

2.显示命令记录窗口

按"F2"键即可。（图2-23）

3.调整命令行字体

输入命令"OP"，打开"选项"窗口，然后执行步骤①②。（图2-24）

然后在"命令行窗口字体"窗口中继续执行步骤③（选择"14"或者"四号"）和④。（图2-25）

图2-22

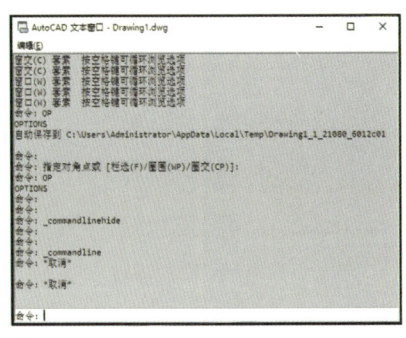

图2-23

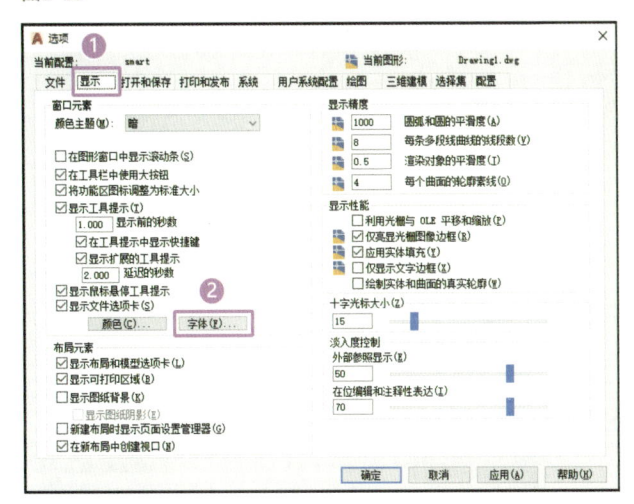

图2-24

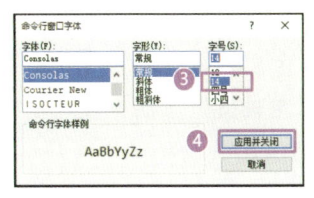

图2-25

（六）模型/布局选项卡（参见附录Ⅰ视频2-3）

左键点击①可以增加新的布局。（图2-26）

继续右键点击②，在快捷菜单中左键点击③，可以更改布局名称。（图2-27）

图2-26

图2-27

（七）状态栏/绘图辅助（参见附录Ⅰ视频2-3）

状态栏排列主要绘图辅助功能。（图2-28）

（1）"网格开关"激活/关闭：左键图标①或按"F7"键切换。

（2）"网格捕捉"保持关闭：左键图标②或按"F9"键切换至关闭，否则光标会自动捕捉网格点（无论是否显示）而跳动。

图2-28

049

（3）“动态提示捕捉”激活：左键图标③或按“F12”键切换至激活，可以提高命令模式输入便捷性。

（4）“正交限制”激活/关闭：左键图标④或按“F8”键切换，可以强制光标移动方向为水平或竖直。

（5）“极轴追踪”激活：左键图标⑤或按“F10”键切换至激活，光标移动方向为特定角度时有辅助虚线自动提示；“极轴追踪”模式可以代替“正交限制”，且更具灵活性。

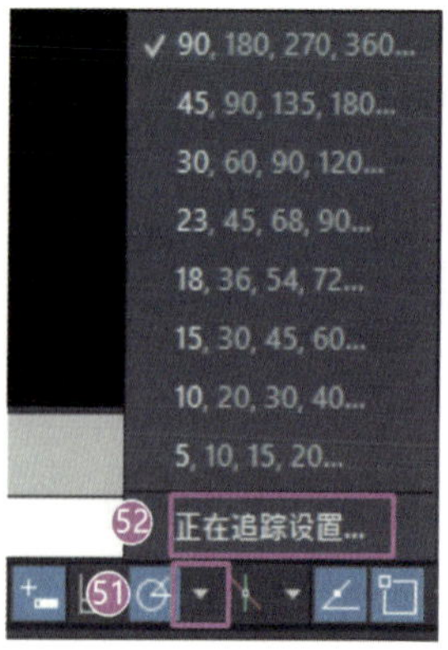

图2-29

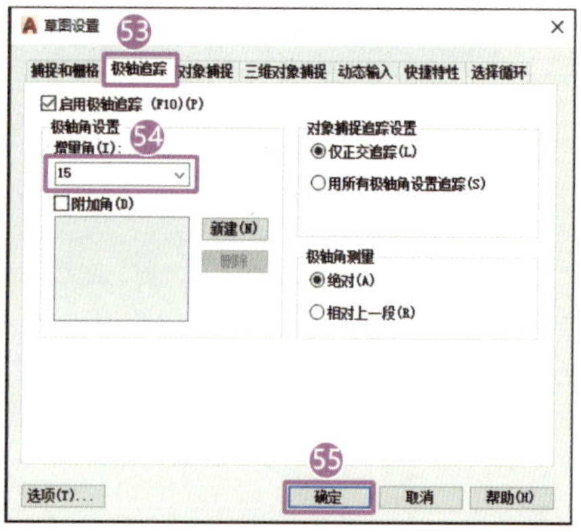

图2-30

（6）设置极轴追踪角度：执行步骤㉛㉜。（图2-29）

（7）在“草图设置”窗口中执行步骤㉝㉞㉟，由于15度是常见特殊角的最大公约数角度，此种设置可以方便追踪0度、30度、45度、60度及90度等特殊角度。（图2-30）

（8）“对象捕捉追踪”激活：左键图标⑥或按“F11”键切换至激活，该功能与“对象捕捉”及“极轴追踪”结合使用。

（9）“对象捕捉”激活：左键图标⑦或按“F3”键切换至激活。

（10）“对象捕捉”设置：执行步骤⑦①⑦②。（图2-31）

（11）在“草图设置”窗口中执行步骤⑦③⑦④⑦⑤（取消三个干扰最大的选项）和⑦⑥。（图2-32）

（12）“填充图案对象捕捉”设置：输入命令“OP”，打开“选项”窗口，然后执行步骤⑦⑦⑦⑧（取消“忽略图案填充对象”）和⑦⑨。（图2-33）

图2-31

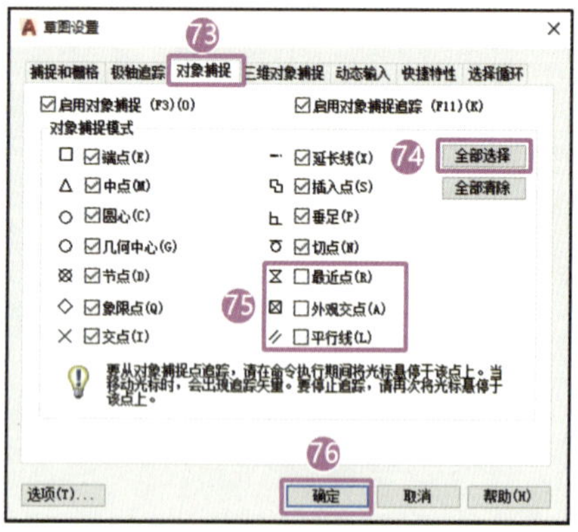

图2-32

如此填充图案中的特征点也可以捕捉。（图2-34）

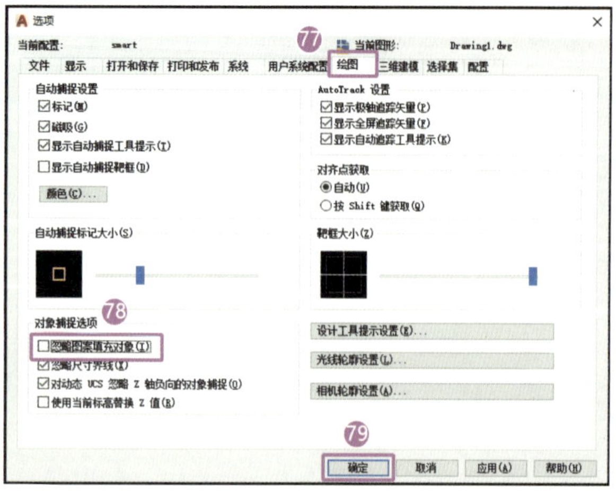

图2-33

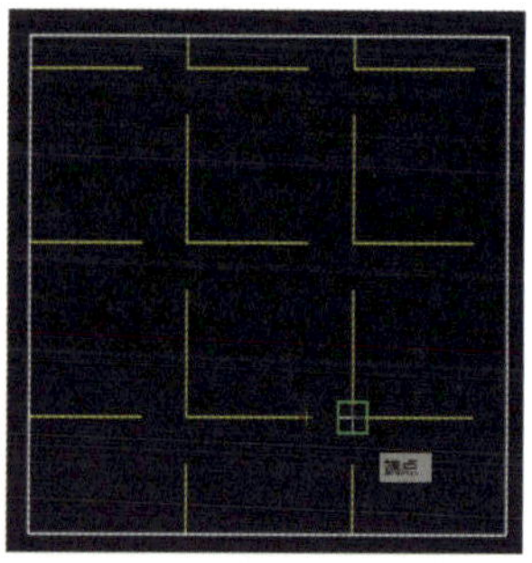

图2-34

(八)辅助功能(参见附录Ⅰ视频2-4)

1.绘图单位

设置"绘图单位":在菜单栏中执行步骤①②,即可打开"图形单位"窗口。(图2-35)

(1)设置"长度类型"(小数)及"精度":执行步骤③④。(图2-36)

(2)设置"角度类型"(度/分/秒)及"精度":执行步骤⑤⑥⑦。(图2-36)

图2-35 　　图2-36

2.文件保存及打印

输入命令"OP",打开"选项"窗口。

(1)设置"自动保存文件位置":执行步骤①②,双击③即可设置自动保存文件位置。(图2-37)

(2)设置"文件保存版本":执行步骤④⑤。(图2-38)

(3)设置"自动保存时间间隔":执行步骤⑥。(图2-38)

(4)设置"默认输出设备":执行步骤⑦⑧。(图2-39)

(5)设置"取消打印日志文件":执行步骤⑨⑩。(图2-39)

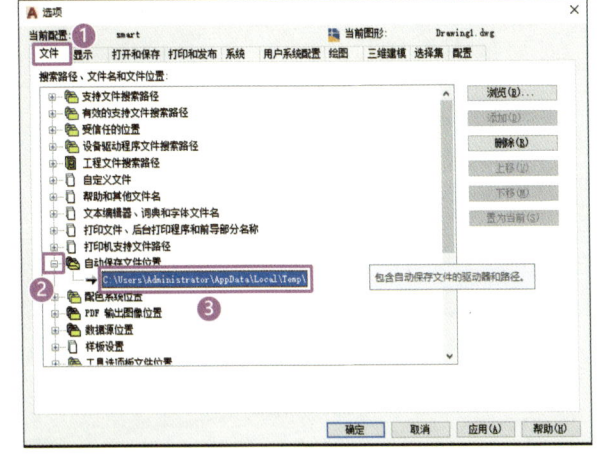

图2-37

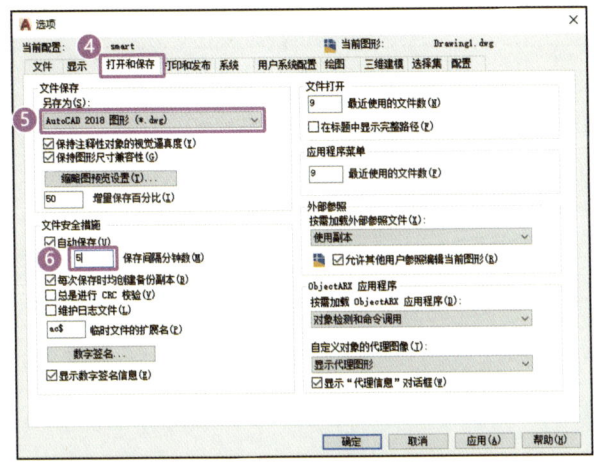

图2-38 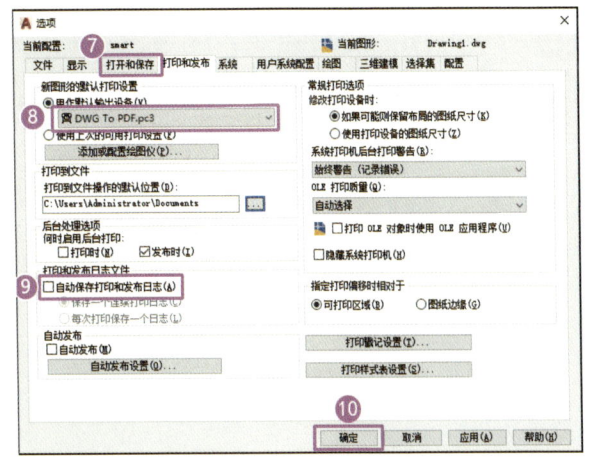　　图2-39

（九）提速增效（参见附录Ⅰ视频2-5）

输入命令"OP"，打开"选项"窗口。

1.Z轴归零

执行步骤①②。（图2-40）

2.硬件加速

执行步骤③④。（图2-41）

然后在"图形性能"窗口中执行步骤⑤。（图2-42）

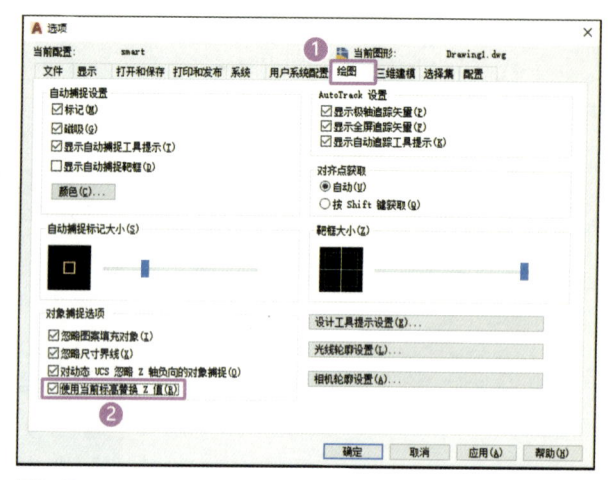

图2-40

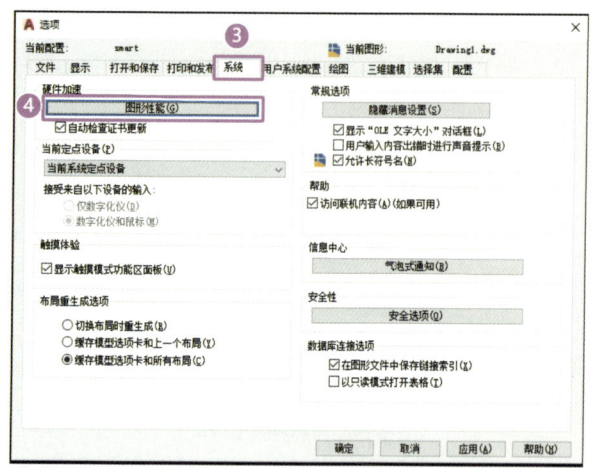

图2-41

图2-42

3.关联标注（参见本章"布局标注"）

执行步骤⑥⑦。（图2-43）

4.自定义右键

执行步骤⑧⑨。（图2-44）

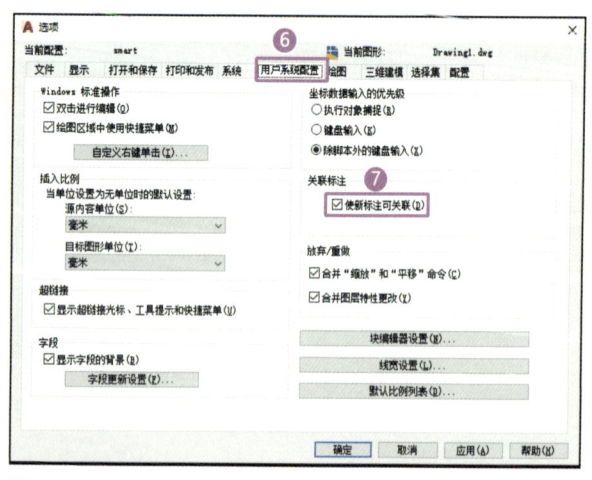

图2-43

图2-44

在"自定义右键单击"窗口中执行步骤⑩⑪⑫，应用并关闭。（图2-45）

5.配置文件

（1）输出个性化配置文件：

a.在前述"选项"设置完成以后，执行步骤⑬⑭。（图2-46）

b.在"输出配置"窗口中执行步骤⑮⑯，命名后缀为"arg"的配置文件（例如smart.arg）并保存。（图2-47）

（2）输入配置文件：执行步骤⑰⑱，选择已定义的后缀为"arg"的配置文件（例如smart.arg），然后执行⑲⑳。（图2-48）

（3）重置配置文件：执行步骤㉑㉒㉓，则配置文件成为初始默认状态。（图2-49）

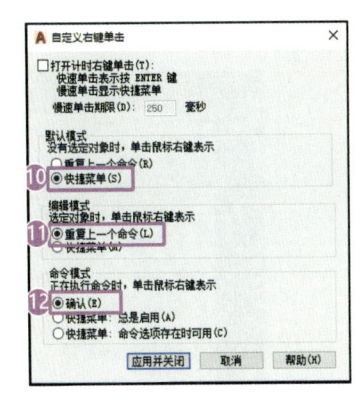

图2-45

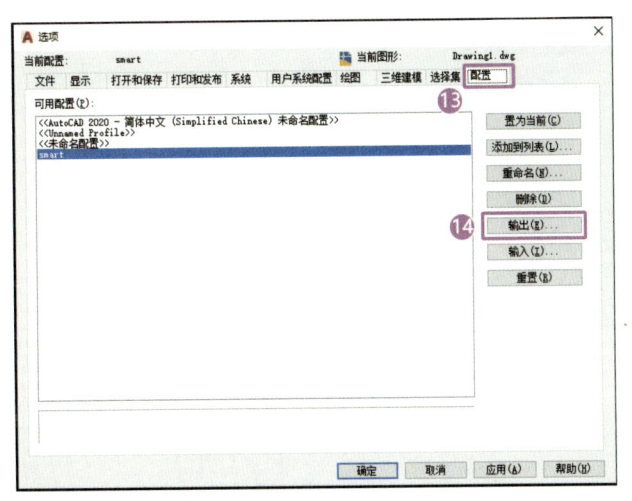

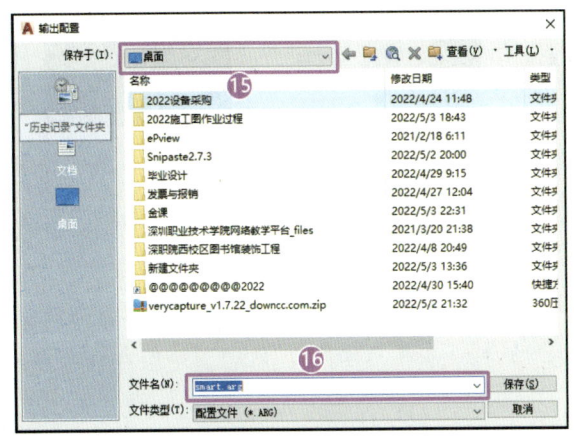

图2-46

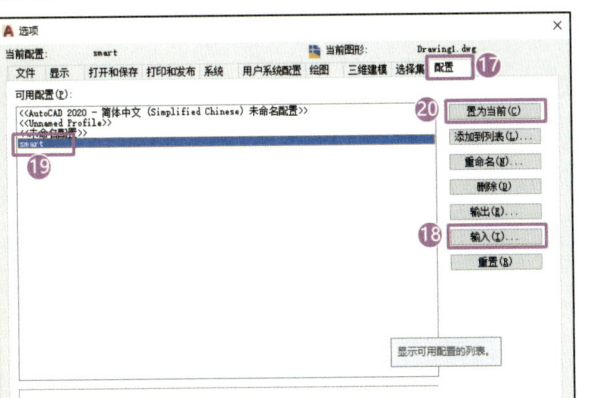

图2-47

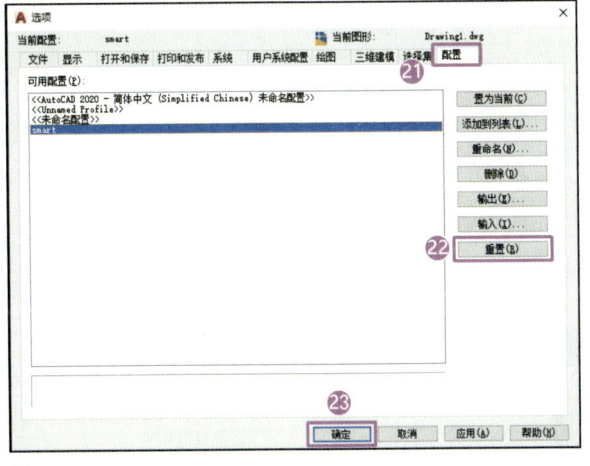

图2-48

图2-49

（十）自定义快捷键（参见附录Ⅰ视频2-5）

1.单次自定义快捷键

（1）调出"程序参数"（acad.pgp）：在菜单栏中执行步骤①②③。（图2-50）

（2）找到需要自定义的快捷键，例如④（快捷键"CP"代表命令"COPY"）（图2-51），修改为

⑤（快捷键"CC"代表命令"COPY"），然后执行步骤⑥⑦。（图2-52）

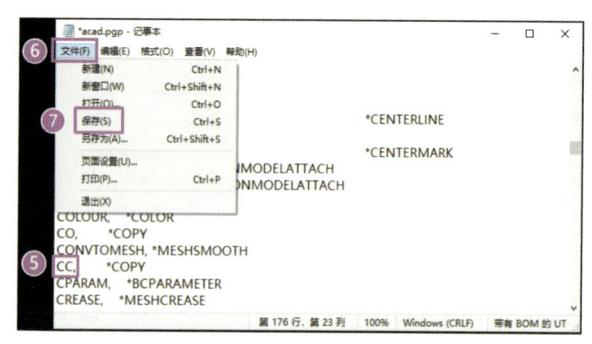

图2-50

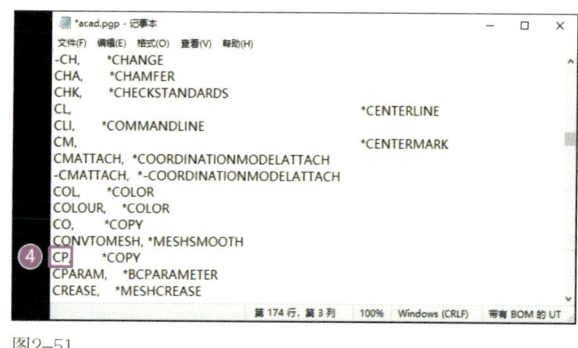

图2-51

图2-52

（3）输入"REINIT"命令，在"重新初始化"窗口中执行步骤⑧（勾选"PGP文件"）和⑨，然后就可以在命令行输入快捷键"CC"代表命令"COPY"进行图元编辑。（图2-53）

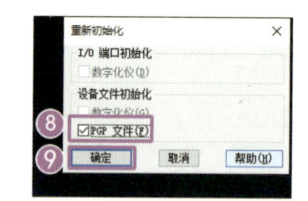

图2-53

2.批量自定义快捷键

如上所述，重复步骤④⑤的方法可以批量自定义其他快捷键，然后执行步骤⑩⑪。（图2-54）

在"另存为"窗口中执行步骤⑫⑬⑭，命名后缀为pgp的文件（例如smart.pgp）。（图2-55）

在其他电脑中可以将步骤⑬中的pgp文件的全部内容拷贝并覆盖该电脑AutoCAD的原acad.pgp文件内容，然后输入"REINIT"命令，在"重新初始化"窗口中执行步骤⑧（勾选"PGP文件"）和⑨，即可使新的自定义快捷命令批量生效。

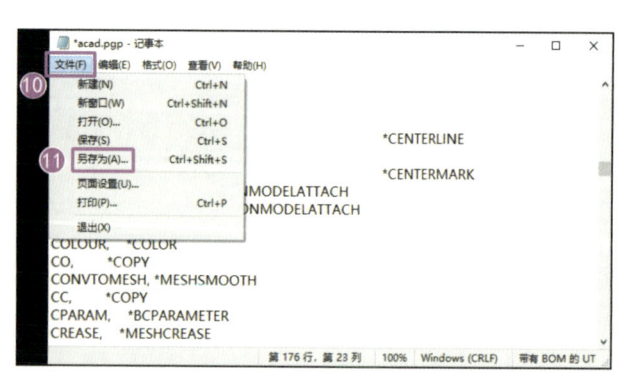

图2-54

图2-55

二、施工图设计协调

（一）外部协调（提资）

室内装饰项目规模较大时，其设计是诸多设计专业（装饰、电气、给排水及暖通等）相互协调的过程，这种专业与专业之间的外部协调贯穿设计的全过程（概念设计、方案设计、扩初设计、施工图设计及驻场深化设计，参见引言中的"室内装饰设计的深度与流程"）。

上述设计专业互相提资（即"提供资料"）是指施工图设计开始之前，各专业之间相互提供对方专业所需的基本资料。例如，给排水专业的消防管道位置对室内平面布局有重要影响，暖通专业的空调风管尺寸对室内天花高度有重要要求和影响等。

（二）内部协调

室内装饰项目方案设计或扩初设计是施工图设计的前序设计阶段。因此，室内装饰施工图设计应与方案设计或扩初设计进行内部协调，前序设计阶段的图纸要点是施工图设计的基础性资料，主要包含平立剖主要尺寸、重点详图构造做法、装饰材料表、主要家具选型和主要灯具选型等。

三、施工图工作架构逻辑

（一）项目文件夹的架构

室内装饰施工图设计过程会关联大量的文件，路径清晰且层级简洁的文件夹管理，不仅有利于提高设计师个体工作效率，也有助于规范管理并提升设计团队协同设计效率。典型的项目文件夹结构系统内容如图2-56所示。

项目文件：以"日期＋项目编号＋项目内容"命名，方便后期检索。其中各部分主要内容：

A公用信息：使用频率较高的一般性文件。

A1管理文件：包含项目人员联系表、工作计划表和项目文件路径表。

A2现场照片：工程现场施工过程照片（按照工程部位或拍摄时间归类存放）。

B提资图纸：设计基础资料。

B1建筑图纸：提资表将建筑图纸按照提资时间归类存放。

B2机电图纸：提资表将机电图纸按照专业类别（电气、给排水及暖通等）及提资时间归类存放。

B3供应商资料：装饰材料及设备供应商产品资料。

B4顾问资料：专业顾问单位（声学顾问、光学顾问及智能化顾问等）文件。

C纪要及收发文：项目进展过程中的往来文函。

C1内部纪要：内部会议纪要、图纸内审纪要等。

C2收文：接受外部单位的会议纪要、设计变更与工程洽商等。

C3发文：发给外部单位的会议纪要、设计变更与工程洽商等。

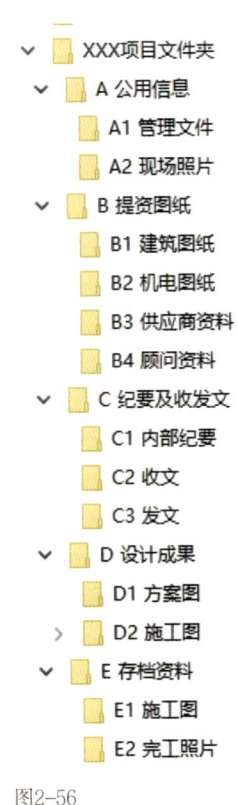

图2-56

D设计成果：项目各阶段设计文件。

D1方案图：方案图设计阶段设计文件，包含意向图片及选材表等。

D2施工图：施工图设计阶段设计文件，包含参照文件等。

E存档资料：存档所需的最终版文件。

E1施工图：存档所需的最终版施工图。

E2完工照片：存档所需的最终完工照片。

（二）施工图文件夹的架构

在上述项目文件夹中，"D2施工图"文件夹是室内装饰施工图设计阶段的主要文件夹，应同样遵循路径清晰且层级简洁的原则，典型的施工图文件夹如图2-57所示。

图2-57

D21参照文件：存放施工绘制过程中需要的表单（如施工图文件命名规则表），dwg文件（图框、图例、图块与样板图等），自定义文件（字体、填充图案打印样式与图层映射文件等）。

D22建筑底图：存放建筑底图以及缩略图。

D23DWG成果：存放施工图设计dwg成果（通用信息、平面图、立面图与详图等）文件，必要时分设文件夹管理。

D24PDF打印：存放虚拟打印的pdf图纸，以便发送给专业出图公司打印装订。

四、施工图图幅及图框

（一）普通图幅

图幅即图纸幅面，指图纸大小规格。工程图纸是以A0幅面（1189mm×841mm）为基础，通过不断对折后大致可以得到A1、A2、A3及A4幅面。（图2-58）（参见附录Ⅰ视频2-6）

值得注意的是，各图幅长宽比约为$\sqrt{2}\approx 1.4$，即工程图纸长仿宋体的高宽比。

理论上讲，通过适当的索引关系与绘图比例，任何大规模的工程项目施工图设计都用最小的图幅（A4）表达，但考虑施工图中各图纸关联层级的清晰度与深度，兼顾施工现场使用图纸的便利程度（图纸翻阅与图纸拆分），一般建议尽量用较小的图幅（比如A3或A2）进行施工图设计，且一套图纸中的图幅不超过两种。

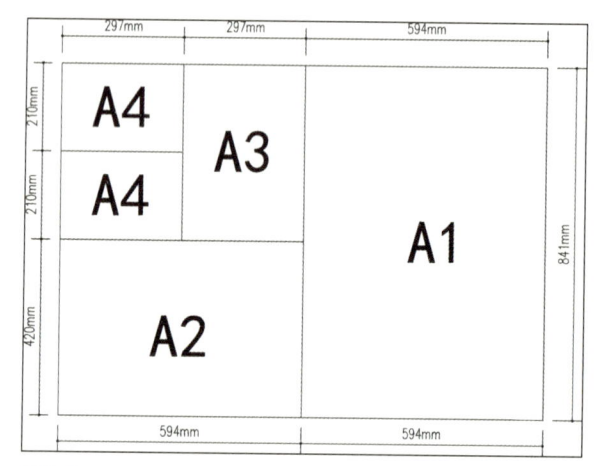

图2-58

（二）加长图幅

对于长宽比较大的图样内容（比如类似走道的平面图），普通图幅不适合绘制此类图样，此时可以选择加长图幅进行绘制。（图2-59）

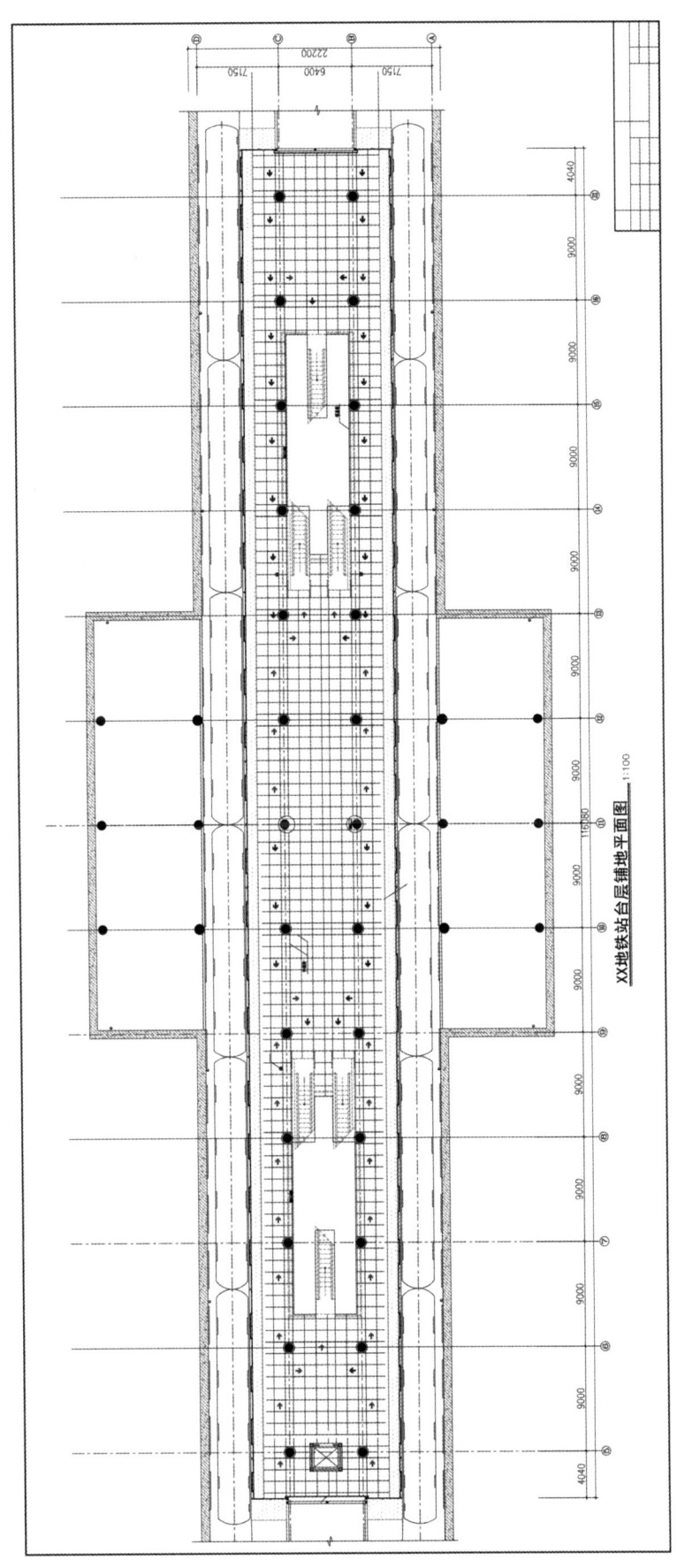

图2-59

当图纸需要加长时，图纸短边b不变，仅长边l加长。对于A3幅面，以长边的1/2为基本单元可加长l/2、l、3l/2、2l、5l/2、3l及7l/2；对于A2幅面，以长边的l/4为基本单元可加长l/4、l/2、3l/4、l、5l/4、3l/2、7l/4、2l、9l/4及5l/2；对于A1幅面，以长边的l/4为基本单元可加长l/4、l/2、3l/4、l、5l/4及3l/2。

（三）封面版式

图纸封面要素包含项目名称、项目编号、日期、设计单位名称及相关信息等。（具体版式可参见第一章第二节的"字高与字体"）

（四）图框尺寸与内容

图框即限定绘图区域的粗线框，除封面以外的图纸均应绘制图框。（图2-60）

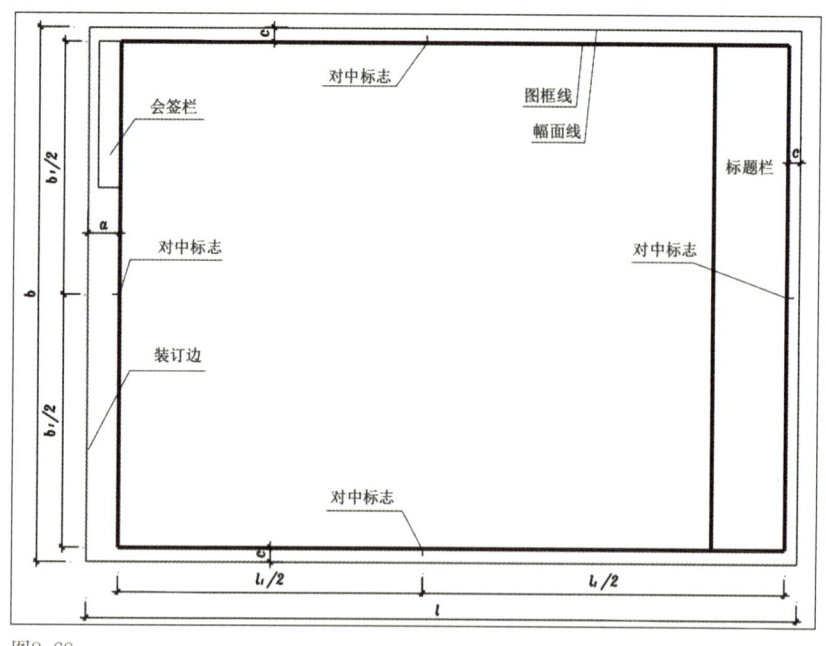

图2-60

图幅及图框相关尺寸。（表2-1）

表2-1 图幅、图框相关尺寸

尺寸代号＼幅面代号	A0	A1	A2	A3	A4
b×l	841×1189	594×841	420×594	297×420	210×297
c	10			5	
a	25				

图框中各部分内容如下：

1.标题栏

标题栏主要内容及版式参见第一章第二节的"字高与字体"。

2.会签栏

对于较复杂的工程项目，室内装饰设计过程自始至终贯穿着与外部其他专业的协调工作内容。因此，各个专业在协同推进施工图设计进程时，各专业人员都需要对重要内容进行相互审核、签字与确认（参见本章第一节的"施工图设计协调"），这种制度即为"会签"。对于室内装饰设计而言，其他专业（电气、给排水及暖通等）的会签记录需要在"会签栏"中进行确认，具体内容见表2-2。

表2-2 会签栏

专业	实名	签名	日期
电气	张三	张三	2022/02/02
给排水			
暖通			

对于较简单的工程项目，"会签栏"可以省略。

（五）图框版式与选择

根据识图方向与图纸关系，普通图框版式可分为横式与立式两种。横式和立式图框有标题栏居右和居下两种情况。故每种幅面（比如A3）都有四种图框，立式图框用于高宽比较大的图样（比如中庭立面），但不太常用。横式图框较常用，标题栏居右时便于绘制正方形图样（用足绘图区域竖向尺寸），标题栏居下时便于绘制扁矩形图样（用足绘图区域横向尺寸），应根据图样内容选择合适的图框版式并进行排版。（参见附录Ⅰ视频2-7）

（六）图框绘制

下面以A3幅面（标题栏居下）为例，讲解横式图框的绘制方法。

新建dwg文件，命名"A3图框（下标题）"，由于后期施工图绘制过程中，图框将作为外部参照插入（参见本章第三节的"布局与视口排版"），故图框文件图层应尽量简单（仅保留0层）。

1."REC"（矩形）绘制图框图线

输入命令"REC"（矩形），绘制最外边框矩形（420mm×297mm），然后综合运用"O"（偏移）、"PL"（多段线）、"PE"（修改多段线）与"S"（拉伸）等多种命令，绘制如下图框图线（细线宽0.1，粗线宽0.4）。

需要强调的是，此图框图线必须全部由"REC"矩形（本质为"PL"线）构成，因为后期施工图绘制过程中，图框将作为外部参照插入。而"PL"线定义的线宽在打印出图时比ctb文件（颜色打印样式表）定义的线宽具有更高的优先级，即"PL"线（或"REC"矩形）线宽不受ctb文件线宽影响（参见第六章第二节的"施工图打印设置"）。因此，全部由"PL"线（或"REC"矩形）构成的图框图线在套用图框时具有更好的适应性。（图2-61）

图2-61

2.输入标题栏文字

根据施工图字体字高要求（参见第一章第二节的"字高与字体"），用"长仿宋体"样式在标题栏输入文字。（图2-62、图2-63）

图2-62

图2-63

3.设置图框基点

输入命令"BASE"（基点），可选择图框左下角①作为基点。如此一来，便于后期施工图绘制过程中，图框在作为外部参照插入时对齐。此基点不可或缺，其作用类似于定义图块时设置的基点。（图2-64）

（七）图框签名

对于较大的工程项目，施工图图纸数量较多，设计团队每位成员在每张图纸上逐次签名较为烦琐，因此可制作电子签名嵌入图框文件，在出图打印时随图纸打印输出，从而提高效率。

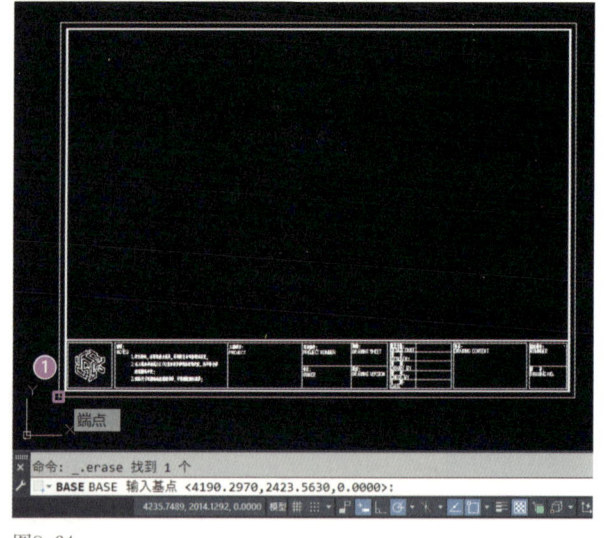

图2-64

将手写签名拍照后插入图框文件，输入命令"SK"（徒手绘），接着沿手写签名描边，然后输入命令"H"（填充），随后输入命令"B"（图块）将签名成块，并输入命令"SC"（缩放）及"M"（移动），将签名图块放至合适位置即可，如②。其他签名如法炮制。（图2-65）（参见附录Ⅰ视频2-8）

图2-65

（八）图框字段

施工图中有些文字内容需要变化，比如图块的增强属性（参见第一章第二节的"标高符号"），可以临时修改而不影响图块的整体性。图框中的保存日期、图名与项目编号等信息会反复出现，可以设置为自动更新的文字，即字段。字段可以提高某些文字内容的输入效率。以下是两类基础字段类型的绘制方法（参见附录Ⅰ视频2-9）：

1.系统数据字段

（1）输入命令"T"（多行文字），在日期栏选取文字位置③后按右键，在快捷菜单中选择④（插

入字段）。（图2-66）

（2）在"字段"窗口中的"字段名称"列选择⑤，在"样例"列选择⑥。（图2-67）

图2-66

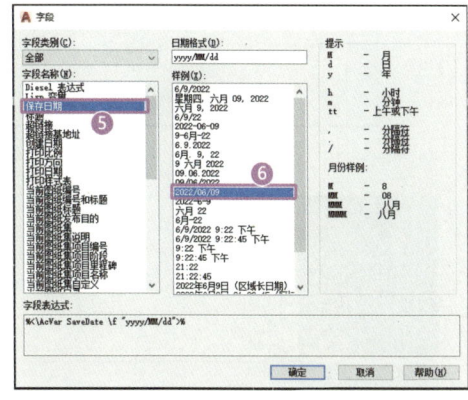

图2-67

（3）在工具栏选择⑦⑧。（图2-68）

（4）"日期"字段⑨如图2-69所示。

"日期"字段⑨的灰色背景为字段区别于普通文字的标志，此灰色背景只存在于dwg文件中，虚拟打印pdf文件（参见第六章第二节的"施工图打印设置"）时会消失，即与其他文字打印效果相同。（图2-70）

"日期"字段的作用在于，当电脑系统时间改变（比如第二天工作），在保存dwg文件时，"日期"字段⑨（2022/06/09）将自动更改为"日期"字段⑩（2022/06/10），无需手动输入。（图2-71）

图2-68 　图2-69 　图2-70 　图2-71

2.自定义字段

（1）执行步骤⑪和⑫。（图2-72）

（2）在"图形属性"窗口中执行步骤⑬⑭⑮⑯⑰。（图2-73）

"项目名称"字段⑱如图2-74所示。

（3）如法炮制可得其他字段⑲，然后执行步骤⑳。（图2-75）

随后在图框"工程项目"处输入命令"T"（多行文字），按右键选择"插入字段"，在"字段"窗口中执行步骤㉑㉒㉓。（图2-76）

调整文字样式与字高后，"项目名称"字段㉔如图2-77所示。

（4）在适当位置分别插入"项目编号"字段㉕、"业主"字段㉖、"图幅"字段㉗和"版次"字段㉘。（图2-78）

图2-72

图2-73

图2-74

图2-75

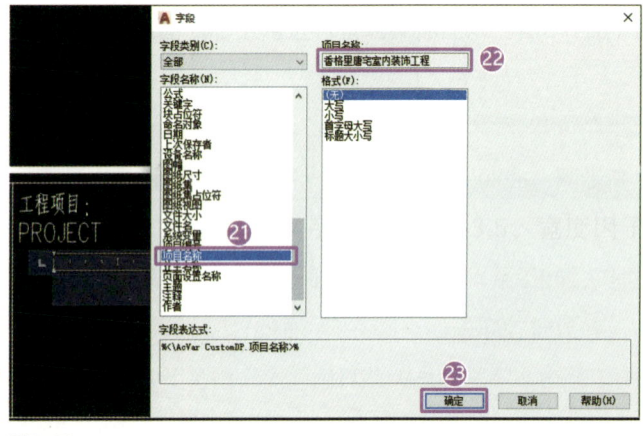

图2-76

图2-77

图2-78

与之前的"日期"字段类似，当施工图相关信息（项目名称等）发生改变时，只需要在图框dwg文件中更改相应的字段值，即可一次性完成所有的信息更新。

五、方案图深化准备

（一）建筑结构复核

在提资时重点核对轴线数据，并对建筑结构（立柱、墙体、梁、楼板及造型）以及建筑部件（门、窗及通风道等）进行核对，为后续深入设计提供基础资料。

（二）装饰材料列表

根据室内装饰设计方案图纸，列举装饰材料表（参见第六章第一节的"图例图表"），必要时从材料商处获取详细资料，为后续深入设计提供基础资料。

（三）装饰 CL 线

室内装饰设计过程中，诸多细部尺寸都依赖定位基准线；同时各空间界面定位常常以对称为基本原则，故平面图与立面图需设置一定数量的对中基准线［即CL线，参见第一章第四节的"对中符号（CL线）"］，且平面与立面各对中基准线（CL线）应保持对应关系。（图2-79、图2-80）

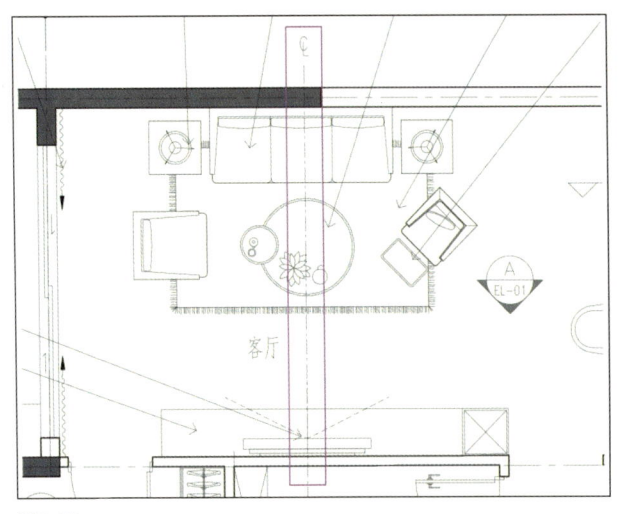

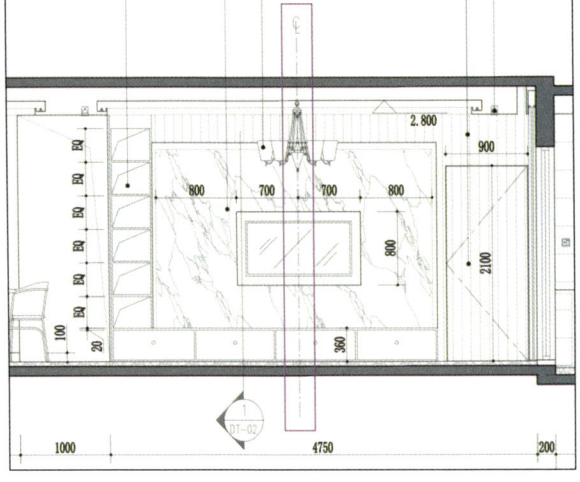

图2-79

图2-80

六、施工图线型与线宽

（一）施工图线型

1.线型要求

各线型的适用范围如右表（参见第一章第二节"定位轴线及轴号"、第四节"对中符号（CL线）"及第五章第一节"构造详图的材料"等）。（表2-3）（参见附录Ⅰ视频2-10）

表2-3　线型适用范围

名称	外观	适用范围
CENTER	—–—–—	轴线（柱网及CL对称线）
DASHED	-------	不可见轮廓（暗藏灯带、高窗等）
BATTING	⦵⦵⦵⦵⦵	详图中纤维材料（隔音棉等）
ZIGZAG	∿∿∿∿	详图中玻璃材料
Continuous	———	其余情况

2.线型加载

首先，在"特性匹配"工具窗口中点击①。（图2-81）

然后，在"线型管理器"窗口中点击②，在随后的"加载或重载线型"窗口中点击③，按住Ctrl键后点击④⑤⑥，再点击⑦即可加载上述线型。（图2-82）

图2-81

图2-82

（二）施工图线宽

1.线宽

线宽的意义在于对不同重要等级的图线可用不同的线宽加以区分，因此线宽的合理级差（辨识度）很重要。为了兼顾图线的复杂性与辨识度的合理性，可以设置不超过四种线宽；如果设置的线宽种类过多会降低线宽的辨识度。（图2-83）

图2-83

根据国标规范和行业特点，结合前述基础知识，线型与线宽常见的组合使用状态，如表2-4所示。

表2-4 线型与线宽组合

	粗线（b）	中线（$0.5b$）	细线（$0.25b$）	超细线（$0.01b$）
实线	建筑轮廓剖线	建筑轮廓看线、装饰剖面剖线	其余可见看线	装饰线及填充
虚线		放大索引符号	不可见看线	
单点画线			轴线、CL线	

七、施工图比例

（一）比例匹配细节（参见附录Ⅰ视频2-11）

根据国标规范和行业特点，室内装饰施工图比例分为常用比例与可用比例，一般情况下应尽量选用常用比例。（表2-5）

表2-5 室内装饰施工图比例

常用比例	1∶1、1∶2、1∶5、1∶10、1∶20、1∶30、1∶50、1∶100、1∶150、1∶200
可用比例	1∶3、1∶4、1∶6、1∶15、1∶25、1∶40、1∶60、1∶80、1∶250、1∶300

在室内装饰施工图设计过程中，由于dwg文件（矢量文件）可以不断放大，很多细节都很清晰，初学者容易忽视选择正确的打印比例，从而导致最后打印的图纸很模糊。以地漏为例，按照较小比例（1∶50或1∶150）打印同一个图例显然会模糊不清。（图2-84）（参见附录Ⅰ视频2-12）

图2-84

显然，随着打印比例逐步变小，图线的细节呈现也趋于模糊。在某一打印比例下（1∶50或1∶150）试图把图样的所有细节图线都打印出来是徒劳的，过多的细节图线会重叠甚至浓缩成墨点，从而影响图纸的清晰度和美观性。因此不同类型的图样（平面图、立面图和构造详图）应选用不同比例打印，且必须保证图线细节与比例匹配，仍以地漏为例，按照不同比例正确匹配的图例打印如图2-85。

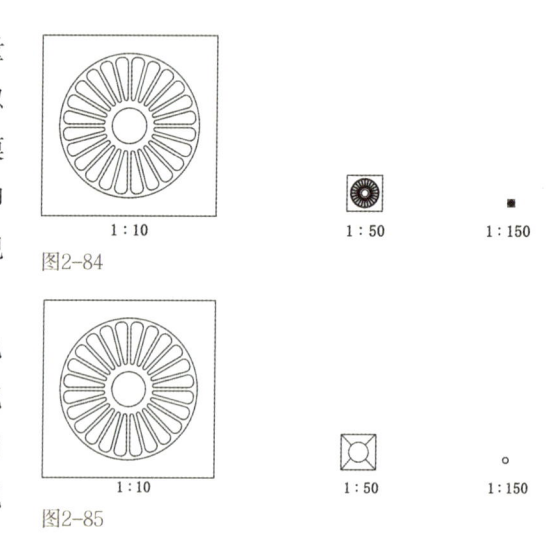

图2-85

（二）最小间隙原则

打印比例与细节程度的匹配或对应关系分析如图2-86所示。

c为打印线宽，a为打印后的图线间隙，d为实际最小尺寸，s为选定打印比例。

显然，a、c与d之间存在数量关系，即要求$a>0$，也即$d\times s-2\times(c\div 2)>0$；

可得结论：$d\times s>c$，即实际最小尺寸按比例打印后应大于选定线宽；

或$s>c\div d$，即比例应大于选定线宽与实际最小尺寸的比值；

可以将上述打印比例选择方法称为最小间隙原则。（参见附录Ⅰ视频2-13）

根据经验，室内装饰施工图比例建议，如表2-6所示。

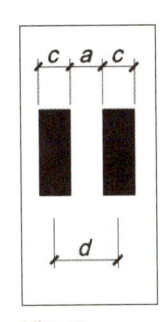

图2-86

表2-6 室内装饰施工图比例建议

比例	图纸内容
1∶200～1∶100	总平面图
1∶100～1∶50	分区平面图
1∶100～1∶50	较简单的剖立面图
1∶50～1∶30	较复杂的剖立面图
1∶30～1∶10	剖立面放大图
1∶10～1∶1	构造详图

第二节　家具平面布置图设计

一、平面布置图

（一）平面布置图的定义

平面布置图指室内空间经水平面剖切以后，空间要素（建筑结构、建筑部件及室内家具等）竖直向下的平行正投影。平面布置图是室内装饰施工图设计中最重要的一张图，也是后续立面设计及构造详图设计的基础。认真绘制平面布置图是保证整套施工图质量最关键的一步。

（二）平面布置图的内容

建筑结构：立柱、墙体、造型。

建筑部件：门、窗。

室内家具及陈设：固定家具、活动家具、陈设配景。

标注：轴网、尺寸标注、文字标注及符号标注。

当工程较简单时，不需要区分总平面图与分区平面图，此时只需要平面布置图；当工程较复杂时，需要总平面图与分区平面图分别表达，此时分区平面图即为平面布置图。

二、总平面图、缩略图与分区平面图

（一）总平面图

总平面图一般包含以下要素：指北针、轴号（设置与原建筑保持一致）、门窗（类型、编号及开启方向）、地面标高（注明本层的绝对标高与相对的建筑标高）、空间名称及面积、楼梯的上下方向。

另外，需要标明装饰设计变更过的所有室内外墙体、门窗、管井、电梯和自动扶梯、楼梯和疏散楼梯、平台、阳台等，并要核对空间的划分是否满足消防规范的基本要求。

（二）总索引平面图

较复杂的工程受图纸幅面所限，难以在一张图纸内表达整个项目的平面图内容。因此，在设计时应遵循图纸比例要求，并根据项目实际情况将整个工程分成若干个分区（参见第一章第二节的"分区轴号"），然后在总平面图中做好每个分区的放大索引（参见第一章第二节的"放大索引符号"），此类平面图即总索引平面图，图纸比例一般为1∶100、1∶150或1∶200。（参见附录Ⅰ视频2-14）

总索引平面图中分区范围用粗虚线表示，分区名称宜采用大写英文字母表示，并将分区索引到各分区详图；应尽量以室内功能组团或走道来分区，保证区域室内设计的完整性以方便施工；应准确标注索引符号和编号、图纸名称和制图比例。

（三）缩略图与分区平面图

设计各分区平面图时，应在分区平面图中标注关键轴线及轴号，且与总平面图的轴线及轴号保持一致。（图2-87）

另外应在分区平面图上绘制缩略图（即组合示意图，表达总平面图的轮廓及轴线等基本信息），用于标明分区平面图在总平面图中的位置。（图2-88）（参见附录Ⅰ视频2-14）

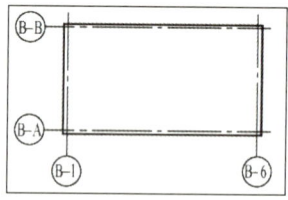

图2-87

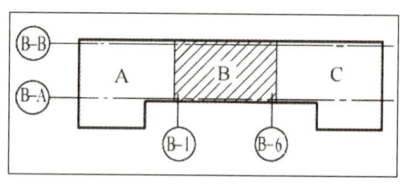

图2-88

三、平面类图纸图层特点与应用

（一）平面类图纸的图层特点

平面类图纸包含平面布置图与配套平面图（铺地平面图、天花平面图、灯具平面图与插座平面图等，参见第三章）。

根据图纸命名规则（参见第六章第一节"室内装饰施工图编排"内容），建立dwg文件并采用"PL平面图"命名。为方便绘图与管理，平面类图纸中繁多的内容应分置于不同图层上。平面类图纸的图层须清晰简洁且系统化，大致可分为标注（标记为"AN"）、建筑结构（标记为"AR"）及各类装饰（标记为"DE"）三大类，图层设置时须充分考虑平面布置图与配套平面图的联系——既有共用元素（轴网、建筑结构和部分建筑部件），又有各自的特有元素。

（二）平面类图纸图层设置原则

（1）图层命名采取"类别编码+序号+中文描述"的方式，方便检索。

（2）图层数量尽量简洁，打印时需要将显示和隐藏的内容都归为同一图层。

（3）采用图块、外部参照或建筑底图时，应先将源文件进行图层清理，从而保证绘图文件的轻量化。

（4）图线的图层特性尽量设置为随层，确有必要时可以设置成多种颜色，以便于打印输出时选择。

（5）填充图案并入填充边界所在图层，通过命令"FILLMODE"（填充显示变量）和"RE"（重新生成）控制填充图案的显示或关闭，以提高绘图效率。

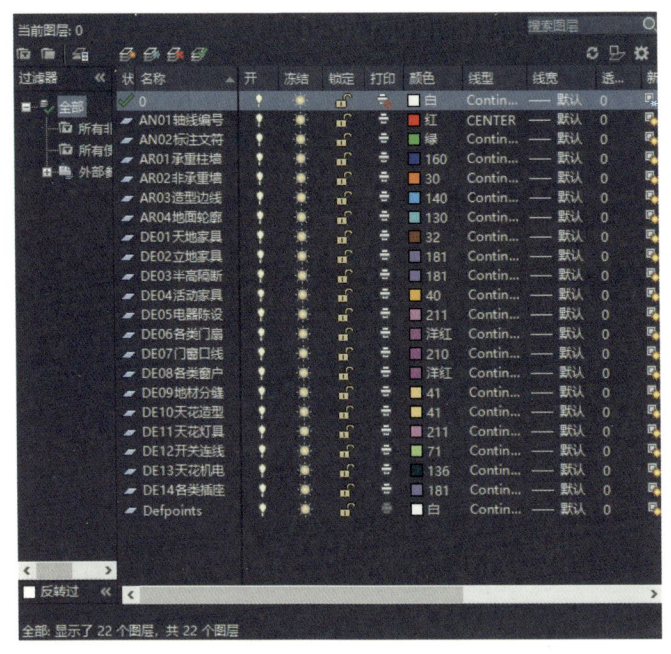

图2-89

（6）图层色号应便于选择，且重要图层（比如轴线及墙体）色号应与绘图背景保持较大色差，避免使用深色（比如5号深蓝色）。在同一张平面图出现的关联度较高的图层色号应保持一定色差，以便于识读。

（7）各类图层均设置备用图层，保持一定的扩展性。（图2-89）

（三）特殊图层的特点及应用

（1）0图层：该图层上的对象移动至其他图层后，对象的颜色等图层特性会随之改为目标图层的图层特性；故0图层适合作为过渡层或者备用层，尤其是从外部图库拷贝图块时，0图层是最好的转换媒介层。为稳妥起见可将0图层设置为不可打印层。

（2）defpoints图层：该图层上的对象默认为可见但不可打印，故某些不需要打印的图线（如布局空间中视口线或模型空间中辅助线）适合置于此图层。（参见附录Ⅰ视频2-15）

（四）图库文件清理

1.图层清理

室内装饰施工图设计过程中会拷贝或参照多种源文件（外部参照及图库等），为保证施工图dwg文件图层的简洁性并减少额外杂乱图层的产生，必须先对外部图库文件进行基础清理后方可使用。由于施工图dwg文件与图库文件具有基础0图层，故可将图库中的图块所有图线用命令"LAYMCH"（图层匹配）或"LAYMRG"（图层合并）清理至0图层，再根据需要拷贝至施工图dwg文件。（参见附录Ⅰ视频2-15）

2.三视图图块

平面图与立面图之间有严格的"长对正、高平齐、宽相等"三视图投影关系，这种投影关系不仅体现于建筑建构的平立面对应关系上，也体现于室内装饰的平立面对应关系上，故图库文件中的图块（家具等）也应按投影关系整理成组，以便在平面图和立面图设计时成组选用。（图2-90）

四、建筑底图的制作

建筑底图是室内装饰施工图设计的基础条件与框架，其基本内容必须准确无误，否则后期修改此部分内容将牵一发而动全身，极大地影响设计效率。根据项目类型不同，可以选择合适的建筑底图制作方法。

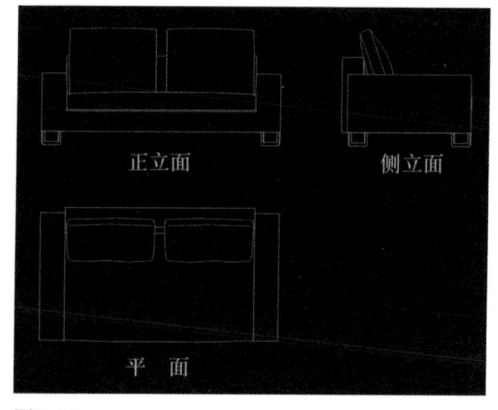

图2-90

（一）由提资建筑图映射制作建筑底图

较大的项目建筑构件较多且尺寸也较大，故必须由提资建筑图制作建筑底图。由于建筑设计行业通用天正软件，故只要将天正图层对应室内装饰图层做好图层映射［用"LAYTRANS"（图层转换）命令生成dws文件］，即可方便快捷地获得建筑底图或缩略图。（参见附录Ⅰ视频2-16至视频2-18）

（二）由量房资料制作建筑底图

较小的项目建筑构件较少且尺寸也较小，故只要借助卷尺或激光测距仪等简单工具即可获得建筑结构的实测数据，根据手绘草图在dwg平面图文件中据实绘制建筑底图即可。

（三）由图片资料制作建筑底图

较小的项目在时间较紧的情况下，也可由项目图片资料作为蓝本绘制建筑底图。在具体设计时，此种方式常常与量房的方式相结合。（参见附录Ⅰ视频2-19）

（1）在"PL平面图"文件defpoints图层中插入项目图片资料。

（2）输入命令"AL"（对齐），将图片大致缩放至实际尺寸，并调整为半透明。

（3）转至"AR01轴网体系"图层，输入命令"L"（直线）与"CO"（复制），对照图片绘制轴网并编号。

（4）转至"AR02承重柱墙"图层，输入命令"ML"（多线）绘制剪力墙并填实（8号色）。

（5）转至"AR03非承重墙"图层，输入命令"ML"（多线）绘制非承重墙。

（6）转至"AR04造型边线"图层，输入命令"REC"（矩形）与"L"（直线）等绘制墙体完成线（厨卫墙面）及构件造型（通风及排污管）。

（7）转至"AR05地面轮廓"图层，输入命令"L"（直线）等绘制地面轮廓线（飘窗台、阳台及卫生间高差）。

（8）至此，建筑底图基本完成。（图2-91）

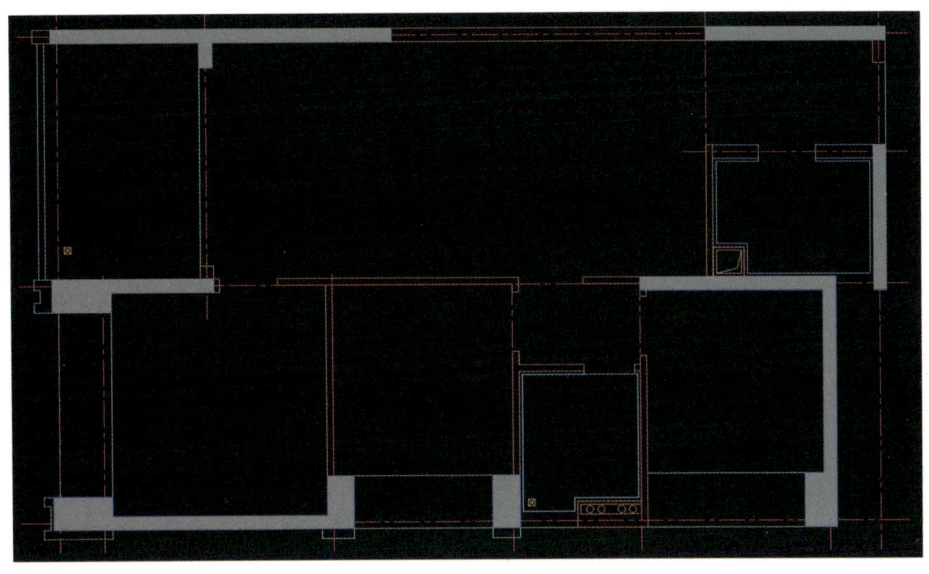

图2-91

五、装饰完成线

（一）装饰完成线的含义

附着在建筑结构表层的装饰构造完成以后的表皮线即为完成线，例如墙面的瓷砖完成线和地面的石材完成线。最典型的完成线就是标高±0.000水平面，其准确含义为建筑砼楼板之上的地面装饰构造（如石材或木地板等）上表皮线（此时原砼楼板上表皮标高则标记为负值）。由于室内装饰平立面比例常采用1:30～1:100，可以表达基本的装饰构造厚度，故应绘制装饰完成线，且在平立面图之间应保证装饰完成线的准确对应关系。

（二）完成线的线型与线宽

如前所述，图纸比例、打印线宽与图线实际最小间隙三者之间互相关联。故为了保证打印图纸的清晰度，平面图（常用比例1:50～1:100）完成线宜用细实线表达，且装饰构造厚度不宜小于30mm；立面图（常用比例1:30～1:50）完成线宜用中实线表达，且装饰构造厚度不宜小于15mm。

（三）装饰构造厚度与完成线

由于材料和工艺不同，所以各种装饰构造的厚度也各不相同（参见第五章第一节的"典型装饰构造的组成及完成面厚度"）。墙面装饰构造厚度与完成线对室内空间尤其是小空间（如厨卫空间）尺寸定位十分重要。（图2-92）（参见附录Ⅰ视频2-20）

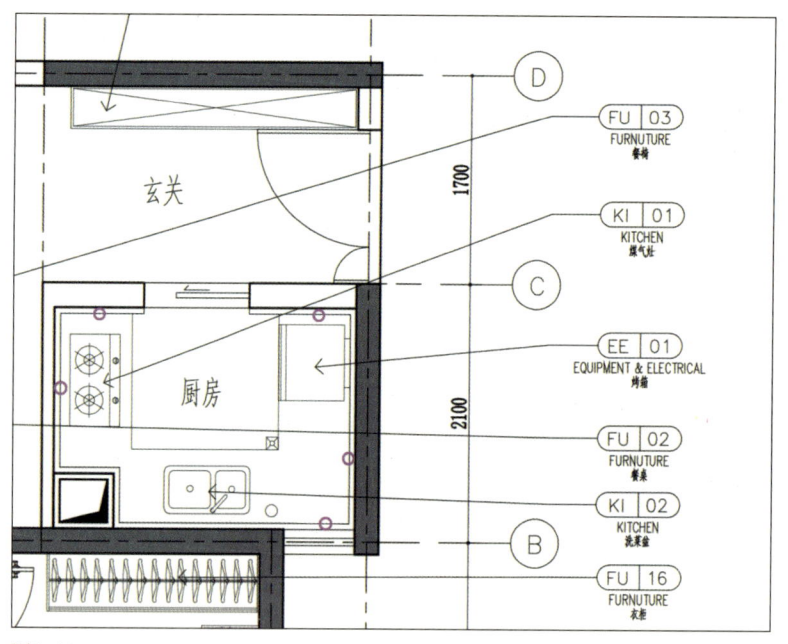

图2-92

（四）门窗套完成线

1.门扇的基本尺度

普通室内门的门扇常见厚度为40mm，尺寸较大的门扇厚度为50mm或更厚。

2.门套的基本构造与尺度

常见预制木门的安装顺序是先安装门套（图2-93），再安装门铰（合页），最后安装门扇。

门套安装顺序：首先安装①②以固定门扇，其次安装③④作为装饰，最后安装橡胶条⑤以起到缓冲及隔音作用。（图2-94）

图2-93　　图2-94

3.门窗套线绘制

在平面图中应表达门的主要信息（门扇及门套轮廓），并且略去不必要的细节（门铰和橡胶条等，此部分内容应在门详图中表达），从而保证平面图打印后的清晰度。（参见附录Ⅰ视频2-20）

窗套绘制方法与门套类似。装饰完成线及门窗套完成线如图2-95所示。

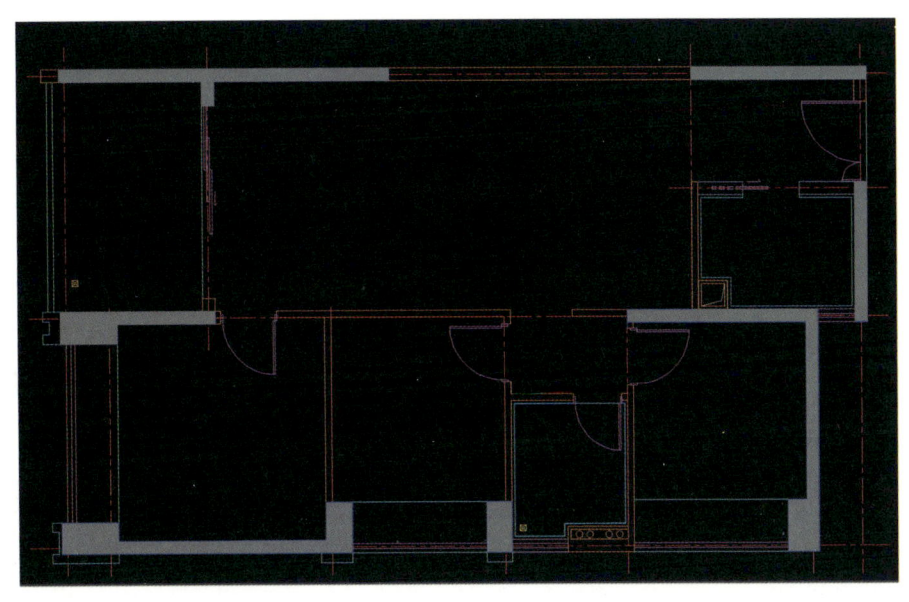

图2-95

六、家具

（一）顶天立地类固定家具

较大容积的固定家具（比如衣柜）往往与地面和天花相接（顶天立地），此类家具通常是工厂预制现场安装。施工工艺要求一般先湿作业块材地面（瓷砖或石材）再安装固定家具，或者先安装固定家具再干作业安装木地板。应用细实线表达固定家具（顶天立地）的轮廓及基本结构。

（二）立地不顶天类固定家具

较小容积的固定家具（比如附墙式餐边柜或者吧台）往往只与地面相接（立地不顶天），这类家具以现场制作居多，其他施工工艺要求与顶天立地类家具一样。应用细实线表达固定家具（立地不顶天）的轮廓及基本结构。

（三）活动家具

活动家具在使用时可改变位置，这类家具往往是工厂预制后在现场按设计图摆放即可。应用细实线表达活动家具的轮廓及基本结构。

上述三类家具图层颜色应有所区分。（图2-96）

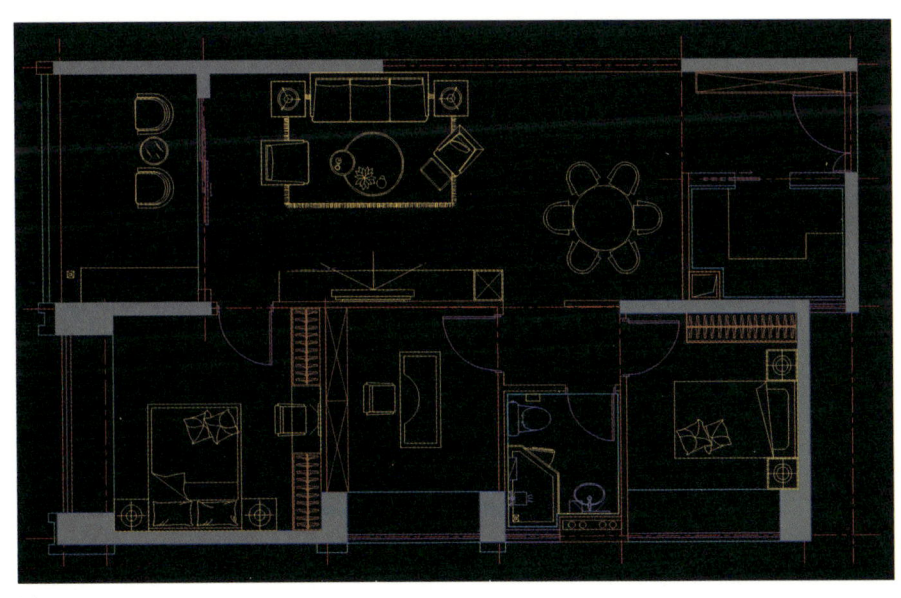

图2-96

七、电器与陈设

（一）电器

室内电器主要包括客厅电器、卧室电器、厨房电器与卫生间电器等，在平面布置图上用细实线表达。

（二）陈设

室内陈设主要包括植栽、摆件与艺术品等，起到美化室内环境的作用，在平面布置图上用细实线表达。（图2-97）

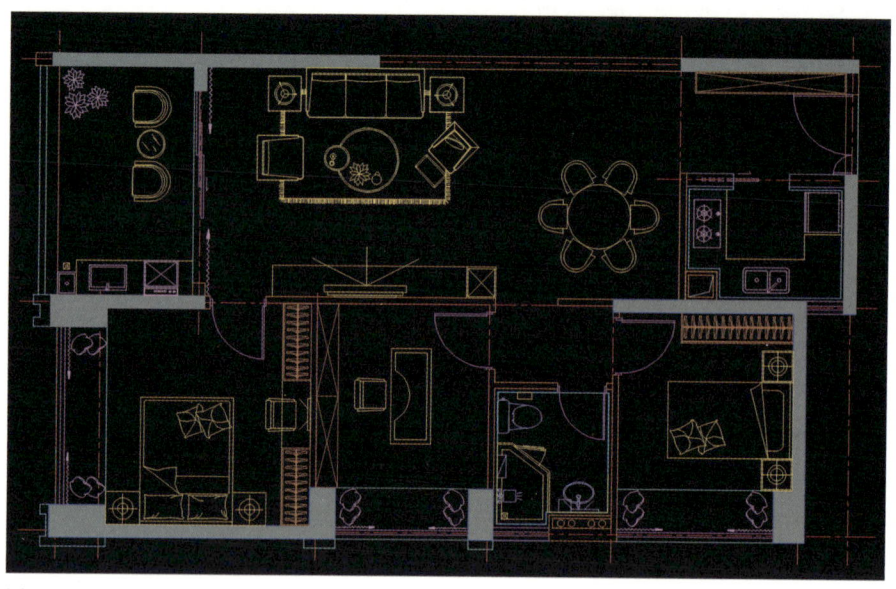

图2-97

第三节　图纸排版与标注

一、布局与视口排版

（一）模型、布局与视口

我们可以将"模型"理解为地面，施工图设计时在地面（即"模型"）上按照1∶1绘制各对象（建筑构件或家具等）。同时，可以将"视口"理解为乘坐直升机向下拍摄地面（即"模型"）各对象（建筑构件或家具等）的镜头。直升机位置高低可以理解为"视口"比例，根据近大远小原理，飞机越高比例越小（比如1∶100）可拍全景（即平面图）。（图2-98）飞机越低比例越大（比如1∶10）可拍特写（即详图）。（图2-99）而"布局"就是将各个镜头（即"视口"）排版而成的画册页面，每个布局页面包含一个或多个镜头（即"视口"）。（参见附录Ⅰ视频2-21）

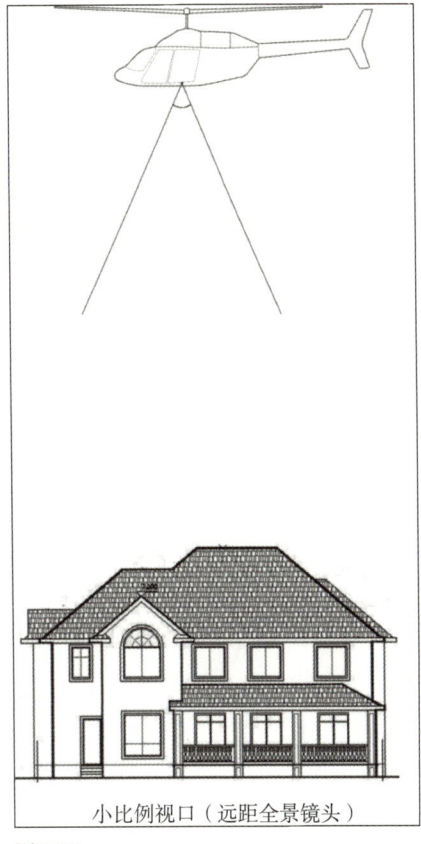

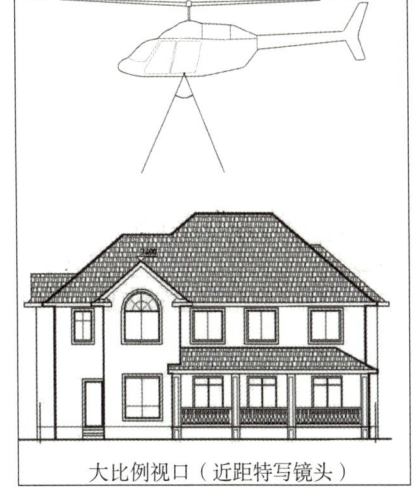

小比例视口（远距全景镜头）　　　　大比例视口（近距特写镜头）
图2-98　　　　　　　　　　　　　　图2-99

（二）外部参照图框

1. 外部参照的含义

众所周知，品牌汽车厂商生产汽车的主要部分并采购其他供应商的配件，才能完成最后的汽车组装。同样，施工图文件中图线也包含很多组成部分，平面布置图中主要图线已在本章第一节、第二节中绘制完毕。至此，可以转到布局中进行各视口的排版，而视口之外即可套用之前已经绘制完毕的图框。

在布局中，将已经绘制完毕的图框文件作为整体插入"PL平面图"dwg文件，即插入外部参照。外部参照方式与图块方式的区别在于：一方面图框dwg文件只是链接"PL平面图"dwg文件，并不是拷贝所有图线，所以"PL平面图"dwg文件的文件量更小且运行流畅；另一方面，由于上述链接关系存在，如果外部参照的图框dwg文件有任何改动，保存后都会实时更新至"PL平面图"dwg文件，无须二次手动修改。（参见附录Ⅰ视频2-22、视频2-23）

2. 插入外部参照图框方法

（1）点击①（"布局1"选项卡），在快捷菜单中选择②。（图2-100）

（2）将"布局1"选项卡重命名为"PL平面图"并点击进入"PL平面图"布局空间。输入命令"XA"（外部参照），在随后的"选择参照文件"窗口中选择③（文件路径）、④（图框版式）及⑤（打开）。（图2-101）

图2-100

(3)在"附着外部参照"窗口中点击⑥(保持外部参照图框路径的稳定性)、⑦(使外部参照图框跟随图标定位)及⑧(确定)。(图2-102)

(4)用光标定位图框插入点⑨。此时图框灰显,区别于之前绘制的主体图线(参见本章第一节中的"参照文件淡入度")。(图2-103)

图2-101

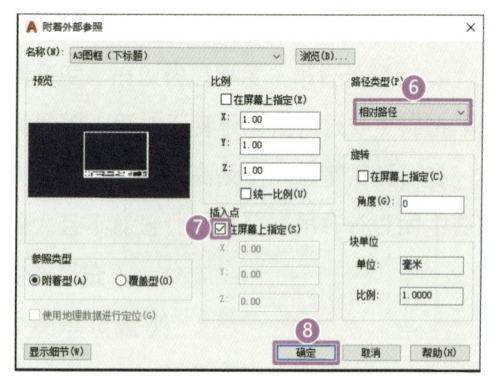

图2-102

图2-103

(三)视口排版与锁定

(1)将defpoints图层置为当前,输入命令"MV"(创建视口),点击⑩⑪创建矩形视口(绿色矩形),留出⑫的空间可以后期标注图名,此时绿色矩形视口内出现平面图,但比例较小,需要调整。(图2-104)(参见附录Ⅰ视频2-24)

图2-104

（2）双击绿色矩形视口内任意点⑬，即可激活视口（此时视口变成粗线），随即在状态栏点击"视口比例"右侧三角⑭，在弹出的比例列表中选择合适的比例⑮（比如1∶50）。（图2-105）

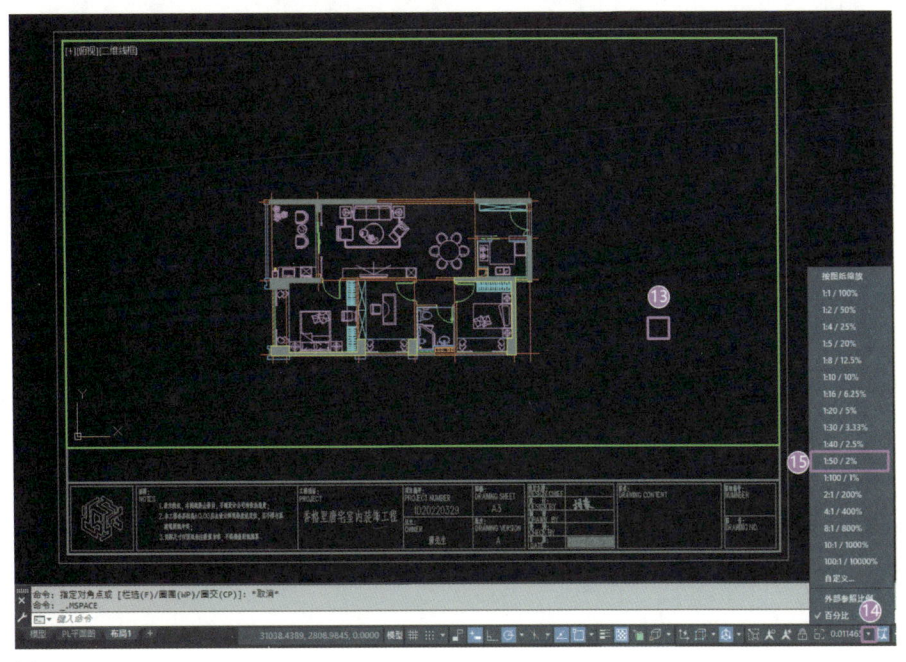

图2-105

（3）继续平移图线至合适位置，并在视口线外任意点⑯双击，确定使视口变回未激活状态（此时视口变成细线）。（图2-106）

图2-106

（4）再次输入命令"MV"（创建视口）并点击⑰（锁定）和⑱（开）后，点击⑲（选择绿色视口边线）后按下回车键，此时视口即锁定，从而避免误操作。（图2-107、图2-108）

图2-107

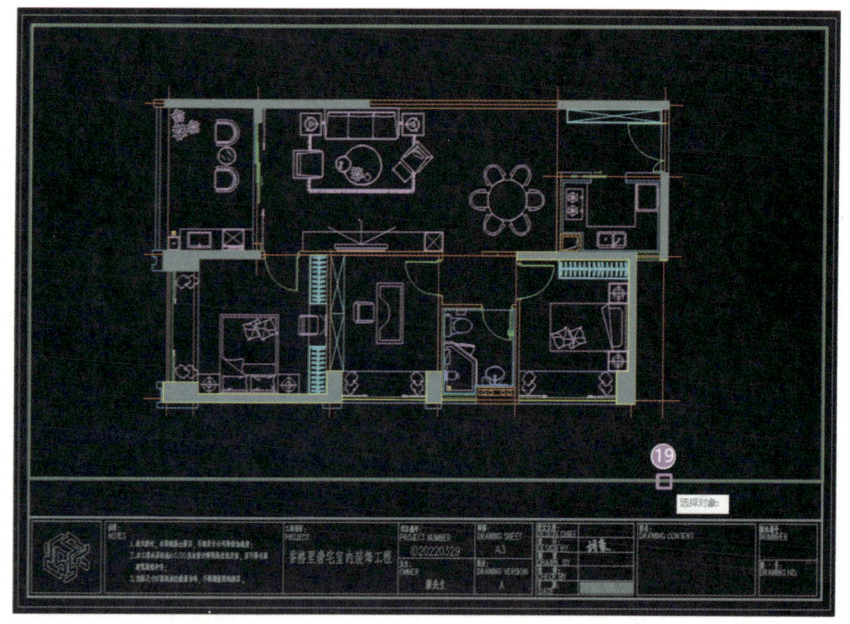

图2-108

（5）点击绿色视口线，同时按"Ctrl"+"1"键调出"特性"窗口，可见视口特性中"显示锁定"为"是"；若不是，可点击㉑显示下拉列表，切换"显示锁定"状态为"是"。（图2-109）

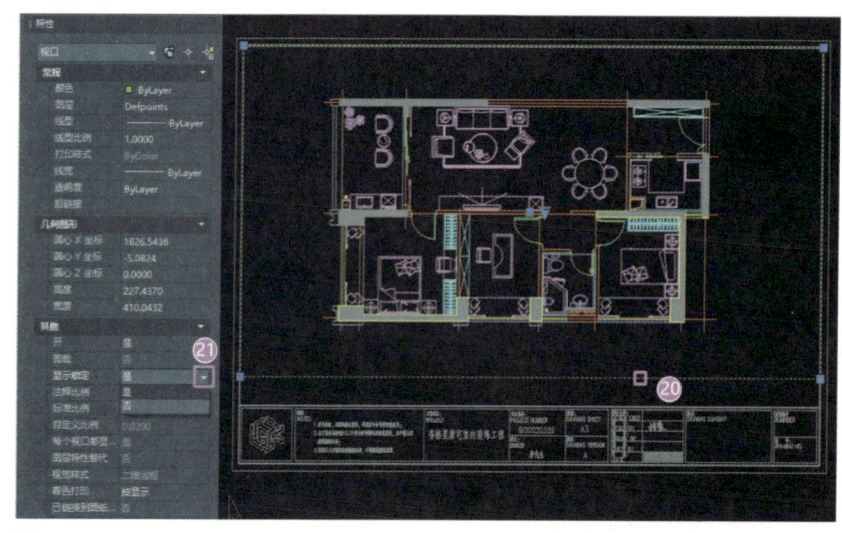

图2-109

同样的，可以在项目文件夹中"D21参照文件"中选择"A3图框（右标题）"，重复上述步骤①～⑳得到图2-110排版（右标题）样式。

比较前后两种图框排版，通过观察图框绘图区域与平面图的匹配度（参见本章第一节的"施工图幅及图框"），考虑预留后期文字和尺寸标注的空间，显然应首先考虑用足可绘图区域的横向尺寸，A3图框（下标题）的排版更合理（图2-109），可选为最终排版。

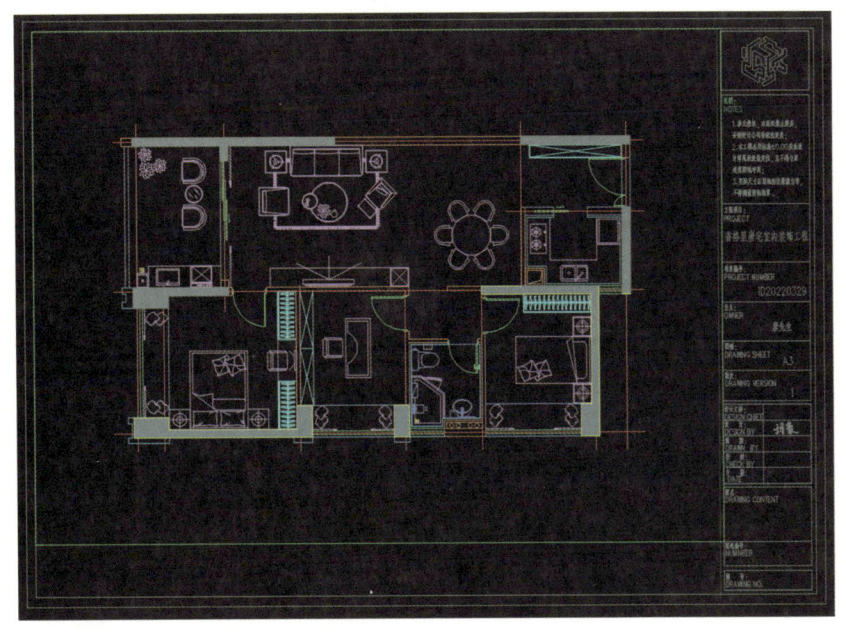

图2-110

二、布局标注

由于布局中的尺度为最终图纸尺度，故可以在布局空间内用标准的标注样式完成所有图线的标注。

（一）文符标注

1.轴号标注

根据轴号制图要求（参见第一章第二节的"定位轴线及轴号"），首先在0图层做两个图块：左侧"主轴符号"图块包含一个属性（主轴编号），右侧"附加轴符号"图块包含两个属性（主轴编号和附加轴编号）。（图2-111）

然后将上述两个图块转至"AN01文符标注"，再结合对象捕捉拷贝至各轴线端点，双击后修改各轴号的属性内容以完成轴号标注。（图2-112）

图2-111

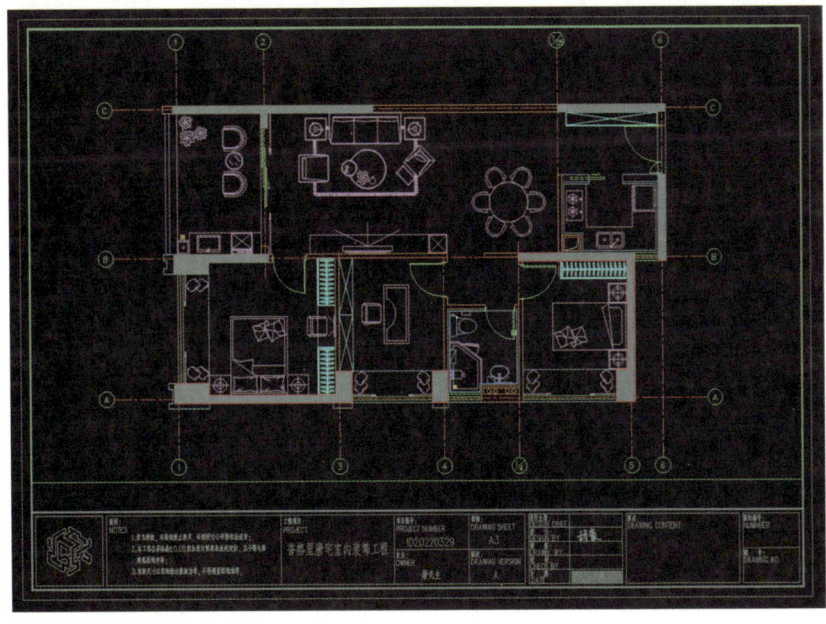

图2-112

2.索引标注

参照第一章第二节的"索引符号、详图符号与剖视符号"的内容进行内视索引标注。（图2-113）

3.图名标注

选择True Type"黑体"文字样式（字高7，宽度因子为1，参见第一章第二节的"文字标注"）进行图名标注。（图2-114）

4.标高标注

参照第一章第二节的"标高符号"进行各空间标高标注（卫生间与阳台标高为负值以方便排水）。（图2-115）

5.指北针标注

根据制图规范在图面右上角进行指北针标注。（图2-116）

6.图例绘制

在图面左下角绘制必要图例。（图2-117）

7.空间名称标注

选择矢量单线"长仿宋"文字样式（字高3.5，宽度因子为0.7，参见第一章第二节的"文字标注"），标注各空间名称。（图2-118）

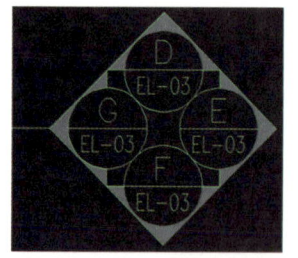

图2-113 　　　　图2-114 　　　　图2-115

图2-116 　　　　图2-117 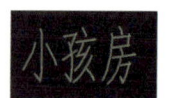　　　　图2-118

8.家具标注

参照第六章第一节的"图例图表"进行家具标注。参照第一章第二节的"引出线符号"进行引出线调整。（图2-119）

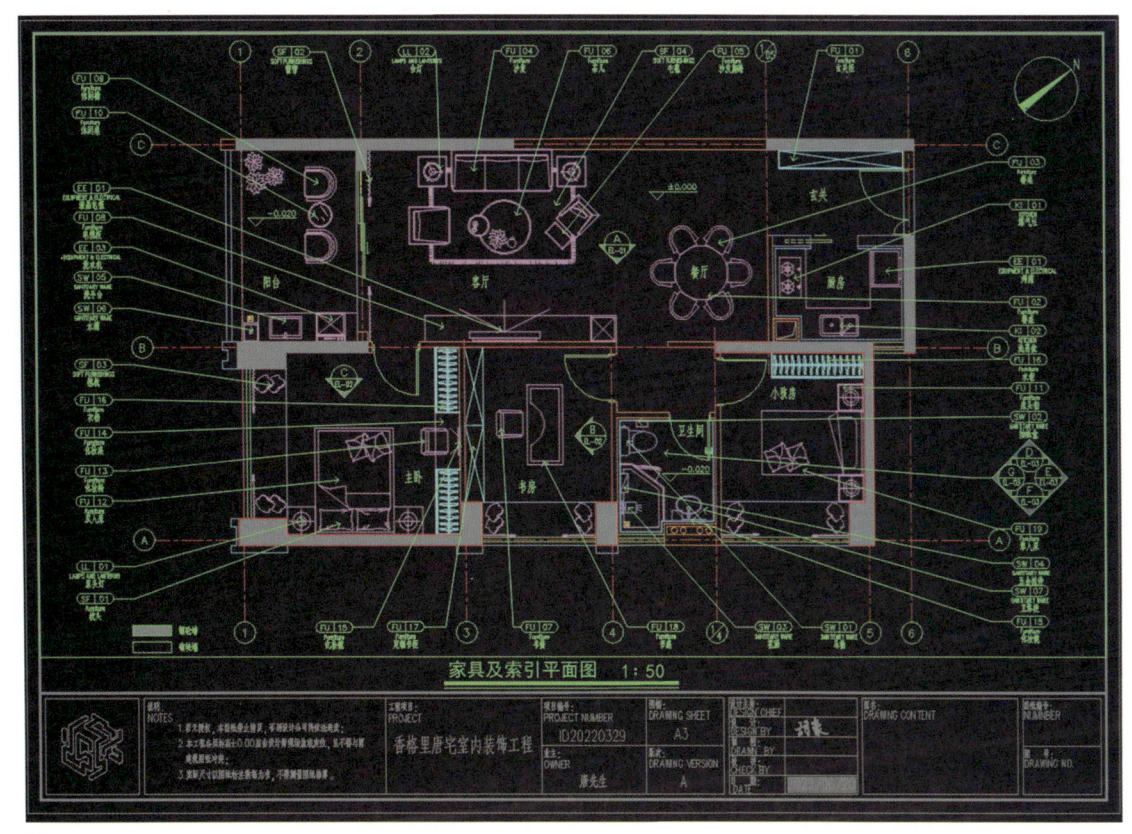

图2-119

（二）尺寸标注

选择"smart标注"的标注样式（参见第一章第二节的"尺寸标注"）进行尺寸标注。（图2-120）

图2-120

（三）标题栏信息

选择矢量单线"长仿宋"文字样式（宽度因子为0.7，参见第一章第二节的"文字标注"），标注图框标题栏右下角的三项图纸信息（图纸序号与图纸编号区别参见第六章第一节的"施工图命名与编码"）。（图2-121）

图2-121

由于此三项图纸信息在图纸上位置固定，但内容随图纸内容改变而改变，故可以作为三个增强属性整体做成"标题信息"图块（参见第一章第二节的"标高符号"），在此不赘述。

此外，此三项图纸信息也可做成三个字段并与目录表关联，实现自动编目功能。

第三章

辅助平面图设计

第一节 图层状态

一、图层状态的含义

平面图图层须清晰简洁且系统化，图层设置时须充分考虑系列平面图中图线元素的共性与特性（参见第二章第二节的"平面类图纸图层特点与应用"），通过控制各图层内容的组合显示以表达相应的平面图内容，这种图层组合即为图层状态；每一竖列对应一种平面图，即一个图层状态（图层组合）。（表3-1）（"√"表示该图层打开，"灰显"表示该图层打开但在视口中改为8号色）（参见附录Ⅰ视频3-1）

表3-1 图层状态表

类别	图层名	内容	色号	图层全显	平面布置图	铺地平面图	天花平面图	灯具与开关	插座平面图
布局标注	defpoints	视口线	7	√	√	√	√	√	√
	AN01轴线编号	轴线及编号	1	√	√	√	√	√	√
	AN02标注文符	标注（尺寸、文字及符号）	6	√	√	√	√	√	√
	AN03备用标注	备用	7	√					
建筑结构	AR01承重柱墙	立柱剪力墙（边界及填充）	2	√	√	√	√	√	√
	AR02非承重墙	非承重墙（边界及填充）	30	√	√	√	√	√	√
	AR03造型边线	墙体完成线及通高隔断	43	√	√	√	√	√	√
	AR04地面轮廓	地面轮廓线（台阶、楼梯及飘窗台）	150	√	√	√	√（灰显）	√（灰显）	√
	AR05备用建筑	备用	7	√					
各类装饰	DE01天地家具	固定家具（顶天立地）	4	√	√	√	√（灰显）	（灰显）	√（灰显）
	DE02立地家具	固定家具（立地不顶天）	181	√	√	√			√（灰显）
	DE03半高隔断	半高隔断	150	√	√	√	√（灰显）	√（灰显）	√（灰显）
	DE04活动家具	活动家具	211	√	√		√（灰显）	√（灰显）	√（灰显）
	DE05电器陈设	陈设及配景	71	√	√		√（灰显）	√（灰显）	√（灰显）
	DE06各类门扇	门扇及开启线	3	√	√	√			√（灰显）
	DE07门窗口线	门口边线及窗口边线	30	√	√		√	√	
	DE08各类窗户	各类窗户	3	√	√	√			√
	DE09地材分缝	地材分缝及填充	4	√		√			
	DE10天花造型	天花轮廓及造型线	4	√			√		
	DE11天花灯具	天花灯具	211	√			√	√	
	DE12开关连线	开关及连线	71	√				√	
	DE13天花机电	天花机电末端	3	√			√		
	DE14各类插座	各类插座	181	√					√
	DE15备用装饰	备用	7	√	√	√	√	√	√

二、图层状态的意义

由于各平面图共用图线元素（比如AR01~AR05）始终显示，只能通过控制某些图层显示或冻结以表达各平面图的内容，其意义在于：

（1）减少共用图线元素的拷贝或重复绘制，有利于dwg文件轻量化并提高设计效率。

（2）各图层内容对位关系清晰，可以避免因图线移位拷贝产生的设计更新不同步问题（比如天花平面图中可以将家具层灰显以核对其与天花造型及灯具的对位关系），并为进一步协同设计提供可能。

三、图层状态的基本操作

（一）"图层全显"图层状态

如前所述，平面图dwg文件最终通过控制不同图层的组合，从而显示相应的平面图内容。其中最基础的"图层全显"图层状态中所有图层元素全部重叠，只为绘图过程中核对各图层内容对位关系之用，不需要打印成图纸。其操作步骤如下（参见附录Ⅰ视频3-2）：

（1）打开"图层特性"窗口，执行步骤①显示所有图层。（图3-1）

（2）输入命令"LAS"（图层状态），或者点击②"图层"面板。（图3-2）

（3）执行步骤③④。（图3-3）

（4）执行步骤⑤（命名当前的图层状态为"图层全显"）和⑥，如图3-4所示。

图3-1

图3-2 　　图3-3 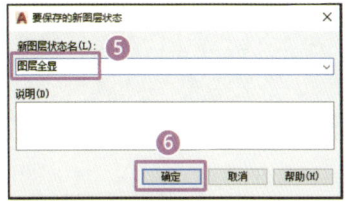　　图3-4

（二）"平面布置"图层状态

打开"图层特性"窗口（参考表3-1），执行步骤⑦（冻结不必要的图层DE07、DE09～DE14）。（图3-5）

然后执行类似②～⑥（步骤⑤命名为"平面布置"）操作步骤，即设定"平面布置"图层状态。

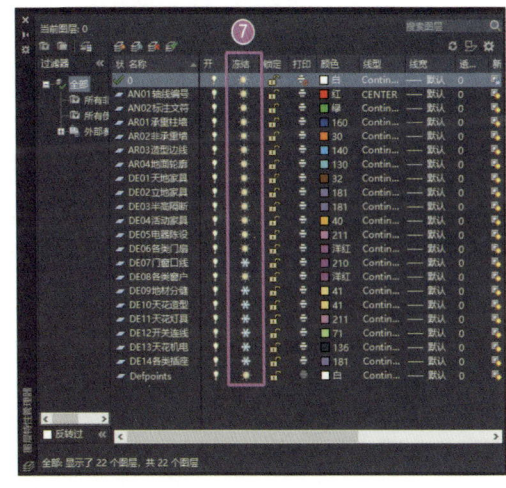

（三）其他图层状态

参考表3-1，执行类似上述操作步骤，分别完成"铺地平面""天花平面""灯具开关平面"与"插座平面"等图层状态的设定。（图3-6）

图3-5

（1）点击⑧，可显示"图层全显"图层状态。（图3-7、图3-8）

（2）点击⑨，可显示"平面布置"图层状态。（图3-7、图3-9）

进行类似操作，可控制与显示其他图层状态，具体内容在后续章节中详解。

图3-6　　　　　图3-7

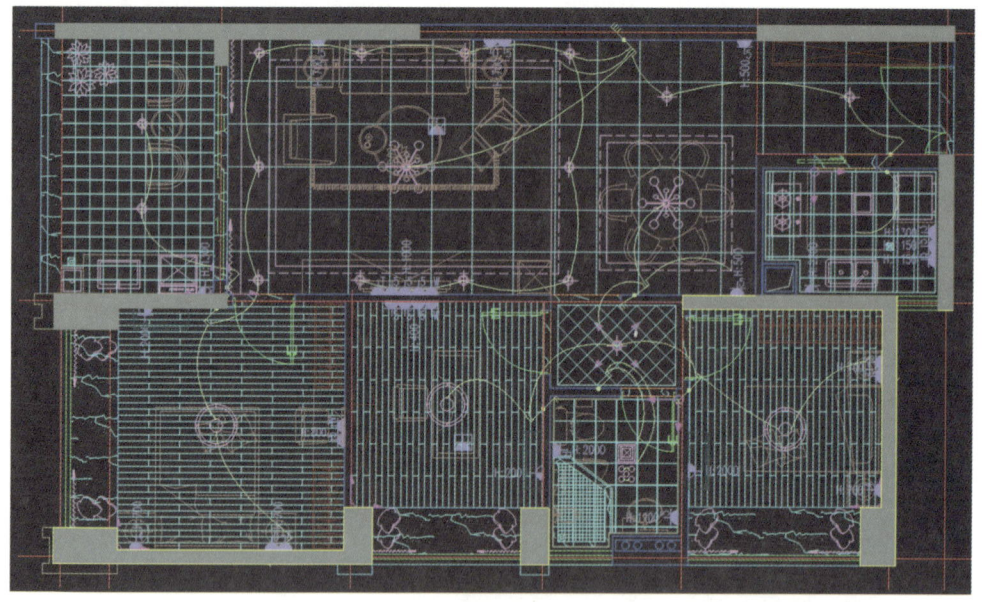

图3-8

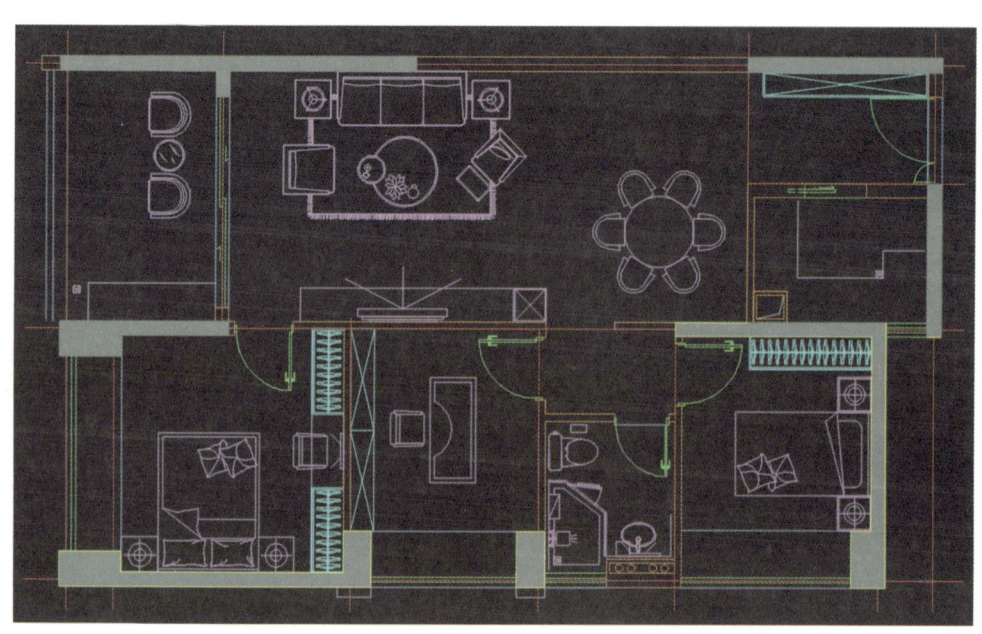

图3-9

（四）布局空间中图层状态

转到布局空间（参见第二章第三节的"布局与视口排版"），双击激活视口并点击⑨，可在图框内视口显示平面图基本信息。（图3-7、图3-10）

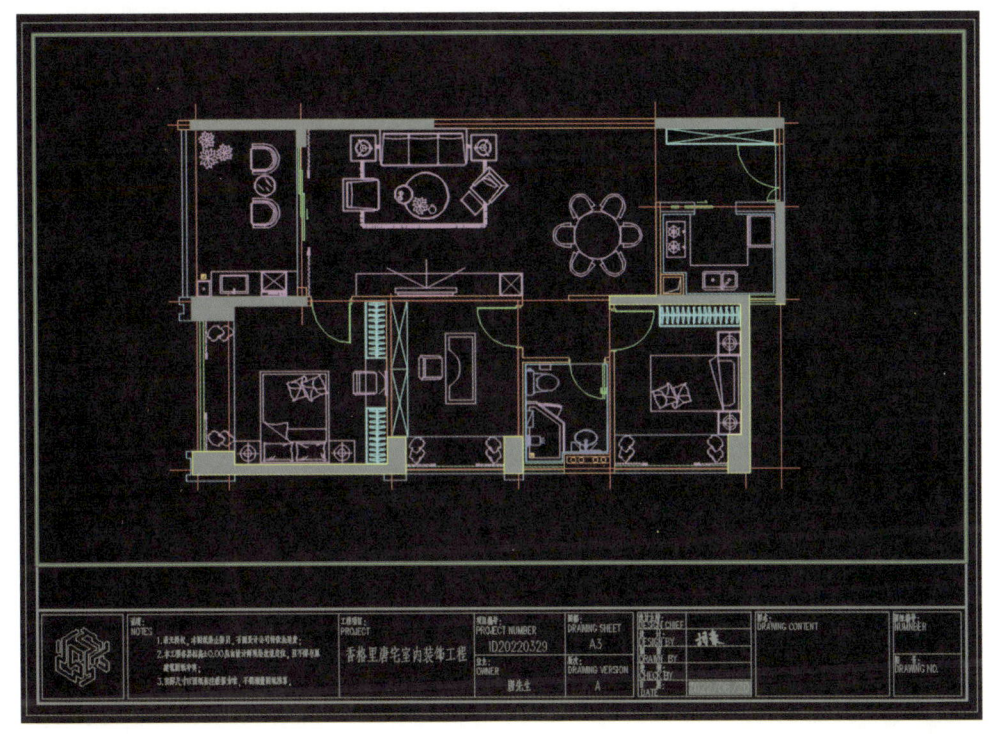

图3-10

进行类似操作，可控制其与模型和布局空间中的其他图层状态，具体内容在后续章节中详解。

第二节　天地平面图设计

一、铺地平面图设计

（一）铺地平面图的定义

铺地平面图，指用平面的方式展现室内空间地面标高以及地面材料与工艺等综合信息的图样。

一方面，铺地平面图设计应满足空间基本功能要求（吸音、防火、防滑及防跌），保证合理的高差与坡度；另一方面，铺地平面图应与平面布置图形成良好的对应关系，选材须满足方案设计的需要。

（二）铺地平面图的内容

（1）原建筑结构主要轴线及其编号和轴间尺寸。

（2）装饰对位中心"CL线"［参见第一章第四节的"对中符号（CL线）"］。

（3）地面各部分的标高及坡度。

（4）地面材料编号（种类及规格）定位尺寸、材料种类及构造做法。

（5）拼花图案尺寸及铺装方式（参见第一章第五节的"起铺符号"）及地面装饰定位尺寸（造型体块尺寸）。

（6）地面装饰收口线条和楼梯防滑条的定位尺寸、材料种类及构造做法。

（7）索引符号、图纸名称和制图比例。

（三）铺地平面图的设计常识

1.确定地面标高

铺地平面图设计应保证合理的高差与坡度。例如：室内台阶踏步数不宜少于2级；当高差不足2级时，宜按坡道设置且坡道坡度不宜大于1∶8；无障碍门槛内外地面高差≤15mm，并以斜面过渡；有防水要求的楼（地）面应低于相邻楼（地）面15mm；厕所、浴室及盥洗室等受水或非腐蚀性液体经常浸湿的楼（地）面应采取防水、防滑的构造措施，并设排水坡坡向地漏；卫生间非淋浴区排水坡度不小于0.5%，淋浴区排水坡度不小于1.5%。

2.确定地面材料

铺地平面图设计应满足空间基本功能要求。例如：安静环境（会议室、酒店走道等）宜选用地毯作为地面材料便于吸音，潮湿环境（卫生间等）宜选用防滑地面材料减小滑倒风险；同时，地面材料还应满足《GB50222-2017建筑内部装修设计防火规范》的要求。铺地平面图设计应保证地面材料能与空间建筑部件（变形缝与地漏等）正确收边，满足其功能要求。

铺地平面图应与平面布置图有良好的对应关系，地面材料颜色与肌理应满足方案设计风格要求与造价控制。

（四）铺地平面图的设计步骤

1.图层状态操作

在图层面板向下扩展窗口中点击"铺地平面"图层状态，并将"地材分缝"图层置为当前，即可进行地面块材分缝设计。

2.地面块材花纹种类

从美观角度考虑，地面块材花纹可设计为对缝（齐缝）、错缝（工字缝）和拼花（"人"字拼或"十"字拼等）三大类。（图3-11—图3-13）

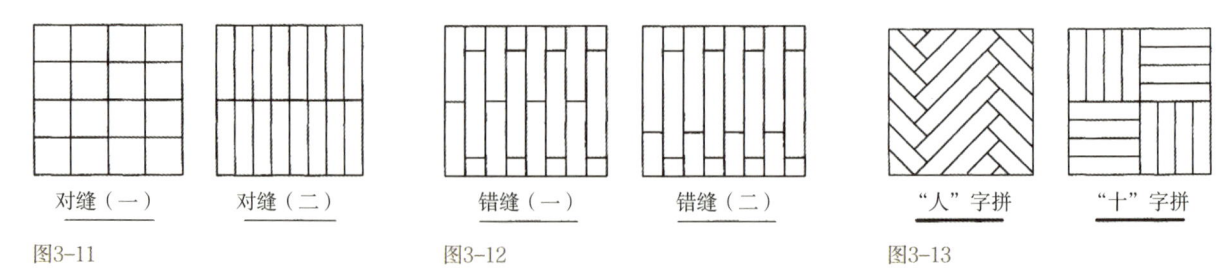

| 对缝（一） | 对缝（二） | 错缝（一） | 错缝（二） | "人"字拼 | "十"字拼 |

图3-11　　　　　　　　图3-12　　　　　　　　图3-13

为减小木（竹）地板涨缩对地面稳定性与美观的不利影响，木（竹）地板不采用对缝方式；同时为减小木（竹）地板微变形后地面反光不匀而影响美观，条状木（竹）地板长边宜与主要采光方向平行。

3.网格设定

常见正方形地面块材绘制步骤如下：在保证房间铺地边界闭合的前提下输入命令"H"（填充），然后在工具面板中执行①，然后图案预览②将自动显示，此时输入块材边长③，并点击④（特性）。（图3-14）

在向下扩展的窗口中执行步骤⑤，即可用600×600的正方形网格对房间进行初步填充。（图3-15）

图3-14

图3-15

4.地面块材分缝设计

从美观角度考虑，地面块材分缝设计主要考虑以下几个方面：块材尽量少留窄条（宽度小于1/3边长），窄条尽量隐蔽置于家具下方，走廊处块材分缝保持对称，条件允许时为块材墙地对缝预留空间，地面块材做好与部件（地漏、变形缝及门槛等）的衔接。

铺地平面图应与平面布置图形成良好的对应关系，尤其是具有分格线或收边条的地面块材，应综合考虑多种因素后选择最佳地面块材网格间距、起铺点与铺设方向（参见第一章第五节的"起铺符号"）。

5.自定义图案地面材料（参见附录Ⅰ视频3-3）

AutoCAD软件自带的填充图案种类较少，往往不能满足设计需要，因此可以将自定义填充图案（*.pat文件）文件夹拷贝至安装程序中便于使用，具体步骤如下：

（1）选中①复制。（图3-16）

（2）在桌面找到AutoCAD图标后右键点击②，在弹出的菜单中执行步骤③。（图3-17）

（3）在资源管理器中将①拷贝至此为④。（图3-18）

（4）单击④，可见填充图案（*.pat文件）文件夹拷贝成功，执行步骤⑤（复制文件路径）。（图3-19）

（5）在AutoCAD软件中输入命令"OP"（选项），在弹出窗口中依次执行步骤⑥⑦⑧，将前述文件路径新增为AutoCAD软件搜索路径后单击⑨（确定）。（图3-20）

图3-16

图3-17

图3-18

图3-19

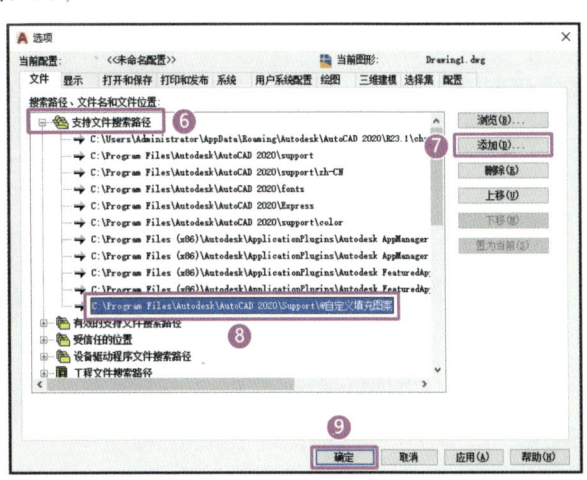

图3-20

为表达铺地材料纹理，在确定边界后输入命令"H"（填充），在"工具"面板中执行⑩。（图3-21）

然后在下拉拓展窗口中执行⑪（图3-22），即可选择所需图案进行铺地材料（例如大理石）纹理填充，得到铺地材料纹理⑫。（图3-23）

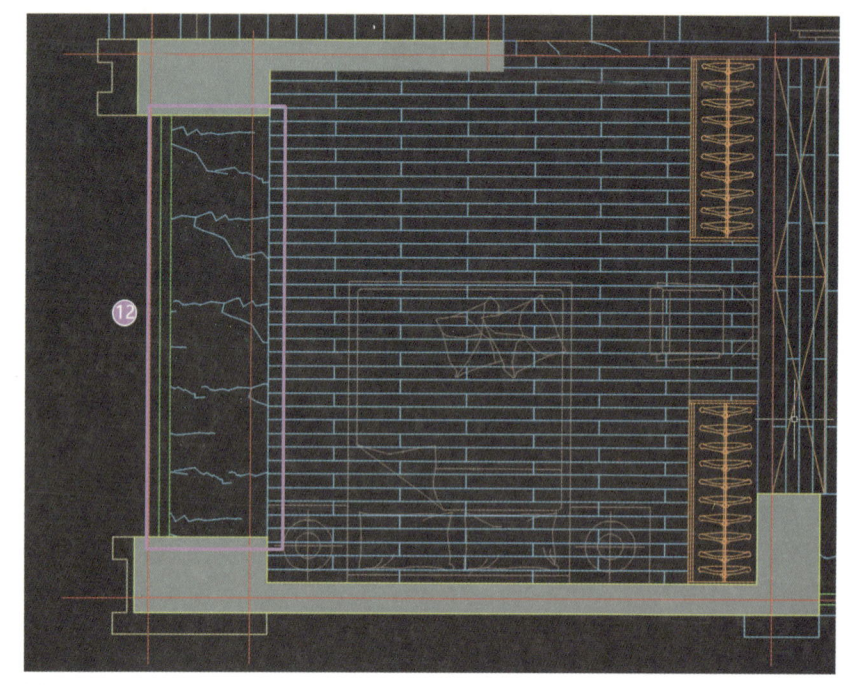

图3-21

图3-22　图3-23

6.铺地材料一层多色

为了保证图层简洁并提高工作效率，平面图图层设置不宜过多（参见第二章第二节的"平面类图纸图层特点与应用"），因此图线分组不可太细，宜将关联性很强的图线归为同一个图层。例如"地材分缝"图层中既有表达铺地块材分缝的图线，又有表达铺地材质（例如大理石）的填充图案。这两部分图线宜同时出现，但打印要求却不同——块材分缝应打印成细实线，而材质（例如大理石）填充图案宜打印成细灰线（参见第六章第二节的"施工图打印设置"）。因此，上述两部分图线颜色设置步骤如下：

首先执行⑬选取大理石图案纹理，然后在图层工具面板下拉拓展窗口中执

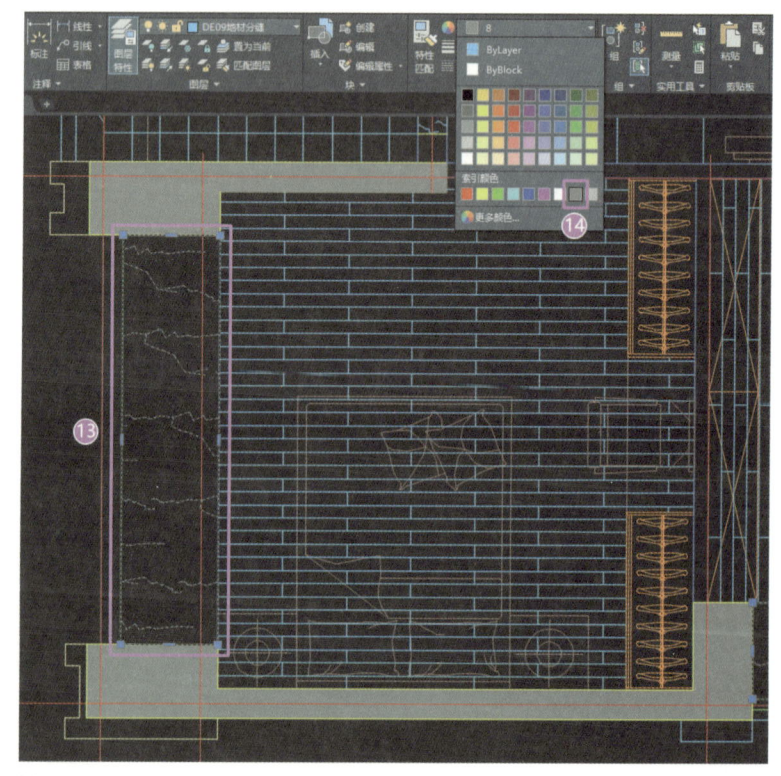

图3-24

行⑭将其改为8号色。如此,在"地材分缝"图层中用140号色表达铺地材料分缝(例如木地板),同时用8号色表达铺地材质(例如大理石)图案,即为一层多色,为后期打印做好准备。(图3-24)

二、天花平面图设计

(一)天花平面图的定义

天花平面图,指用平面的方式展现室内空间顶面造型与标高、材料与工艺,以及灯具等设备综合信息的图样。

一方面,天花平面图设计应满足空间基本功能要求(吸音、防火及采光等),保证合理的室内净空;另一方面,天花平面图应与平面布置图形成良好的对应,选材应满足方案设计的需要。

由于天花是室内装饰主要的造型界面,材质与标高、尺寸细节等信息变化较多,同时天花界面往往集中了灯具及消防机电等诸多末端设备(喷淋、烟感及扬声器等);上述各类信息繁杂且涉及多专业综合协调,集中在一张天花平面图中则过于繁杂,故可以将天花平面图分拆为天花造型图、天花灯具定位图及天花机电末端定位图等进行表达。

(二)天花平面图的内容

(1)原建筑结构主要轴线及其编号和轴间尺寸。
(2)装饰对位中心"CL线"[参见第一章第四节的"对中符号(CL线)"]。
(3)天花各部分的标高及材料(参见第一章第五节的"天花标注符号")。
(4)天花造型、天窗、构件、装饰垂挂物的定位尺寸、材料种类及构造做法。
(5)天花装饰收边条的定位尺寸、材料种类及构造做法。
(6)灯具的种类、型号与定位尺寸,以及灯具图例。
(7)通风口、变形缝、防火卷帘、防排烟口及挡烟垂壁等建筑构件和设施定位。
(8)可用虚线或灰显表达家具内容,便于天花灯具等末端设备参照定位。
(9)索引符号、图纸名称和制图比例。

(三)天花平面图的设计常识

1.层高与净高

楼面层高,指房屋上下两层楼面的垂直距离(标准层层高),或二层楼面至地面的垂直距离(一层层高),或楼面至屋顶面结构层的垂直距离(顶层层高)。我国《GB50096-2011住宅设计规范》规定住宅层高≥2.80m。

室内天花,泛指各类室内空间的顶面,其中在原建筑楼板下面悬吊装饰面层的做法称为"吊顶"。净高,指楼面或地面至上部楼板底面或吊顶底面之间的垂直距离。对于某个室内空间而言,层高是唯一的,但净高可根据不同需要描述为板底净高、梁底净高或吊顶净高等不同数值。

层高a=地面装饰构造厚度b+空间净高c+吊顶高度d+建筑楼板厚度e。(图3-25)

室内净高应符合国家现行相关建筑设计标准的规定,地下室、局部夹层、走道等有人员正常活动的最低处净高不应小于2.0m。

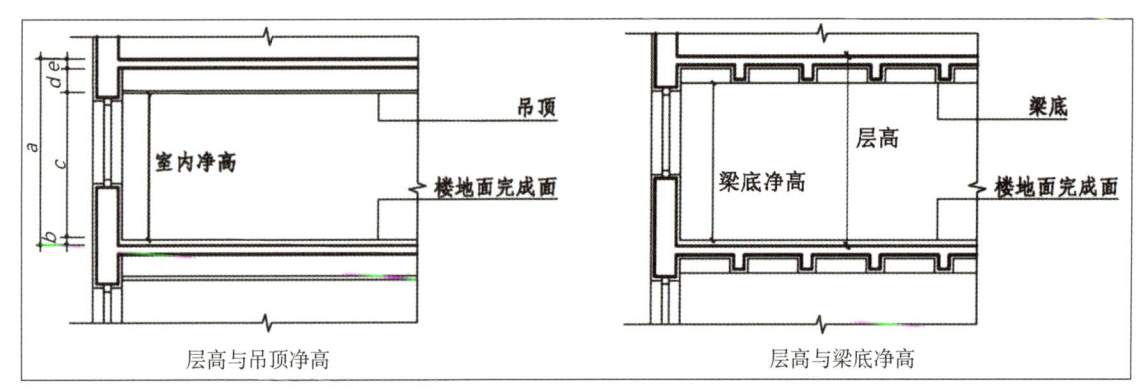

图3-25 层高与吊顶净高　　层高与梁底净高

2.常见吊顶高度

吊顶高度＝吊顶构造厚度＋吊杆长度

常规吊顶（例如石膏板与铝扣板等）构造厚度一般预设为100mm（包含面板及龙骨）。吊杆长度一方面取决于建筑原始净高及空间造型需要，另一方面取决于吊顶上方设备管线高度。设备管线中暖通风管高度较大且不易避让，是决定吊杆长度的主要因素，一般而言应预留不小于250mm的高度（具体尺寸应进行专业提资）。

3.常规吊顶造型

跌级吊顶：即标高突变的台阶状吊顶。（图3-26）

吊顶正灯槽：即在跌级吊顶基础上，在高突变的台阶状吊顶处增加局部悬挑以隐藏光源，从而达到"见光不见灯"的效果，如果吊顶靠墙侧低而中间部分高，即为正灯槽。（图3-27）

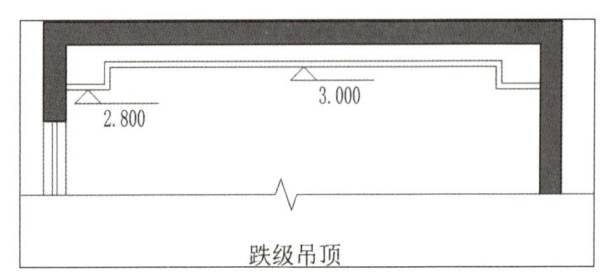

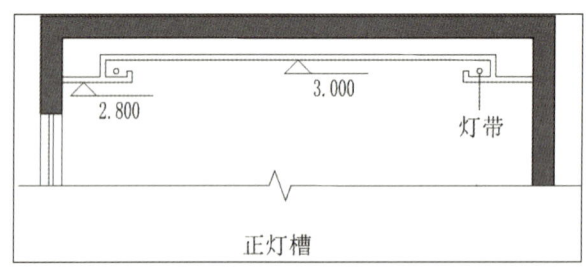

图3-26 跌级吊顶　　图3-27 正灯槽

吊顶反灯槽：同上，如果吊顶靠墙侧高而中间部分低，即为反灯槽。（图3-28）

平面灯槽：即吊顶中间部分向上做凹槽并镶嵌光源。（图3-29）

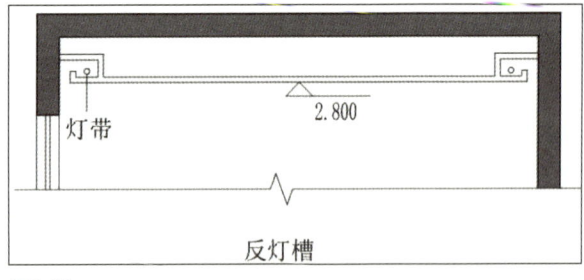

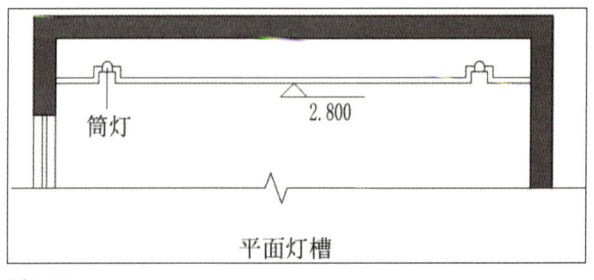

图3-28 反灯槽　　图3-29 平面灯槽

4.吊顶装饰线

为造型需要在吊顶上设置的装饰线条，分为装饰凸线和装饰凹线。（图3-30）

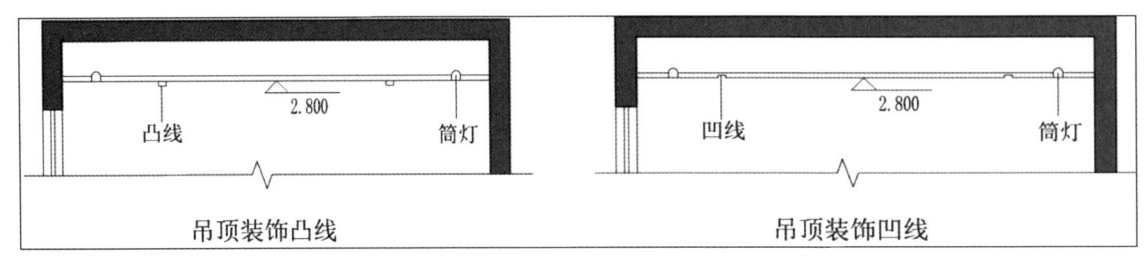

图3-30

5.窗帘盒

窗帘盒是室内装饰中隐蔽窗帘帘头的重要设施。在进行吊顶和包窗套设计时，应进行配套的窗帘盒设计，才能起到提高整体装饰效果的作用。一般单层窗帘的窗帘盒净宽不小于150mm，双层窗帘的窗帘盒净宽不小于250mm。常见窗帘盒形式有明窗帘盒和暗窗帘盒。（图3-31）

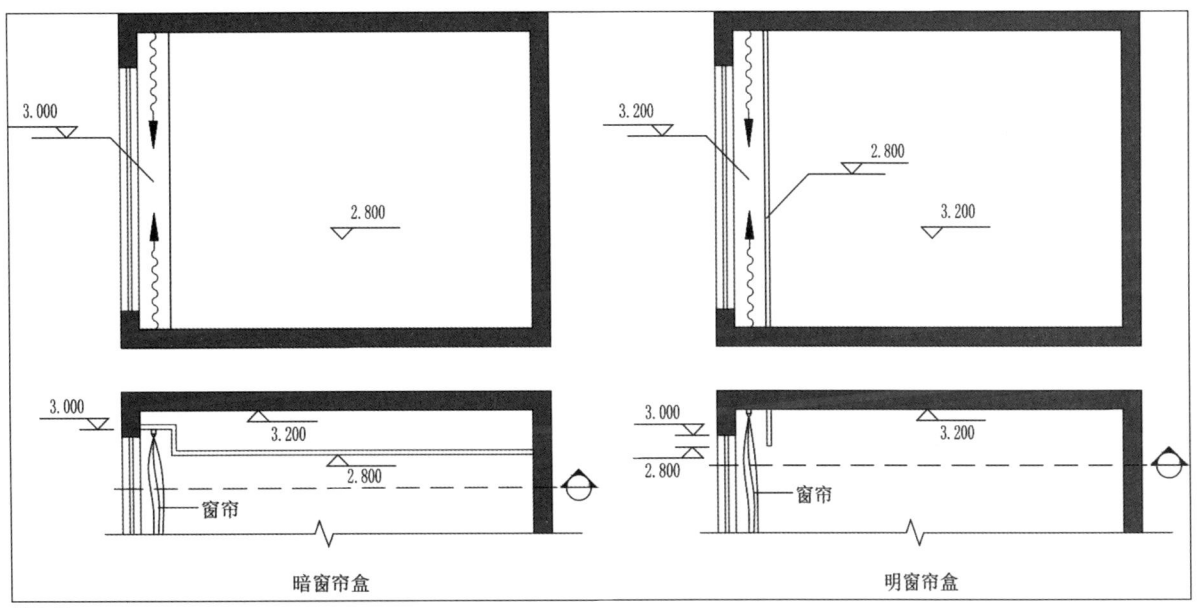

图3-31

还可以根据设计需要综合灯槽与窗帘盒形成带灯槽窗帘盒，兼顾功能与美观性。（图3-32）

必要时还可预留电动窗帘空间及取电位，同时考虑其隐蔽性与美观性。

图3-32

（四）天花平面图的设计步骤

1.图层状态操作

在图层面板向下扩展窗口中点击"天花平面"图层状态，并将"天花造型"图层置为当前即可进行天花造型设计。虽然活动家具不是天花图的主要内容，但为了明确天花造型及灯具与活动家具的竖向对应关系，仍将活动家具图层灰显或虚线显示，以作参照。

2.门窗洞口线

一般而言，由于门洞口上边线标高低于天花标高，而天花图实际剖面位置介于上述两种标高之间，故天花图中不可显示门扇及门框，而应绘制门洞口内外侧边线，力求墙体轮廓的完整性与正确性（参见

第二章第二节的"平面类图纸图层特点与应用")。(图3-33)

平面布置图　　　　　　　　天花平面图

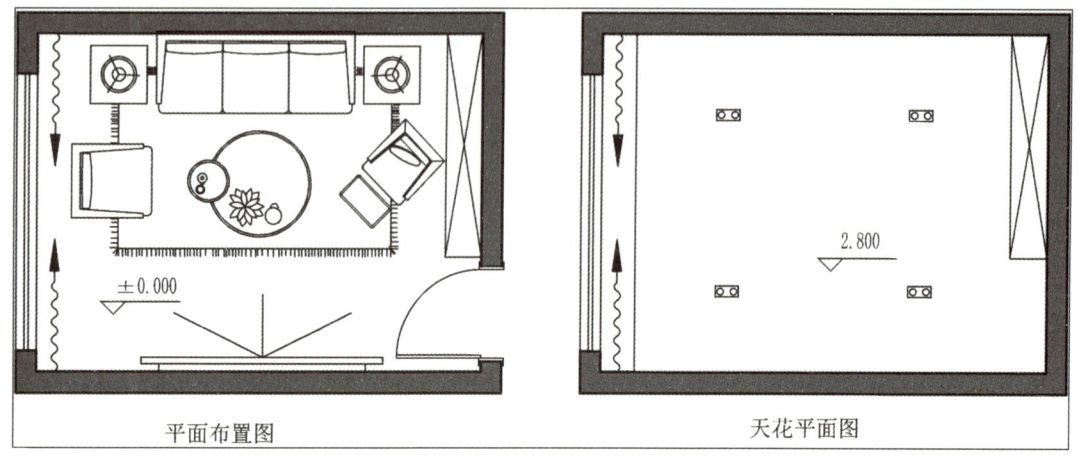

图3-33

3. 天花的局部剖面

为表达复杂的天花造型,可以在天花平面图上直接绘制天花造型完成面的断面轮廓,这样天花造型的平面与断面对应关系清晰且图面紧凑,此时应注意识图的方向应该向上或向左(参见第一章第二节的"投影准确性与识图方向")。(图3-34)

4. 家具

室内固定家具(顶天立地家具)在天花图上应以实线显示,活动家具及不到顶的家具在天花平面图上以灰显或虚线显示,便于形成天花造型线及灯具定位与各类家具的参照对应关系。(图3-34)(参见附录Ⅰ视频3-4)

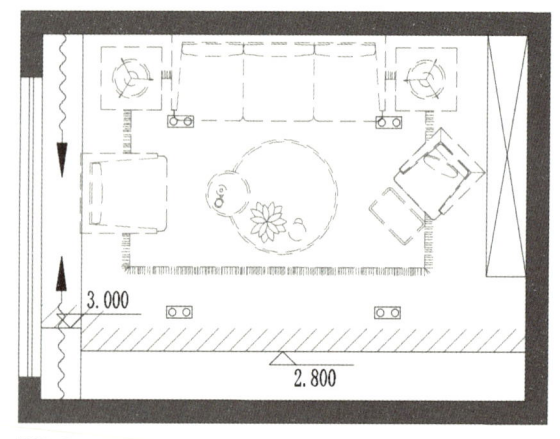

图3-34

5. 天花标注与图例

为简明表达室内装饰中天花各装饰面的标高变化与材料变化,天花平面图标注使用天花符号(参见第一章第五节的"天花标注符号")。

天花灯具种类繁多且更新较快,暂无全面的国标制图标准符号,故应对目前天花平面图中的灯具符号采用图例进行说明。(表3-2)

表3-2　天花标注图例

图例	说明	规格	位置
✳	艺术吊灯	700mm×700mm三色吊灯	客厅、餐厅
◉	吸顶灯	600mm×600mm圆形吸顶灯	见图
▣	排风机	300mm×300mm	卫生间
▦	一体浴霸灯	300mm×300mm	卫生间
⊕	筒灯	暗装圆形筒灯	客厅
------	灯带	暗装暖色LED灯带	客厅

第三节 电气平面图设计

一、灯具及开关平面图设计

（一）灯具及开关平面图的定义

灯具及开关平面图，指用平面的方式展现灯具及开关点位综合信息的图样。

由于灯具大部分位于天花平面，故灯具及开关平面图主要内容必须与天花平面图对应，同时考虑灯具的线路分组和控制方式。

（二）灯具及开关平面图的内容

（1）在天花平面图各项要求的基础上，减少天花造型层次（主要表现造型轮廓）。

（2）通风口、变形缝、防火卷帘、防排烟口及挡烟垂壁等建筑构件和设施定位。

（3）灯具的种类、型号与定位尺寸。

（4）开关类型与数量、照明回路分组与连线、灯具与开关图例。

（5）索引符号、图纸名称和制图比例。

（三）主要灯具参数

1.功率与光通量

功率表示灯具耗电快慢的指标，单位是W（瓦）；光通量指人眼所能感觉到的辐射功率，单位是lm（流）。由于不同灯具将电能转换成光能的效率不同，故各灯具之间的光通量与功率大致正相关。一般灯具功率用于照明设计估算，灯具光通量用于照明设计准确计算。

功率密度：某个室内空间照明灯具总功率（装饰性灯具总功率的50%计入照明功率密度值的计算）与总面积的比值，单位是W/m^2（瓦/平方米）。功率密度可以作为评估照明初步设计的一个重要参数，常见室内空间的功率密度为10~15W/m^2。

2.色温

色温是光源冷暖程度的简单描述，单位是K（开）。色温越低，色调越暖（偏红）；色温越高，色调越冷（偏蓝）。暖光（2700K~3300K）能激发食欲，适用于餐饮环境；暖白光（4200K~4500K）较温馨，适用于日常家居环境；冷白光（5500K~7000K）能使人冷静，适用于工作环境。（图3-35）

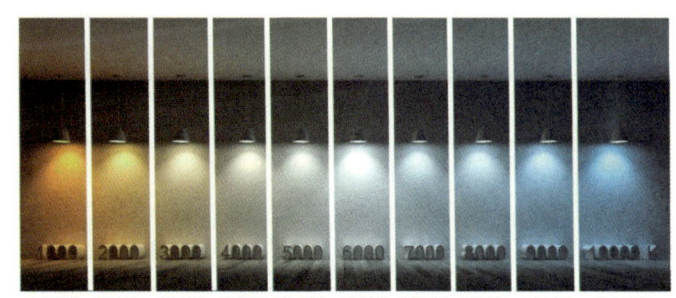

图3-35

3.显色性

显色性，指光源对物体本身颜色的还原程度，通常用显色指数Ra（0～100）来表示光源的显色性。光源的显色指数愈高，其显色性能愈好，阳光显色指数为Ra100（最佳）。对显色性要求较高的环境主要有画室、化妆间等。

4.光束角

光束角指光源1/10最大光强之间的夹角，单位是度（°）。窄光束角（10°～20°）光影对比及层次感强，适合重点照明（装饰陈设布光等）；中光束角（24°～45°）光影对比及层次感一般，适合局部照明；宽光束角（50°～60°）光影对比及层次感弱，适合一般照明（走道天花布光等）。（图3-36）

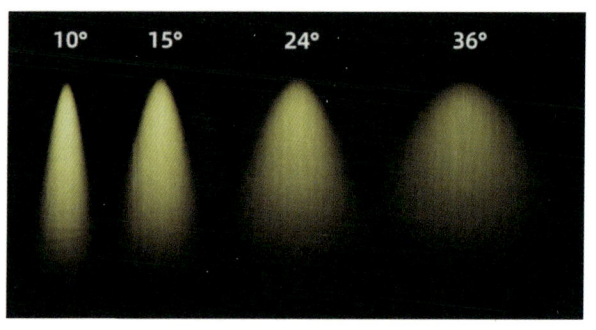

图3-36

（四）主要灯具的类型

（1）吊灯：常常位于空间净高比较大的重点空间，由天花板向下垂，且造型多样，兼具照明和美化空间作用。（图3-37）

（2）吸顶灯：造型扁平且安装后紧贴天花，适用于空间净高不大的空间，常常作为一般照明。（图3-38）

（3）筒灯：光束角较大的泛光灯，灯具结构可常见灯罩面板而不见灯珠，常常暗藏于吊顶上作为一般照明。（图3-39）

（4）射灯：将光线通过灯具集中形成窄光束角的聚光灯，常常作为装饰陈设品的重点照明，精确布光的射灯角度往往可调节，射灯结构常可见锥形灯杯与灯珠。（图3-40）

吊灯	 吸顶灯	筒灯	射灯
图3-37	图3-38	图3-39	图3-40

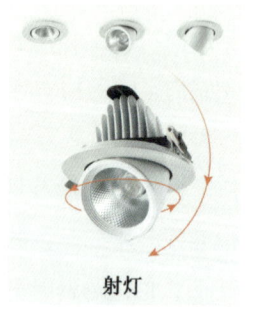

（5）灯带：装饰性线型光，常常位于暗藏灯槽作为局部照明。

LED（发光二极管）灯带按照电压不同可以分为低压（12V和24V）灯带和高压（220V）灯带；低压灯带较为安全但是压降导致的亮度衰减现象明显，常用于室内环境；高压灯带有触电危险，但是压降导致的亮度衰减现象不明显，常用于室外高空或线路较长的环境。为缓解室内灯带压降导致的亮度衰减现象，电源线接入点应该位于灯带中部，而非端部。

LED灯带按照颜色可以分为单色灯带与彩色灯带，前者作为一般照明，后者主要用于装饰。（图3-41）

LED灯带按照封装方式可以分为SMD灯带和COB灯带，前者散热较好且价格便宜，但发光均匀度较差（光影颗粒感明显）。（图3-42）后者散热较差且较贵，但发光均匀度较好（光影颗粒感不明显）。（图3-43）

LED灯带按照功率可分为9W/m、6W/m、3W/m、1W/m及0.5W/m等规格，其亮度随着功率的减小而变低。不同功率的LED灯带适用于不同场合的环境需求，常见天花灯槽一般配合9W/m的LED灯带使用（参见第五章第二节"天花构造详图设计"内容）；而在黑暗环境下人眼对光线亮度敏感，故适合用铝合金发光踢脚线配合0.5W/m左右的LED灯带作为夜间照明。（图3-44）

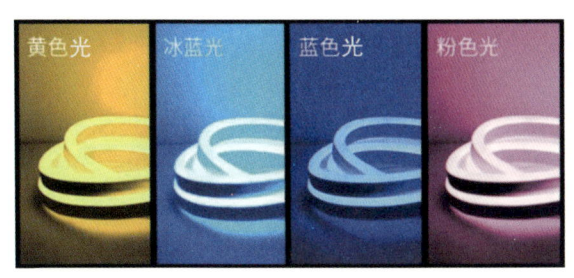

图3-41

图3-42　　　　　图3-43　　　　　图3-44

（五）开关类型及控制方式

1.机械按键开关：传统开关形式，使用时通过手指按压按钮从而开启或关闭灯具

开关面板：指安装在墙壁上（亦可安装在家具上）用来控制各种灯具的方形开关框架。常见面板型号有86型（86mm×86mm）、118型（长方形横向安装，包括小号118mm×75mm、中号154mm×75mm、大号195mm×75mm），注意每种面板配套的底盒尺寸也是不同的。开关面板用圆点加45度长斜线符号表示，有几个符号就表示有几个开关面板。（图3-45）（参见附录Ⅰ视频3-5）

开（位/联）：指开关面板上按钮的数量，用小短线表示，几开（位/联）就表示有几个开关按钮，可以控制几组灯。（图3-46）

控（极）：表示控制一组灯需要几个开关按钮，一般分为单控（极）与双控（极）两种情况。单控（极）表示控制一组灯需要一个开关按钮；双控（极）表示控制一组灯需要两个开关按钮，双控（极）开关总是成对出现（2，4，6，8……）。双控（极）开关适用于走廊、楼梯及要求较高的卧室等位置，避免摸黑开关灯具的不利情况，为生活提供方便。单控（极）开关与双控（极）开关实物外观并无明显区别，但单控（极）开关用单向长斜线及短线表示；（图3-46）双控（极）开关用风车状长斜线及短线表示。（图3-47）（参见附录Ⅰ视频3-6）

双控开关内部构造比单控开关复杂，且可以代替单控开关使用，反之则不能代替。因此，在灯具与开关线路设计时可以适当合并各灯具回路的控制开关，以便于集约使用开关面板（减少不必要的开关面板）。（图3-48）

图3-45　　　　　　　　　　　图3-46

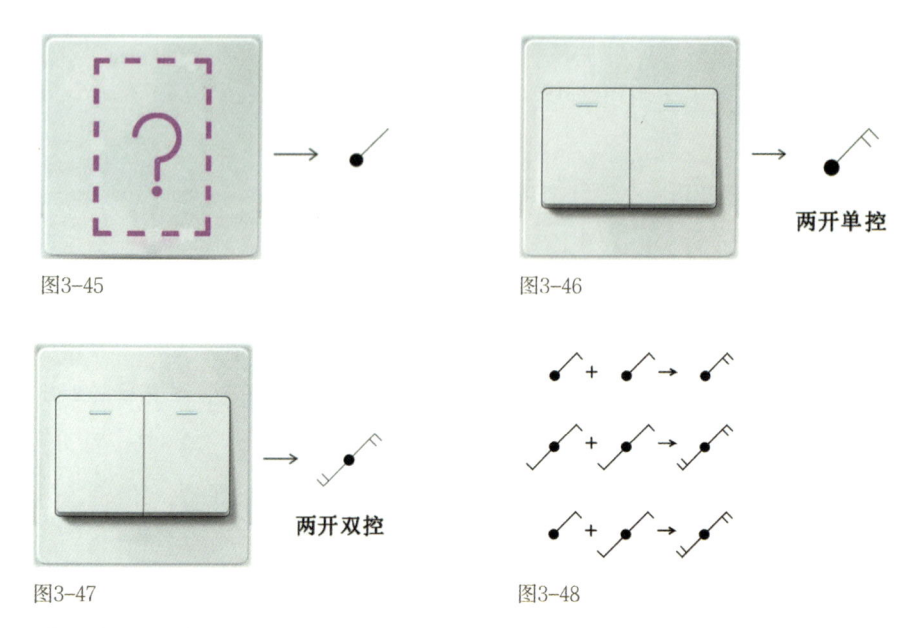

图3-47　　　　　　　　　　　图3-48

2.其他开关的控制方式

传感器开关：指通过敏感元件检测到信息并按一定的规律转换成信号从而开启或关闭灯具的开关。常见的传感器开关种类按照敏感元件可分为红外感应开关、电磁感应开关、光电感应开关、温度感应开关、湿度感应开关和微波感应开关等。（图3-49）

无线开关：指可以通过无线方式（Wi-Fi及ZigBee等）控制灯具的开关，一般通过遥控器或APP开启或关闭灯具。无线开关是手动开关的有益补充，尤其在室内局部功能改造中有重要作用。（图3-50）

触控开关：指应用触摸感应芯片原理设计的一种开关，是传统机械按键式开关的换代产品。触摸开关按开关原理分为电阻式触摸开关和电容式触摸开关，按接线方式分为单火线触摸开关和双线（火线和零线）触摸开关。触控开关不仅能同时控制多组灯具，还能用触控方式及红外遥控，且具有断电保护、记忆存储、快捷设定等功能，上述特点促使触控开关迅速普及。（图3-51）

图3-49　　　　　　　　　　　图3-50　　　　　　　　　　　图3-51

（六）灯具及开关平面图设计步骤

1.图层状态操作

在图层面板向下扩展窗口中点击"灯具及开关平面"图层状态，并将"天花灯具"与"开关连线"图层设置为当前图层即可进行灯具与开关设计。虽然活动家具不是天花图的主要内容，但为了明确天花造型及灯具与活动家具的竖向对应关系，仍将活动家具图层灰显或虚线显示作为灯具及开关平面设计参照。

2.确定灯具分组与连线

室内空间灯具主要根据功能需要进行分组并连线，每组灯具连线与相应的开关形成灯具回路，主要考虑以下因素：根据灯具空间位置进行分组，从而精准控制重点照明，突出重点照明效果，例如商场橱窗灯具；根据节能要求进行分组，从而精准控制局部照明，避免不必要的电能浪费，例如大教室的分区照明；根据灯具负荷要求进行分组，从而保障每个灯具回路负荷在安全范围以内，例如大功率吊灯单独分组。

当灯具回路较长时，为减小回路压降差异对灯具正常工作的影响，保证灯具发光效果的一致性，应将灯具回路首尾相接闭合；或者将开关线接入灯具回路中点附近，保证开关线两端灯具连线大致相同。（图3-52）

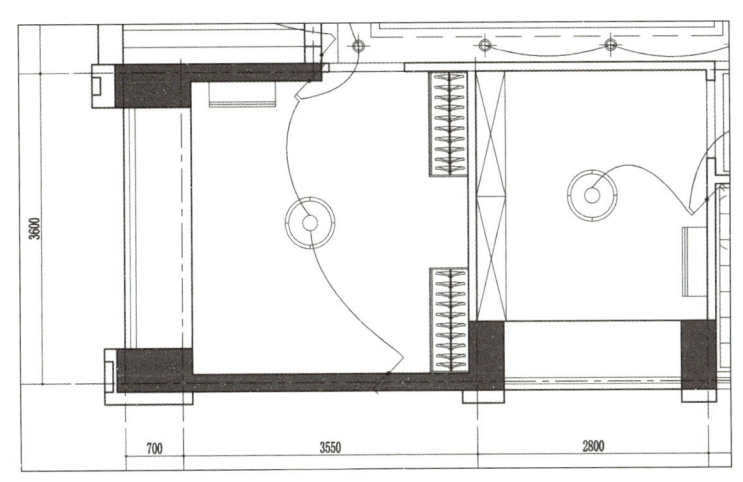

图3-52

3.确定开关位置与类型

开关位置一方面需要考虑开关功能需求及避免触电、火灾等安全事故（例如阳台灯开关位应设于室内以防止风雨导致触电），密切配合平面布置图设计以提高室内功能与便利性（开关不被家具陈设等阻挡）；另一方面需要考虑美观性，可选择与室内整体风格相应的开关类型。通常开关面板安装时面板下边距地板完成面高度1300mm，室内空间灯具及开关要求见表3-3所示。

表3-3 常见灯具及开关安装要求

区域	功能	灯具要求	开关要求
客厅	天花主灯	与电视及茶几对中	双控
	电视背景墙氛围灯	暗藏，无眩光	电视侧墙面上
	沙发背景墙氛围灯	暗藏，无眩光	沙发侧墙面上
阳台	天花主灯或壁灯	满足基本照度	阳台门内墙面上
餐厅	天花主灯或射灯	与餐桌对中	餐桌旁墙面上
厨房	天花主灯	满足基本照度	入口附近墙面上
	吊柜底灯	显色指数高	人体感应
书房	天花主灯	满足基本照度	入口附近墙面上
卫生间	天花主灯	满足基本照度	入口附近干区墙面上
	镜前灯	显色指数高	干区墙面上
	化妆凸镜灯	显色指数高	化妆凸镜底座（干区墙面上）

（续表）

区域	功能	灯具要求	开关要求
卧室	天花主灯	暖白光或暖光	入口附近墙面上，必要时双控
	氛围灯	暖白光或暖光	床头柜后墙面上
	梳妆台镜灯	显色指数高	梳妆台墙面上
	夜灯	距地600mm以内，无眩光	人体感应
衣帽间	主灯	满足基本照度	入口附近墙面上
玄关及走廊	玄关灯	满足基本照度	入口附近，双控
	走廊灯	满足基本照度	双控

二、插座平面图设计

（一）插座平面图的定义

插座平面图，指用平面的方式展现强弱电插座点位综合信息的图样。

室内空间的插座广泛分布于室内空间各个界面，比如书房地面的插座供桌面办公用，客厅墙面的插座供视听设备用，卫生间吊顶内插座供换气扇用；同时，墙面上不同高度的插座也应与不同高度的所需电器相对应，故插座平面图需要与平面布置图、天花平面图与立面图的内容相对应，插座平面图需要明确插座的水平及竖直定位。

（二）插座平面图的内容

（1）弱电插座类型、安装定位尺寸与插座图例。
（2）可用虚线灰显家具内容，便于天花灯具等末端设备参照定位。
（3）索引符号、图纸名称和制图比例。

（三）插座平面图的设计常识

1.常规插座

常见民用室内空间的供电线路为220V（少数为380V）交流电（50Hz）。通常把将电能转化为其他能量的电路称为"强电"（比如转化为光能的灯具、转化为动能的电扇及转化为热能的热水器等），把利用电能传输信号的电路称为"弱电"（比如传输网络信号的路由器、传输声音信号的音响和电话、传输图像与声音信号的电视机机顶盒等），弱电线路电压都小于人体安全电压36V，同时弱电线路可以是有线或无线的形式。（参见附录Ⅰ视频3-7）

相应地，插座一般分为强电插座和弱电插座两大类。强电插座包括大功率16A插座（空调及热水器等，16A与10A孔径与孔距不同），普通10A插座（三孔插座、四孔插座、五孔插座及USB组合插座等）。（图3-53）

弱电插座包括网络信号插座、电话信号插座、电视信号插座及音响信号插座等。（图3-54）

三孔插座（16A）　　四孔插座　　五孔插座　　USB组合插座　　电话/网络信号插座　　电视信号插座　　音响信号插座
图3-53　　　　　　　　　　　　　　　　　　　　　　　　　　　图3-54

2.特殊插座

防溅插座：适用于潮湿或有水环境，卫生间干区可在普通插座加防溅盖；室内环境湿区或室外阳台及花园等则应选用高等级防水插座。（图3-55）（参见附录Ⅰ视频3-8）

电力轨道：适用于取电位置较多且需灵活移动，同时保证空间界面美观的室内空间，可以安装于厨房墙面及会议桌台面等。（图3-56）

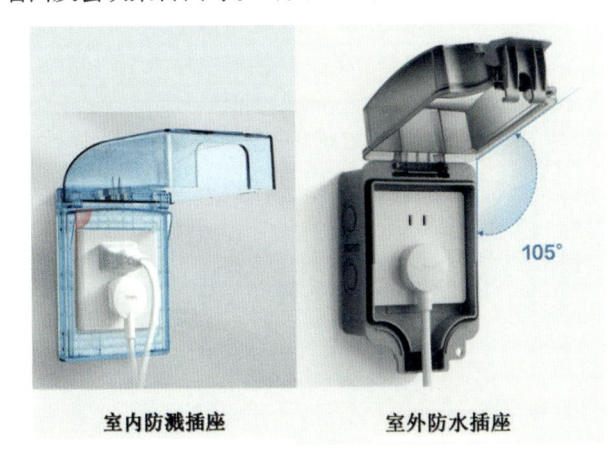

图3-55

图3-56

3.插座位置

插座位置首先考虑减小触电及火灾风险以保证安全性（例如阳台和卫生间不设低位插座，且应加防溅盖）；此外需要考虑电器取电功能需求，密切配合平面布置图设计以提高室内功能便利性，通常位于墙面或地面；还需要考虑美观性，选择与室内整体风格相适应的插座类型。常见插座面板安装位置要求见表3-4所示。

表3-4　常见插座面板安装要求

区域	功能	类型	位置
客厅	悬挂投影仪取电	10A五孔	暗藏于天花内
	监控摄像头取电	10A五孔	暗藏于天花内
	电视取电	10A五孔	距地约750mm，隐藏于电视机后墙面上
	电视柜旁充电	10A五孔	暗藏于电视柜内
	沙发旁充电	10A五孔（带USB）	距地约600mm，侧几墙面上
	茶几处充电	10A五孔（地插）	茶几下方地面上
	弱电信号	电视/网络/音响	暗藏于电视柜内
	落地灯取电	10A五孔	距地约300mm，沙发侧墙面上
阳台	洗衣机取电	10A五孔（防溅）	距地约1200mm
	烘干机取电	10A五孔（防溅）	距地约1200mm
	热水器取电	10A或16A三孔	距地约1800mm
	扫地机器人取电	10A五孔（防溅）	距地约300mm
	吸尘器蒸汽拖把取电	10A五孔（防溅）	距地约1200mm
	蒸汽拖把取电	10A五孔（防溅）	距地约1200mm
餐厅	饮水机取电	10A五孔	距地约300mm
	电磁炉取电	10A或16A三孔	距地约300mm

（续表）

区域	功能	类型	位置
厨房	油烟机取电	10A五孔	吊顶内部，偏离油烟机中线约300mm
	凉霸取电	10A五孔	吊顶内部
	冰箱取电	10A五孔（防溅）	距地约1200mm
	洗碗机取电	10A五孔（防溅）	距地约500mm
	垃圾处理器取电	10A五孔（防溅）	距地约500mm，水槽柜内
	小厨宝取电	10A五孔（防溅）	距地约500mm，水槽柜内
	净水器取电	10A五孔（防溅）	距地约500mm，水槽柜内
	烤箱取电	10A或16A三孔	高度根据烤箱位置而定
	微波炉取电	10A五孔	高度根据微波炉位置而定
	小厨电（电饭煲/豆浆机等）	10A五孔	距地约1200mm，2～3组
书房	电脑及网络信号取电	10A五孔+网线孔	书桌下方地面上或侧面墙上
	手机充电	10A五孔（带USB）	书桌下方地面上或侧面墙上
卫生间	吹风机取电	10A五孔（防溅）	卫生间干区侧面墙上
	浴霸取电	10A五孔	吊顶内部
	智能马桶取电	10A五孔（防溅）	距地约500mm，马桶右侧距马桶中线300mm
卧室	床头柜台灯	10A五孔	距地约700mm
	床头柜面板充电取电	10A五孔（带USB）	距地约700mm
	梳妆台镜灯取电	10A五孔	距地约300mm
衣帽间	蒸汽挂烫机取电	10A五孔	距地约300mm
玄关及走廊	弱电设备取电	10A五孔	玄关处弱电箱内，距地约300mm
	烘鞋器取电	10A五孔	玄关处鞋柜内，距地约300mm
	走廊夜灯取电	10A五孔	走廊墙上，距地约300mm

以上表格不包含空调插座（16A三孔，根据实际情况确定具体位置），可以根据实际情况进行相应调整，例如用电器密集处可以将部分五孔插座换成四孔插座，另外在每个房间适当预留备用插座且插座之间保留适当间距，以方便将来增加取点位。

4.回路负荷与线径

电路回路，指由电源、开关及用电器等构成的电流通路。电路回路的负荷（供电能力）与线径（电线粗细程度，常见1.5mm²、2.5mm²和4mm²等）（图3-57）密切相关。通常1mm²铜芯电线可以通过4A电流，且根据$P=UI$（功率=电压×电流，$U=220V$）可以推算出1mm²铜芯电线可以承载的用电器额定功率约为900W。

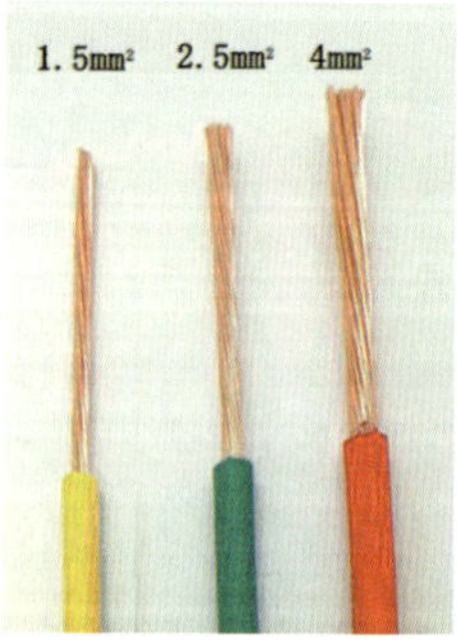

由于室内各空间用电器功率差别很大，应根据室内空间各用电器实际分布情况对用电回路进行分组。

图3-57

厨房用电器较多且功率大（电烤箱、电磁炉及微波炉等），故厨房单独设置插座回路（4mm²），餐厨空间规模较大时适当增加回路（比如使用大功率蒸柜及多头电磁炉火锅桌）。

卫生间用电设备功率较大（电热水器及浴霸等）且需要更高的用电安全性，故宜设置单独的插座回路（4mm²）并做好等电位连接。

各房间空调功率较大，宜设置各自单独插座回路（4mm²）。

客厅、卧室等空间根据日常用电器功率适当设置插座回路分组（2.5mm²），使每个插座回路的用电器功率总和小于线径载电能力。避免同一插座回路同时使用多个大功率电器（电暖器及油汀等）的情况。

另外，室内各空间灯具功率较小或数量较少时，可以合并为同一灯具回路（2.5mm²）。当灯具较多或功率较大时可适当分为多个灯具回路。

5.强弱电布线原则

室内空间强电回路（强电插座及灯具）应注意安全。强电箱离地约1500mm，弱电箱离地约300mm。强弱电应分线槽铺设且强弱电平行线路间距不小于300mm，同时强电箱和弱电箱距离应保持300mm以上，以避免强电线路干扰弱电线路信号。

（四）插座平面图的设计步骤

1.图层状态操作

在图层面板向下扩展窗口中点击"插座平面"图层状态，并将"各类插座"图层设置为当前图层即可进行插座平面图设计。虽然活动家具不是插座平面图的主要内容，但为了明确插座位置与活动家具的竖向对应关系，在插座平面图中仍显示活动家具图层作为插座平面设计的参照。

2.插座分组与连线方式

根据前述回路负荷与线径要求，对室内空间插座进行分组并连线，保证用电线路的安全性与便利性。（图3-58）

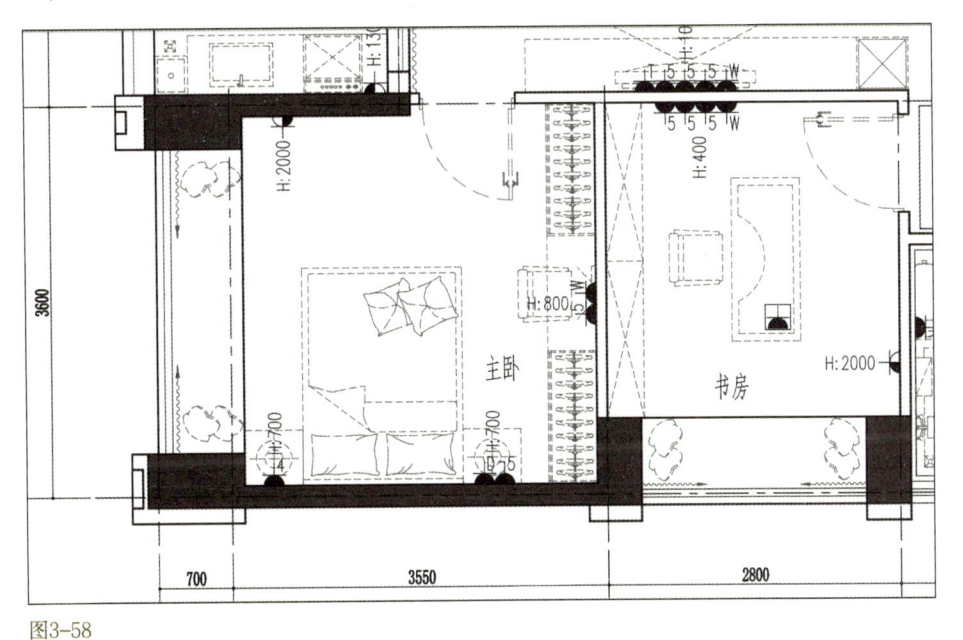

图3-58

三、天花机电末端定位图设计

（一）天花机电末端定位图的定义

天花机电末端定位图，指用平面的方式展现机电末端定位综合信息的图样。

天花平面上各类机电末端种类繁多，例如消防系统（喷淋、烟感、温感探头及应急照明灯等）、安防系统（监控探头等）、通风空调系统（出风口及回风口等）及通信系统（中继器等）。天花机电末端定位图需要综合考虑室内空间造型要求与各专业技术要求，协调功能、技术与美观等因素以形成最佳设计方案。

（二）天花机电末端定位图的内容

（1）在天花平面图各项要求的基础上，减少天花造型层次（主要表现造型轮廓）。
（2）通风口、变形缝、防火卷帘、防排烟口及挡烟垂壁等建筑构件和设施定位。
（3）空调出风口、回风口位置。
（4）喷淋、烟感、温感探头位置。
（5）消防广播、疏散指示牌及应急照明灯位置。
（6）安防监控探头位置。
（7）各相关专业检修口位置。
（8）上述各专业末端设备图例。
（9）索引符号、图纸名称和制图比例。

（三）天花机电末端定位图的设计常识

天花机电末端设计专业众多，应在设计各阶段进行设计提资以便逐步深入设计。常见各机电末端设计常识如下：

喷淋头：喷淋头间距1800～3600mm，喷淋头距墙100～1800mm。（图3-59）

烟感器：烟感器周围0.5m水平距离内无遮挡物（比如墙、梁等），烟感器安装应靠近回风口且与送风口的水平距离不应小于1.5m。（图3-60）

应急照明灯：一般设在休息平台板下或走道天花下，同时接入普通照明电源回路与消防电源回路，以便在火灾时普通照明电源回路断路时也能正常发光。（图3-61）

图3-59　　　　图3-60 感烟器　　　　图3-61

通风空调：中央空调出风与回风方式主要分为三种，侧出下回要注意协调出风口与灯槽的关系；侧出侧回常见于复式挑空区域等，保证天花干净整洁与简约美观；下出下回要保证出风口与回风口的装饰性，风口对称美观。

（四）天花机电末端定位图的设计步骤

天花机电末端定位图设计步骤与插座平面图类似，此处不赘述。

第四章
立面图设计

第一节　立面图相关概念与表达

一、剖面图、断面图与立面图

（一）剖面图的含义

建筑室内与室外的系统性空间设计逐渐细分为建筑设计、室内设计及景观设计等专业。就室内设计而言，空间信息基本分为空间（天花、地面与墙面的围合立体空间）、界面（天花、地面与墙面的各个面）与局部（天花、地面与墙面的某一部分）三个层次。为了不同程度地展示建筑室内外空间的细节，用一个假想剖切面将建筑室内外空间剖开，移去介于观察者和剖切面之间的部分，剩余的部分向投影面做正投影，即可得剖面图。

广义上讲，工程图纸的各个图样（包含平面图、立面图及详图等）从本质上都属于剖面图。室内设计平面布置图，即假想水平剖切后移去空间上半部分后向下投影；室内设计天花布置图，即假想水平剖切后移去空间下半部分后向上投影；室内设计构造详图，即假想垂直于装饰面剖切后向剖切面投影。

狭义上讲，工程图纸的剖面图多指上述界面与局部空间信息剖切投影图。就室内设计而言，剖面图分为墙体剖面图、楼梯剖面图与天花剖面图等，即选定某个空间界面（天花、地面与墙面的某一部分）后用假想剖切面将其剖开，移去次要部分后，剩余的部分向投影面做正投影，得到剖面图。建筑剖面图表达整栋建筑剖切之后的内部空间结构关系，而景观剖面图主要表达室外景观地形的高差关系。

（二）剖面图与断面图

用假想剖切面将对象剖开之后，用粗线、中线或中粗线（视图纸需要）绘制剖线（剖面轮廓线）以示强调，而用细线绘制看线（剩余部分可见轮廓线）以示层次关系。在剖面图上同时绘制剖线与看线，而在断面图上只绘制剖线，故可看作断面图是剖面图的简化表达形式。借助剖面符号或断面符号，可以明确剖切面位置与投影方向。（图4-1）（参见附录Ⅰ视频4-1）

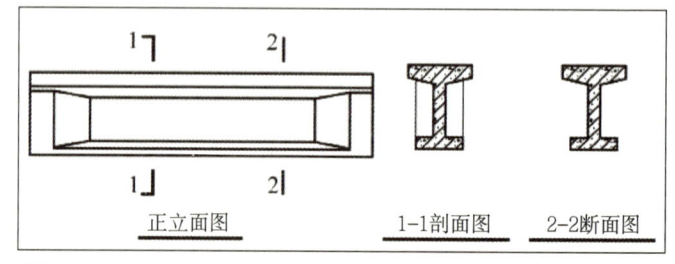

图4-1

（三）建筑立面图

建筑立面图，指在与建筑物外墙面平行的铅垂投影面上所作的投影图，可以将建筑立面图视为剖面图的一种特殊形式（即铅垂剖切面未通过建筑物）。为表达准确，应以轴线编号命名建筑立面图。例如，对同一个建筑，"Ⓙ-Ⓐ立面图"表示该立面图中J轴位于左侧而A轴位于右侧；"Ⓐ-Ⓙ立面图"则刚好相反。建筑立面图可以简单地理解为建筑的外观。（图4-2、图4-3）

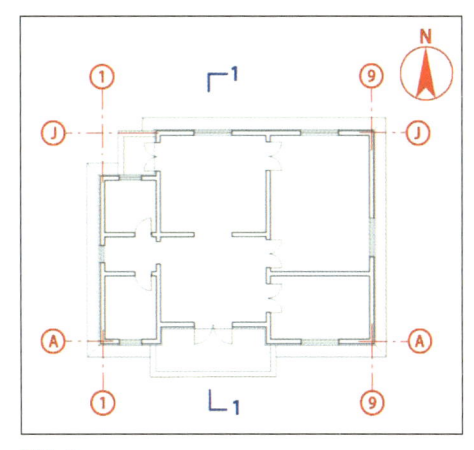

图4-2

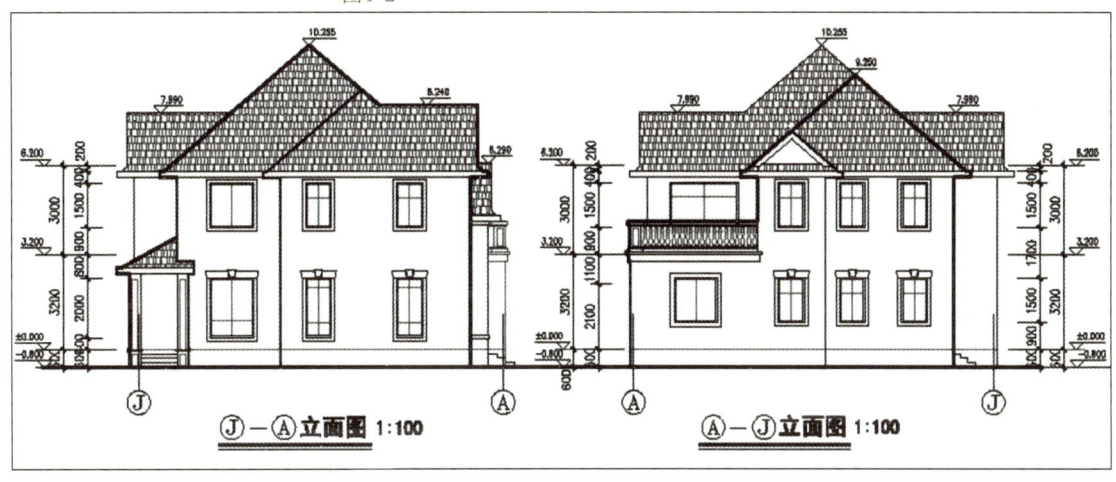

图4-3

（四）建筑剖面图

建筑剖面图，指用假想铅垂剖切面将建筑剖开后，垂直于剖切面方向的正投影图（包含剖线与看线）。剖面图用以表示建筑内部空间的上下层对应结构关系，对室内空间表达较为简略，一般不包含室内家具、陈设及墙面装饰等。建筑剖面图可以简单地理解为建筑的内部结构图。（图4-4）

（五）室内立面图

室内立面图，指用假想铅垂剖切面将建筑的某个室内空间剖开后，空间要素（建筑结构、建筑部件及室内家具等）水平方向的平行正投影。室内立面图一般不涉及建筑内部空间的上下层对应结构关系，但对室内空间表达得较为详细，一般包含室内家具、陈设及墙面装饰等。室内立面图是平面布置图的延伸与重要补充，也是后续详图设计的基础。立面图必须与各平面图内容相吻合，从而表达出比较完整的室内空

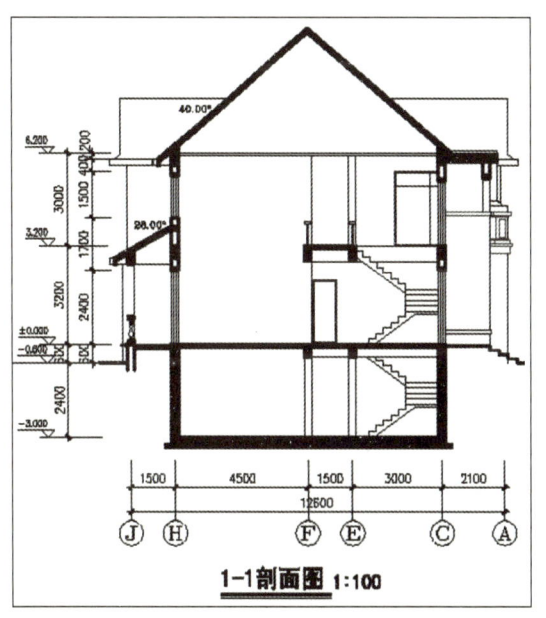

图4-4

间界面信息。室内立面图可以简单地理解为详细的局部建筑剖面图。（图4-5）

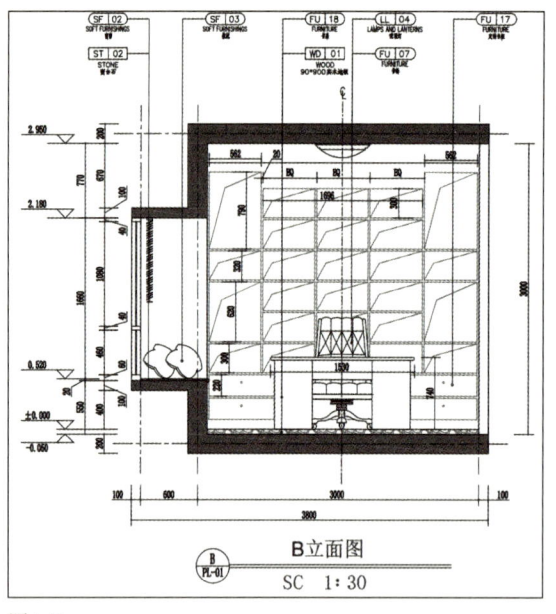

图4-5

（六）景观剖面图

景观剖面图，指用假想铅垂剖切面沿着某景观轴线将室外景观剖开后，垂直于剖切面方向的正投影图。由于室外景观往往并非规则几何体，故使用的假想剖切面也往往是多个连续转折铅垂面，然后将相应的多个投影图首尾相接，最终形成景观剖面图。景观剖面图的重点在于表达较复杂的地形高差与地貌形状。（图4-6）

二、特殊立面图与剖面图

（一）转折剖面图

转折剖面图，即用多个（一般为两个）连续转折的假想竖直剖切面切开空间。剖面之间的夹角以直角居多（常见于规则建筑及室内空间），也可以是钝角（常见于不规则室外景观空间，偶见于不规则建筑及室内空间）。剖面的转折路径与空间形状有关，旨在将不同部位的竖向空间细节集成为一张剖立面图，从而实现剖立面的集约化，提高图面表达效率。转折剖面可以视为多个单独剖面的局部的拼接组合。（图4-7）（参见附录Ⅰ视频4-2）

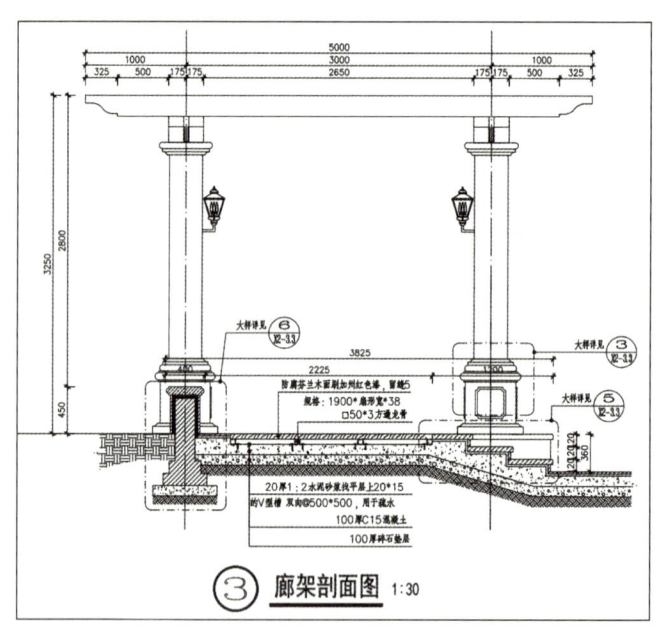

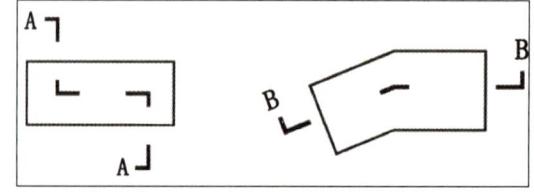

图4-6

图4-7

（二）展开立面图

在前述转折剖面图中，将相应的多个投影图依次首尾相接，形成最终的连续立面投影图便是展开立面图。可以将展开立面图理解为展开一张折纸（折纸的每一段A、B、C都有不同的投影方向及对应的投影内容）。为准确地表达转折关系，可以在展开立面图中的折线处用单点画线标注转角符号（参见第一章第四节的"转角符号与展开立面图"）。（图4-8）

（三）转角立面图

在前述转折剖面图中，选择单一投影方向后将相应的有效投影图依次首尾相连，形成最终的非连续立面投影图便是转角立面图。转角立面图的表达方式宜与平面图相对应（A与C投影首尾相连，而B因与投影面垂直而积聚为一条线）。为准确地表达空间关系，可以在转角立面图中的积聚线（B立面）处用单点画线标注局部断面符号。（图4-8）

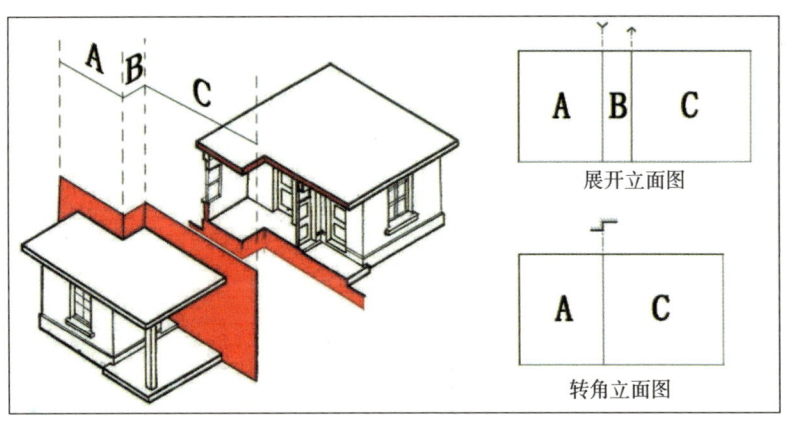

图4-8

（四）接续立面图

接续立面图，指对于横向尺寸较大的连续立面图，可以根据排版的需要将立面图分成两段，并且用虚线将两段交接处分界线的标记点用虚线相连以表示准确的连接关系，效果适合图纸版面且更清晰。（图4-9）

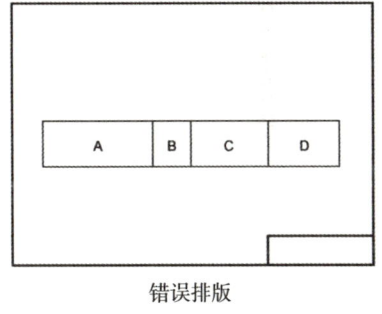

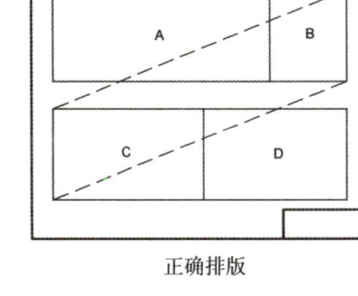

图4-9

（五）分层剖面图

分层剖面图，即为直观展示室内装饰各界面构造层次，以平面图或立面图为基本框架，用波浪线将各构造层次逐层隔开，且波浪线不得与任何图线重合。（图4-10、图4-11）

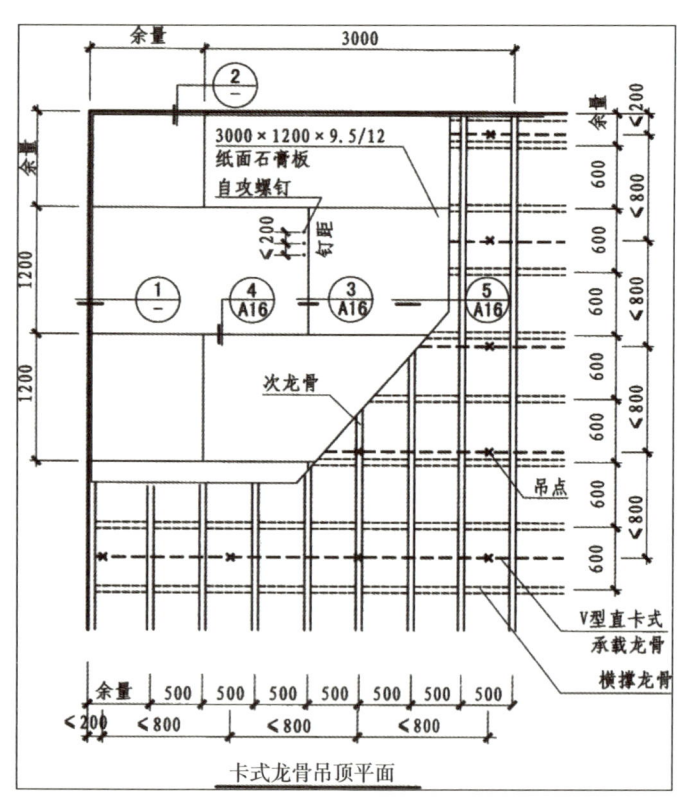

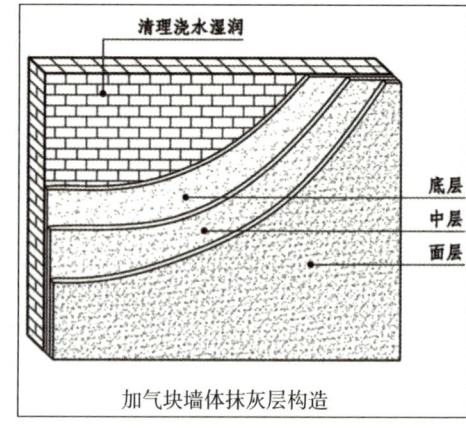

图4-10

图4-11

（六）局部断面图

相较于剖面图，断面图聚焦于剖切面本身，内容更简洁，也更适合表达局部形体关系。因此，工程图纸往往以平面图叠加一个或者多个局部断面图的方式表达三维的形体关系。值得注意的是，需要遵循向上或者向左的识图方向，才能准确识读此类局部断面图。这种表达方式在建筑设计、室内设计与景观设计领域都经常使用。比如：

在建筑设计或者室内设计中表示地面高差。（图4-12）

在建筑设计中表示屋顶坡度或者高差。（图4-13）

在建筑设计或景观设计中表示道路断面形状。（图4-14）

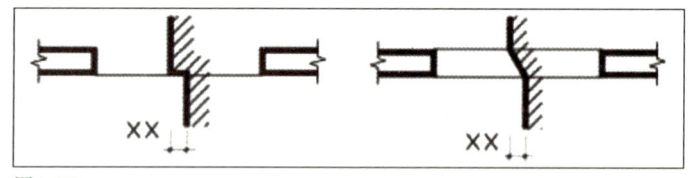

图4-12

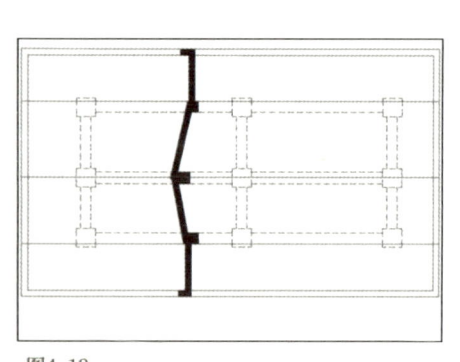

图4-13　屋顶平面及断面

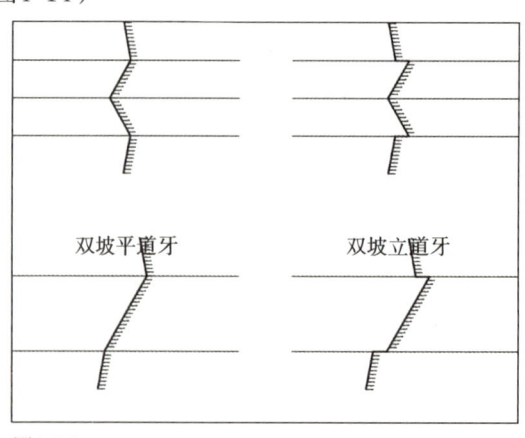

图4-14　单坡平道牙　　单坡立道牙

三、室内立面图的内容

（1）室内立面范围内的轴线、编号及轴线尺寸。
（2）原有建筑结构剖线、看线及材料填充。
（3）门洞、门窗及开启线。
（4）内墙线、墙面完成线。
（5）地面完成线。
（6）立面标注：以地面完成线为正负零，标注立面各装饰完成面控制点的标高及尺寸。
（7）天花造型轮廓线（中线）。
（8）标注立面装饰材料、定位尺寸及分块尺寸。
（9）标明各部分装饰材料名称或代号，立面图上无法表达的构造节点标注详图索引。
（10）立面上的凹凸起伏造型，应有简单的局部剖面图进行注释。
（11）可移动的家具、艺术陈设、装饰物品及卫生洁具轮廓（虚线或者灰显）。
（12）标注立面上的灯饰（虚线或者灰显）。
（13）机电点位：电源插座、通信和电视信号插孔、开关、按钮、消防栓等的位置及定位尺寸。
（14）"CL线"与平面图对应。
（15）图纸名称和制图比例。

第二节　立面图设计常识

一、层高、净高、降板与沉箱

为了保证使用安全和方便，建筑中各房间楼（地）面装饰完成面应尽量保证标高基本一致。然而，由于各房间的功能和地面装饰构造厚度不尽相同，因此在保证楼（地）面装饰完成面标高基本一致的前提下，建筑设计者会根据实际情况将某些房间建筑混凝土楼板设计为不同标高，这种建筑结构形式称为"降板"（降低楼板）。一方面，相邻房间地面装饰构造做法厚度差别较大（≥50mm）或者需要考虑地面排水坡度时，仅靠调整楼（地）面装饰层厚度难以达到楼（地）面装饰完成面的设计标高，此时建筑混凝土楼板会设计为降板（比如阳台楼板比客厅楼板低100mm）。另一方面，由于同层排水设计的暗埋排水横管会导致地面垫层厚度显著增加，从而使某个房间的楼板明显下降（比如卫生间楼板比走廊楼板低400mm），形成低于周围房间的箱型凹陷，此种降板也称为"沉箱"（沉池）。（图4-15）

一般而言，室内空间降板区域与非降板区域的层高一致，但是净高不同（参见第三章第二节的"天花平面图的设计常识"）。

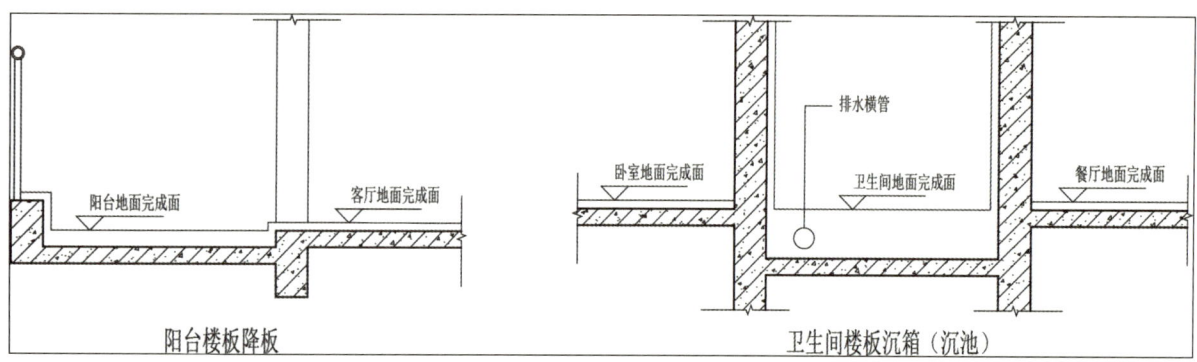

图4-15

二、建筑构件及部件

（一）台阶

台阶设置应符合下列规定：

（1）公共建筑室内外台阶踏步宽度不宜小于0.3m，踏步高度不宜大于0.15m，且不宜小于0.1m。

（2）踏步应采取防滑措施。

（3）室内台阶踏步数不宜少于2级，当高差不足2级时，宜按坡道设置。

（4）台阶总高度超过0.7m时，应在临空面采取防护设施。

（二）楼梯

楼梯设置应符合下列规定：

（1）每个梯段的踏步级数不应少于3级，且不应超过18级。

（2）楼梯平台上部及下部过道处的净高不应小于2.0m，梯段净高不应小于2.2m。

注：梯段净高为自踏步前缘（包括每个梯段最低和最高一级踏步前缘线以外0.3m范围内）量至上方突出物下缘间的垂直高度。（图4-16）

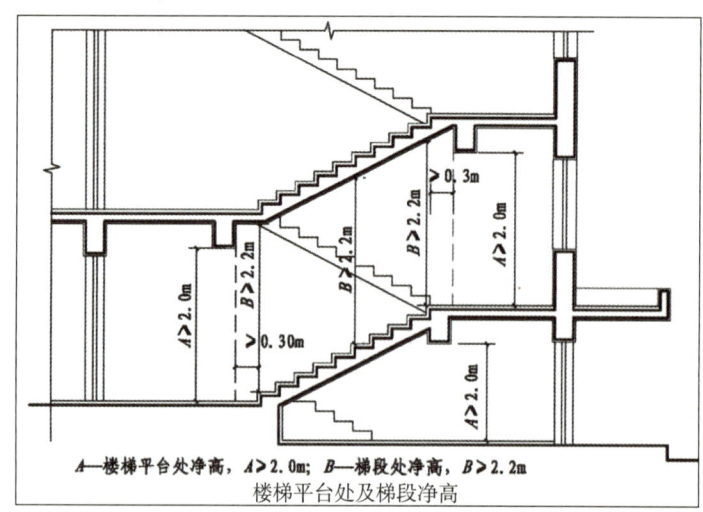

图4-16

（3）楼梯应至少于一侧设置扶手，梯段净宽达三股人流时，应两侧设置扶手，达四股人流时，宜加设中间扶手。

（4）室内楼梯扶手高度自踏步前缘线量起不宜小于0.9m。楼梯水平栏杆或栏板长度大于0.5m时，其高度不应小于1.05m。（图4-17）

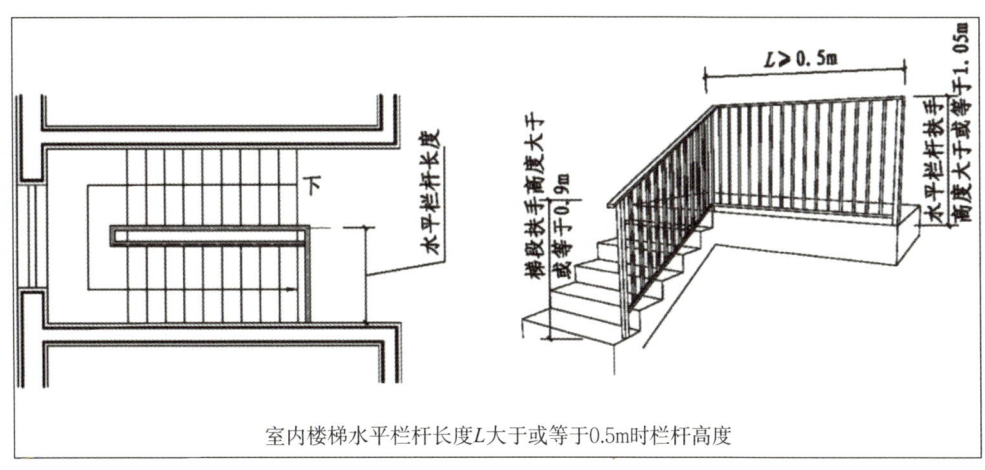

室内楼梯水平栏杆长度L大于或等于0.5m时栏杆高度

图4-17

（5）托儿所、幼儿园、中小学校及其他少年儿童专用活动场所，当楼梯净宽大于0.2m时，必须采取防止儿童坠落的措施。

（6）楼梯踏步的宽度和高度应符合表4-1的标准。

注：螺旋楼梯和扇形踏步离内侧扶手中心0.25m处的踏步宽度不应小于0.22m。

表4-1 楼梯踏步宽度和高度标准

楼梯类别		最小宽度（m）	最大高度（m）
住宅楼梯	住宅公共楼梯	0.260	0.175
	住宅套内楼梯	0.220	0.200
宿舍楼梯	小学宿舍楼梯	0.260	0.150
	其他宿舍楼梯	0.270	0.165
老年人建筑楼梯	住宅建筑楼梯	0.300	0.150
	公共建筑楼梯	0.320	0.130
托儿所、幼儿园楼梯		0.260	0.130
小学校楼梯		0.260	0.150
人员密集且竖向交通繁忙的建筑和大、中学校楼梯		0.280	0.165
其他建筑楼梯		0.260	0.175
超高层建筑核心筒内楼梯		0.250	0.180
检修及内部服务楼梯		0.220	0.200

（7）梯段每个踏步高度、宽度应一致，相邻梯段的踏步高度、宽度宜一致。

（三）坡道

坡道设置应符合下列规定：

（1）室内坡道的坡度不宜大于1∶8，室外坡道的坡度不宜大于1∶10。

（2）当室内坡道水平投影长度超过15.0m时，宜设休息平台，平台宽度应根据使用功能或设备尺寸所需缓冲空间而定。

（3）坡道应采取防滑措施。

（4）当坡道总高度超过0.7m时，应在临空面采取防护设施。

（四）栏杆

阳台、外廊、室内回廊、内天井、上人屋面及室外楼梯等临空处应设置防护栏杆，并且应符合下列规定：

（1）栏杆应以坚固、耐用的材料制作，并能承受现行国家标准《（GB 50009）建筑结构荷载规范》及其他国家现行相关标准规定的水平荷载。

（2）当临空高度在24.0m以下时，栏杆高度不应低于1.05m；当临空高度在24.0m及以上时，栏杆高度不应低于1.1m；上人屋面和交通、商业、旅馆、医院、学校等建筑临开敞中庭的栏杆高度不应小于1.2m。（图4-18）

（3）栏杆高度应从所在楼（地）面或屋面至栏杆扶手顶面垂直高度计算，当底面有宽度大于或等于0.22m，且高度低于或等于0.45m的可踏部位时，应从可踏部位顶面起算。

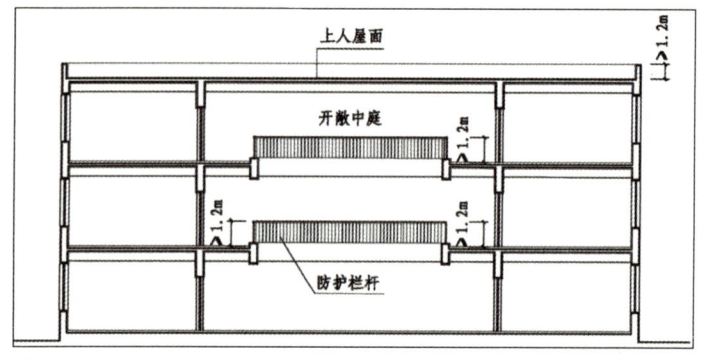

图4-18

注：（a）栏杆高度应从楼（地）面或屋面至栏杆扶手顶面垂直高度计算（注意不是扶手的中心）。

（b）底面可踏部位（地台）只有同时满足宽度≥220mm，高度≤450mm时，才可视作可踏面，护栏高度应从可踏部位顶面算起，只要不是同时满足这两个条件，护栏高度就应从地面算起。（图4-19）

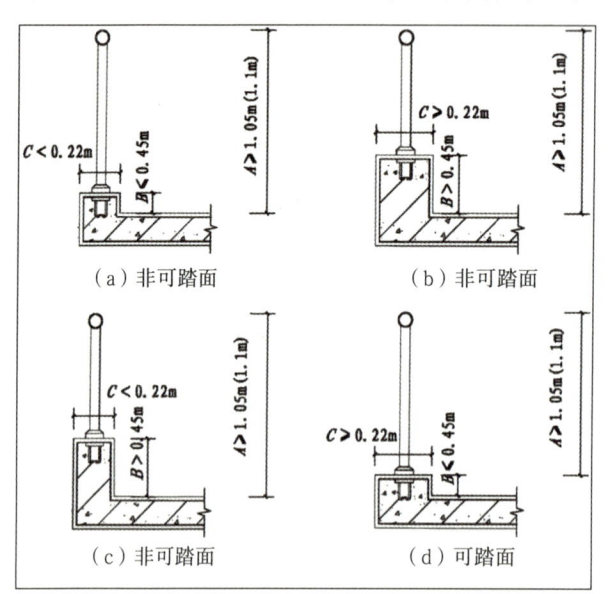

图4-19

（c）在确认底面可踏部位（地台）的宽度时应注意，如果是栏板（密闭栏杆），那么可踏部位的宽度是栏板（密闭栏杆）与基座交接口内侧的距离；如果是镂空护栏，那么可踏部位的宽度是整个镂空栏杆基座的宽度。（图4-20）

（d）公共场所栏杆离地面0.1m高度范围内不宜留空。（图4-21）

（e）住宅、托儿所、幼儿园、中小学及其他少年儿童专用活动场所的栏杆必须采取防止攀爬的构造。当采用垂直杆件做栏杆时，其杆件净间距不能大于0.11m。（图4-22）

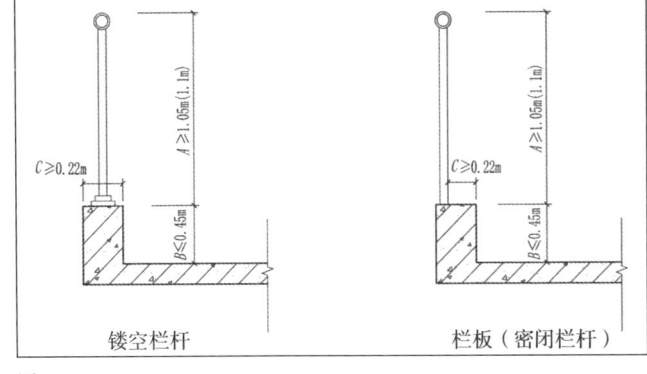

图4-20

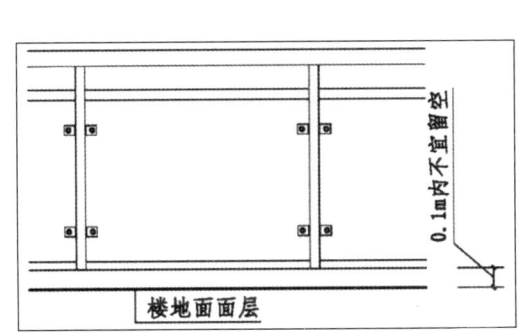

图4-21

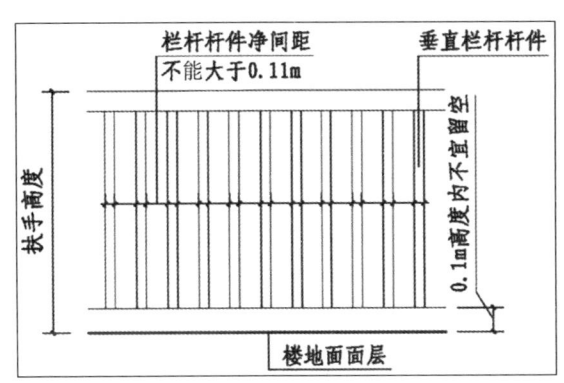

图4-22

（五）窗

1.普通窗的设置规定

（1）窗扇的开启形式应安全、方便使用和易于维修、清洗。

（2）公共走道的窗扇开启时不得影响人员通行，其底面距走道地面高度不能低于2.0m。（图4-23）

（3）公共建筑临空外窗的窗台距楼（地）面净高不得低于0.8m，否则应设置防护设施，防护设施的高度由地面起算不能低于0.8m。（图4-23）

（4）居住建筑临空外窗的窗台距楼（地）面净高不得低于0.9m，否则应设置防护设施或夹层安全玻璃固定窗，其高度由地面起算不能低于0.9m。（图4-24、图4-25）

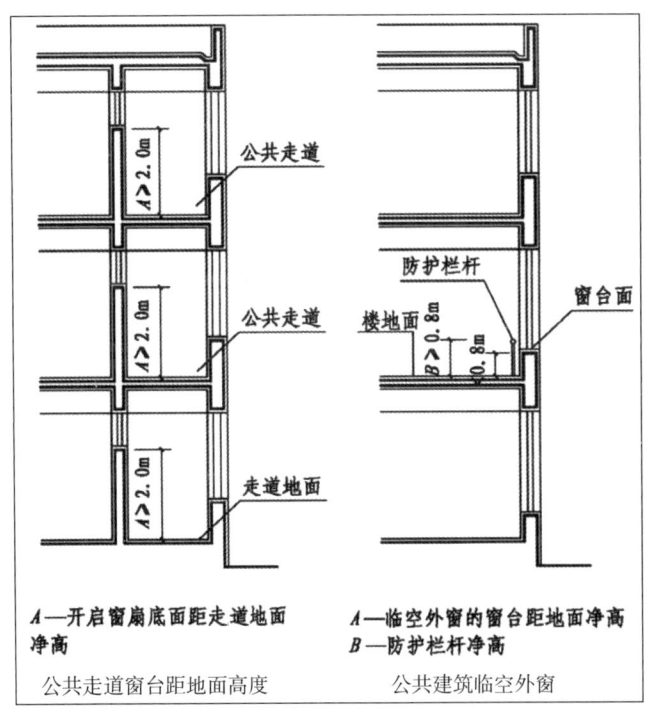

图4-23

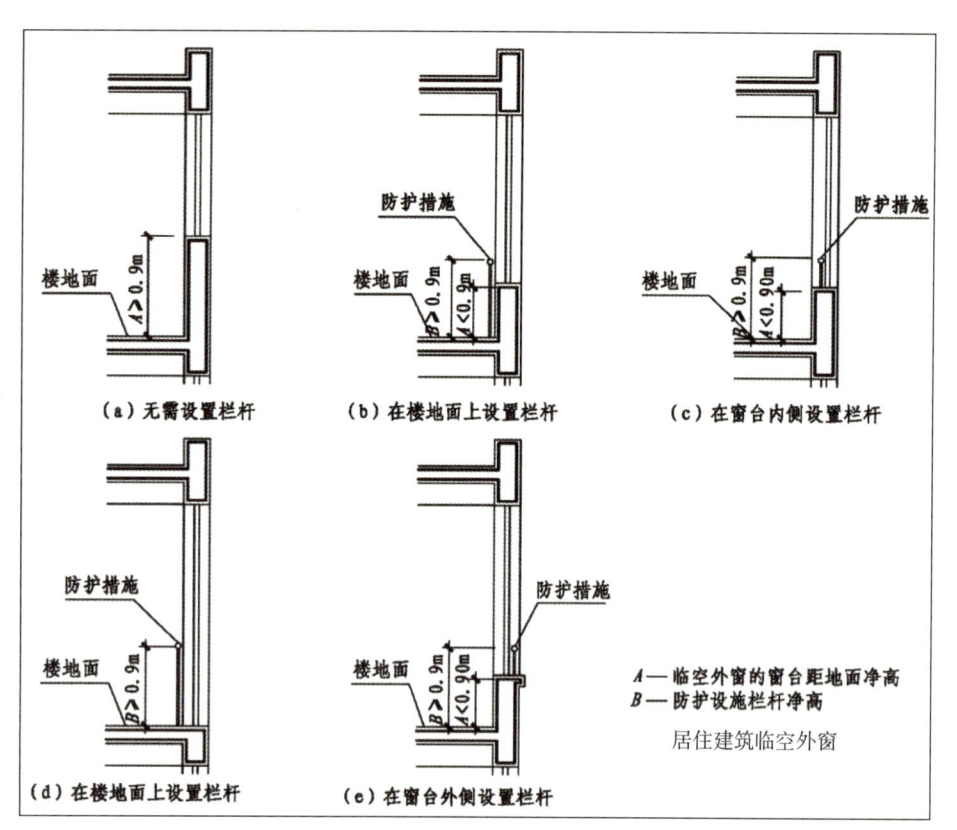

图4-24

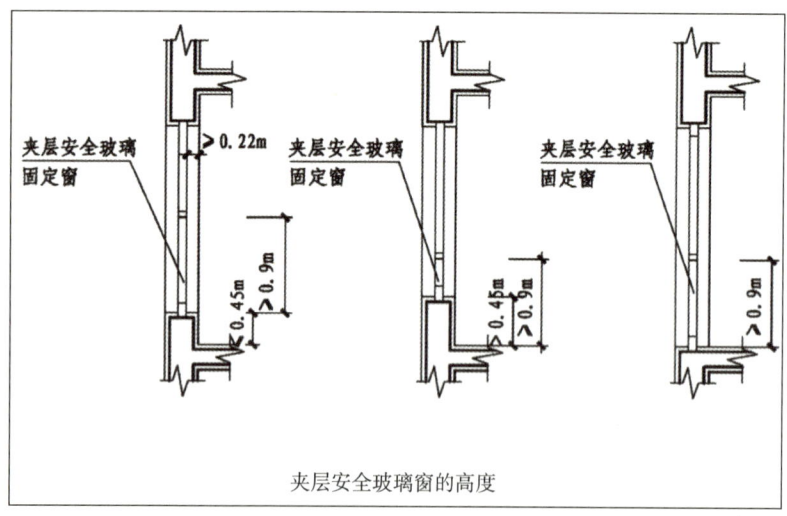

图4-25

（5）当凸窗窗台高度低于或等于0.45m时，防护栏杆或夹层安全玻璃固定窗的防护高度从窗台面起算不能低于0.9m；当凸窗窗台高度高于0.45m时，其防护高度从窗台面起算不能低于0.6m。（图4-26、图4-27）

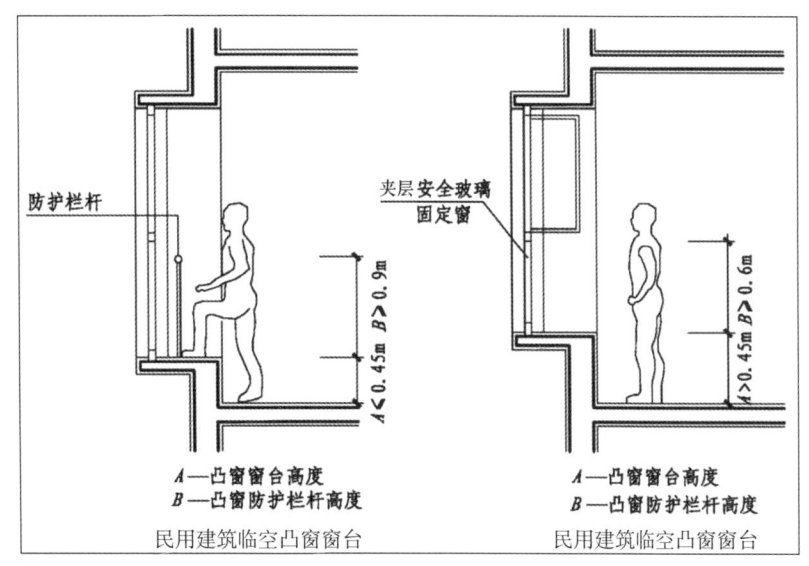

图4-26

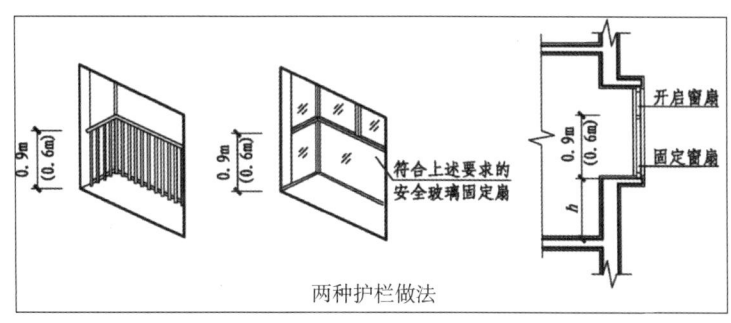

图4-27

2. 天窗的设置规定

（1）天窗应采用防破碎伤人的透光材料。

（2）天窗应有防冷凝水产生或引泄冷凝水的措施，多雪地区应考虑积雪对天窗的影响。

（3）天窗应设置方便开启、清洗、维修的设施。

（六）门

门的设置规定如下：

（1）双面弹簧门应在可视高度部分装透明安全玻璃。

（2）门洞高（未安装门框及门扇前）：厕所、厨房门及储藏间门洞高≥1900mm，其余门洞高≥2000mm。

（3）安全玻璃门应选用安全玻璃或采取防护设施，并应设防撞提示标志。

（4）推拉门、旋转门、电动门、卷帘门、吊门、折叠门不能作为疏散门。

（5）开向疏散走道及楼梯间的门扇开足后，不能影响走道及楼梯平台的疏散宽度。

（6）门的开启不应跨越变形缝。

（七）墙面装饰

（1）踢脚板高40～200mm。

（2）墙裙高800～1500mm。

（3）装饰画水平中线距地1600～1800mm（可据此确定挂镜线高度）。

（八）家具及洁具

（1）书桌高度750mm，书桌下缘离地≥58mm，办公桌高700～800mm，办公椅高420～450mm，餐桌高度750～78mm，餐椅高度450～500mm。

（2）床高400～450mm，沙发高350～400mm，茶几高度40～50mm，酒吧台高900～1050mm，酒吧凳高600～750mm。

（3）客房行李台高400mm，浴缸高450mm，洗脸盆高800mm。

（九）机电末端

（1）吊灯高度≥2400mm。

（2）壁灯高1500～1800mm。

（3）壁式床头灯高1200～1400mm。

（4）照明开关高1300mm。

第三节 客厅立面图设计步骤

一、立面图图层设置

（一）立面图图层的特点

按照第六章第一节中"施工图的命名与编码"的方法新建dwg文件并采用简化命名"EL立面图"。立面图的内容相对于平面图而言较少，为方便绘图与管理，各图层必须清晰、简洁且系统化，上述内容应分置于dwg文件中不同图层上。大致可分为标注、建筑装饰及各类图块（家具、洁具及机电末端等）三大类。（图4-28）

（二）立面图图层的设置原则

与平面图的不同之处在于，室内装饰设计各个立面图之间相互独立（不共用图元信息），因此无需规划图层状态。但为了准确地表达建筑装饰形体与空间关系，必须设置粗线、中线、细线及填充层，借此表达建筑剖线、装饰剖线、装饰看线以及建筑装饰材料的种类。

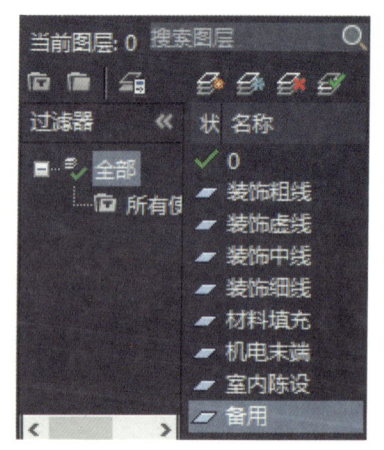

图4-28

0图层：使用与管理方法同平面图，主要作为外部图块的备用层或转换层（参见第二章第二节的"特殊图层的特点及应用"）。同时，考虑到平面图与立面图的信息一致性，需要选用满足三视图关系的家具图块组中的立面图（参见第二章第二节的"图库文件清理"）。

defpoints图层：使用与管理方法同平面图，可以作为可见不可打印的图线层，既可以作为视口线层（参见第二章第二节的"特殊图层的特点及应用"），也可以作为辅助线层（用于立面图的对齐与定位）。

二、立面图框架

（一）平面图整理与外部参照

平面图与立面图之间有严格的"长对正、高平齐、宽相等"三视图投影关系，这种投影关系不仅体现于建筑结构的平立面对应关系上，也体现于室内装饰的平立面对应关系上。因此，绘制立面图之前必须整理平面图（主要是平面布置图和天花布置图）并提取至立面图dwg文件中，为减小文件量并保持文件之间的图元信息链接，故将上述平面图作为外部参照整体插入，作为绘制立面图的依据和定位参考。步骤如下：

（1）输入命令"XA"（外部参照），将之前绘制完成的平面图作为外部参照文件（参见第二章第三节的"外部参照图框"）。（图4-29）

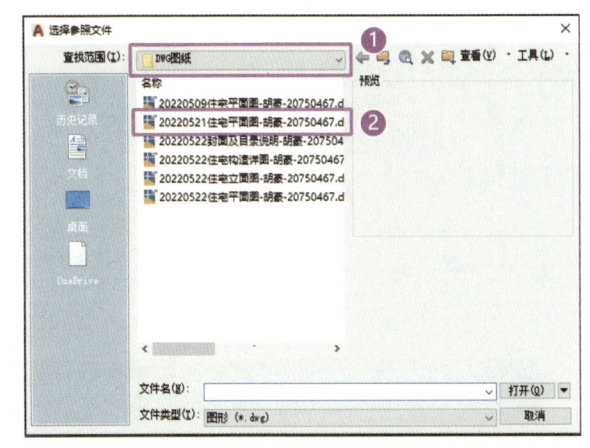

图4-29

（2）作为外部参照的平面图灰显，便于和立面图中的绘制图线区别。（图4-30）

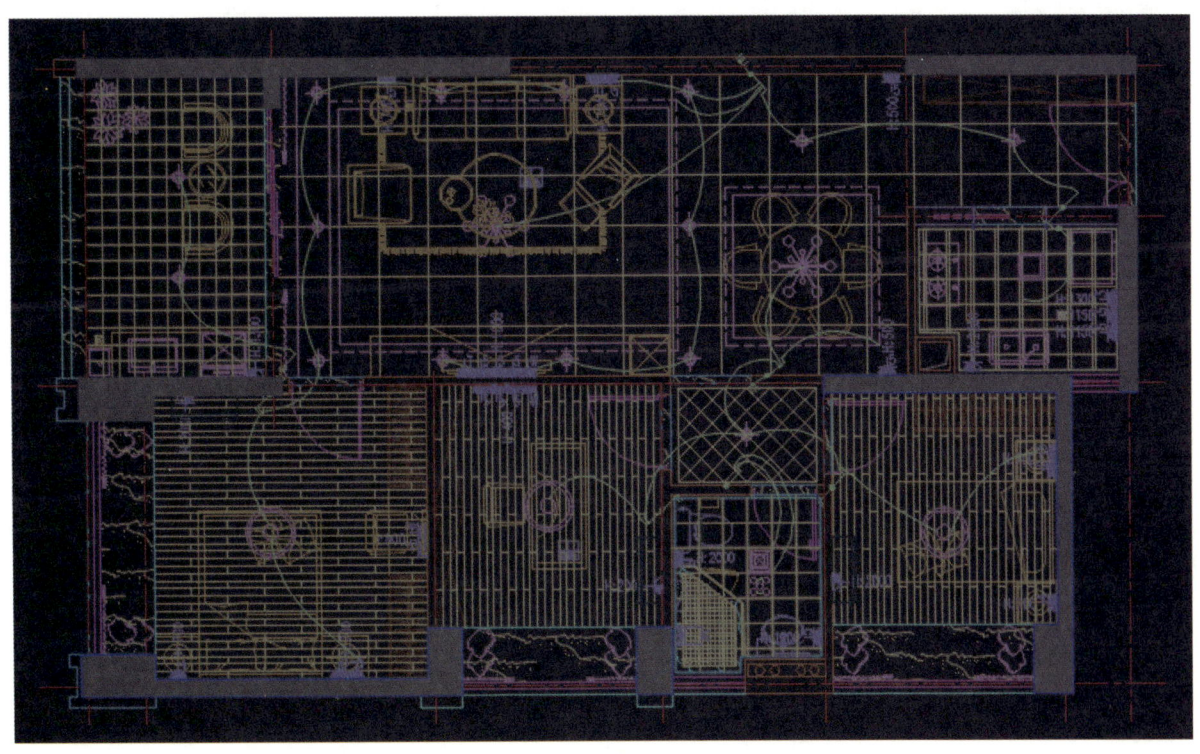

图4-30

（二）平面图裁切与旋转

将平面图作为外部参照插入之后，平面图中相应的图层也会导入立面图dwg文件中，且以"平面图名｜平面图图层"的格式灰显。（图4-31）（参见附录Ⅰ视频4-3）

此时，立面图dwg文件中的平面图外部参照是一个整体，性质类似一个图块，而各个立面图对应的墙面只是这个整体的一部分。因此，应该遵循三视图投影关系，选取平面图中相应的部分墙体，进行裁切并旋转到合适角度，为准确地绘制立面图做好准备。以客厅电视背景墙立面图为例，操作步骤如下：

（1）输入命令"RO"（旋转），将参照平面图旋转180度置于与立面图对应的位置；再输入命令"PL"［多段线，也可用"REC"（矩形）命令］，沿客厅电视背景墙周围绘制封闭多段线。（图4-32）

（2）输入命令"XC"（裁切外部参照或块），选取多段线，原参照平面图只显示多段线以内的部分局部平面图（多段线以外的部分暂时隐藏，避免干扰绘图）。（图4-33）（参见附录Ⅰ视频4-4）。

图4-31

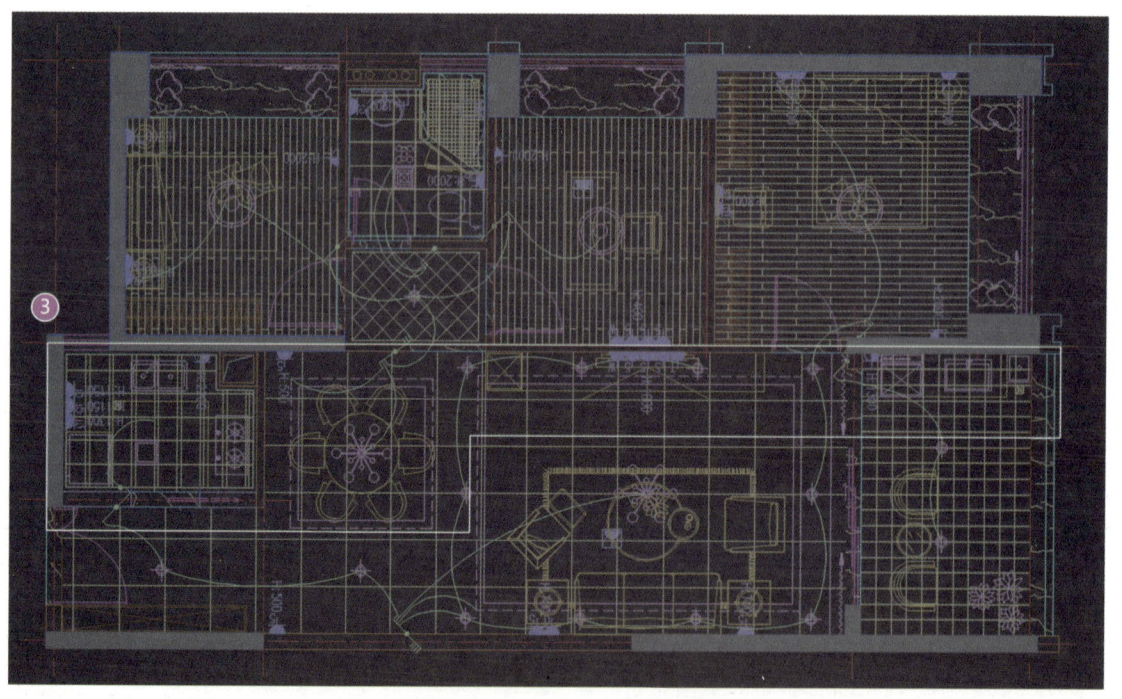

图4-32

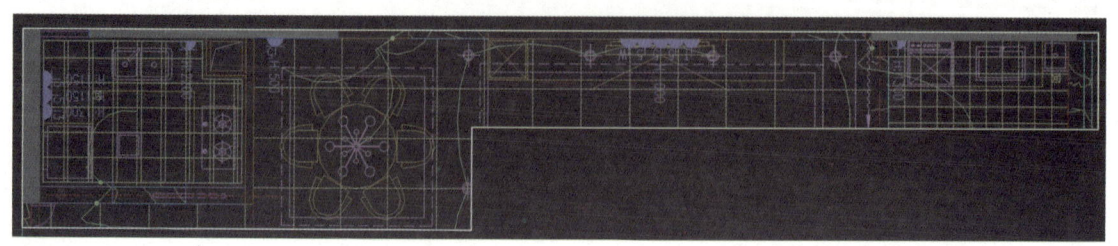

图4-33

（三）立面辅助线

如前所述，由于辅助线可见而不可打印，故将"defpoints"设置为当前层后绘制辅助线。各立面图层高一致（层高设定为3200mm，楼板厚度设定为100mm），为提高工作效率，可以绘制足够长的水平辅助线后横向排列所有立面图，步骤如下：

（1）输入命令"XL"（构造线），执行④选择"水平"；在上述局部平面图上方合适位置绘制水平构造线，作为建筑结构地面楼板结构下表面水平定位线。（图4-34）

图4-34

（2）输入命令"CO"（复制），将上述构造线向上移至100、3200和3300处复制，即可得四条水平辅助构造线，分别是建筑结构地面楼板结构上下表面⑤和建筑结构顶面楼板上下表面⑥。（图4-35）

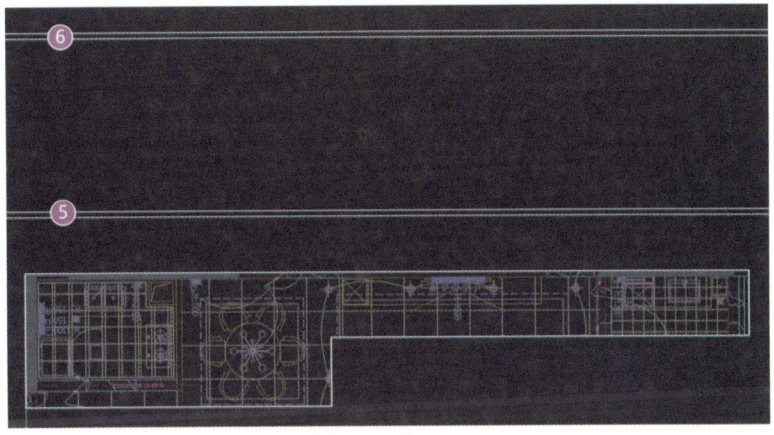

图4-35

此时可根据平面图的建筑墙体结构绘制相应的竖向构造线。步骤如下：

首先输入命令"XL"（构造线），执行步骤⑦选择"垂直"。（图4-36）再根据建筑墙体结构特征点绘制竖向构造线，进而得立面定位线。（图4-37）

图4-36

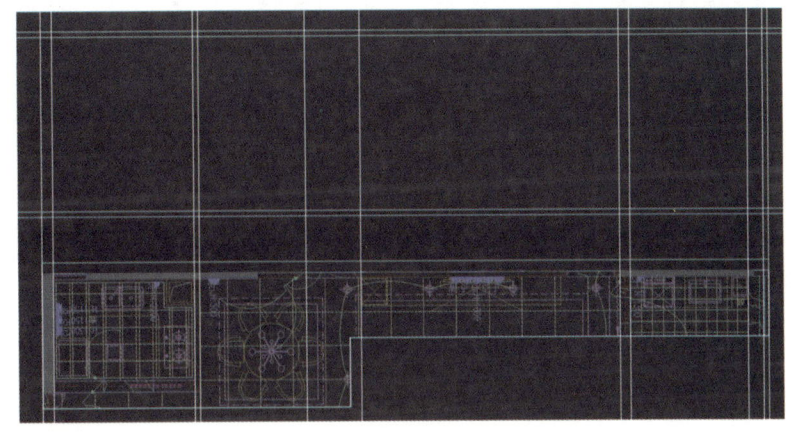

图4-37

（四）客厅建筑剖面

对上述立面图定位线进行细化，调整阳台的降板结构；将"装饰粗线"设置为当前图层，沿之前的立面图轮廓辅助线绘制楼板、墙体与梁等建筑结构剖线；再将"材料填充"设置为当前图层，选择合适图案与比例进行填充，可以得到客厅立面图的建筑结构；绘制门窗辅助线等，可以得到立面图轮廓线。（图4-38）

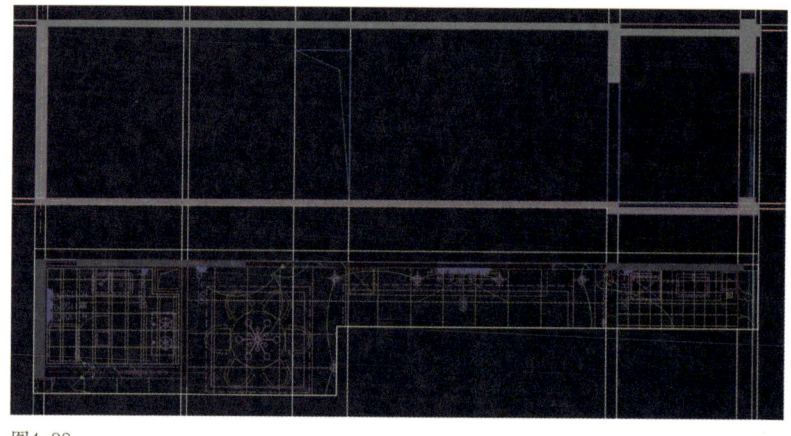

图4-38

（五）客厅立面对中CL线

最后，遵循投影对应规则，将平面图对中基准线［即CL线，参见第一章第四节的"对中符号（CL线）"］引至对应的立面图，以便于立面图众多细部尺寸定位。将"装饰细线"设置为当前图层并用单点画线绘制立面图的对中基准线。（图4-39）

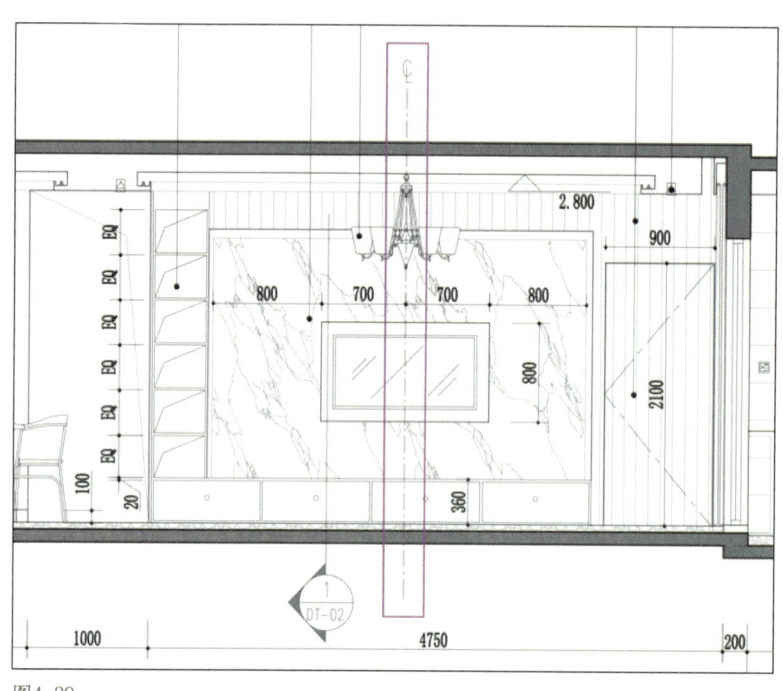

图4-39

三、客厅立面图细节

（一）地面与天花的完成线

首先将"defpoints"设置为当前图层，根据设计要求绘制地面完成线（构造厚度50mm）和吊顶完成线（吊顶高度300mm）的水平定位辅助线；然后根据天花平面布置图设计尺寸绘制立面图天花轮廓的竖向定位辅助线。

接着将"装饰中线"设置为当前图层（参见第二章第一节的"施工图线型与线宽"），沿上述水平及竖向定位辅助线绘制天花完成线与地面完成线，墙面的转折线及栏杆。由于立面图比例为1∶50～1∶30，不宜表达吊顶或地面内部的构造层次细节，故立面图只需以中线绘制地面完成线②与天花完成线①而略去吊顶或地面内部的构造层次细节，同时绘制建筑墙体转折看线③与阳台栏杆④。吊顶或地面内部的构造层次细节内容在后续详图部分再表达。（图4-40）

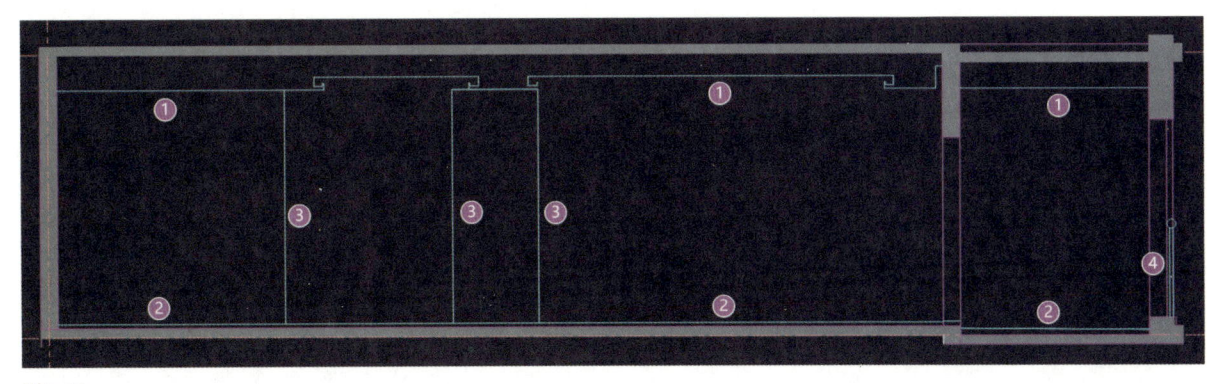

图4-40

（二）固装造型

将"固装造型"设置为当前图层，结合平面布置图绘制天花造型看线⑤和门⑥，以及固定家具⑦和墙面造型⑧。（图4-41）

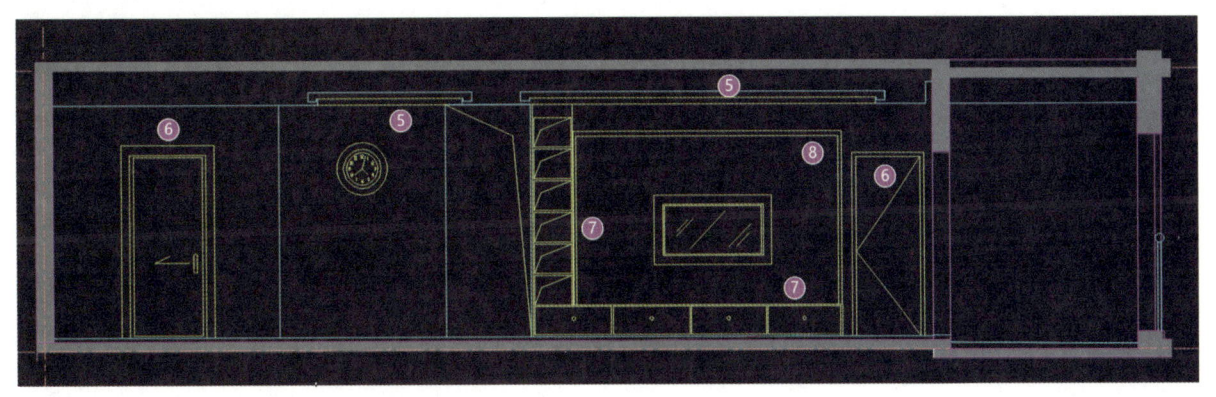

图4-41

（三）机电末端

将"机电末端"设置为当前图层，将图库中已经清理的图块（参见第二章第二节的"图库文件清理"）复制并移动到合适的位置绘制灯具、开关及插座。（图4-42）

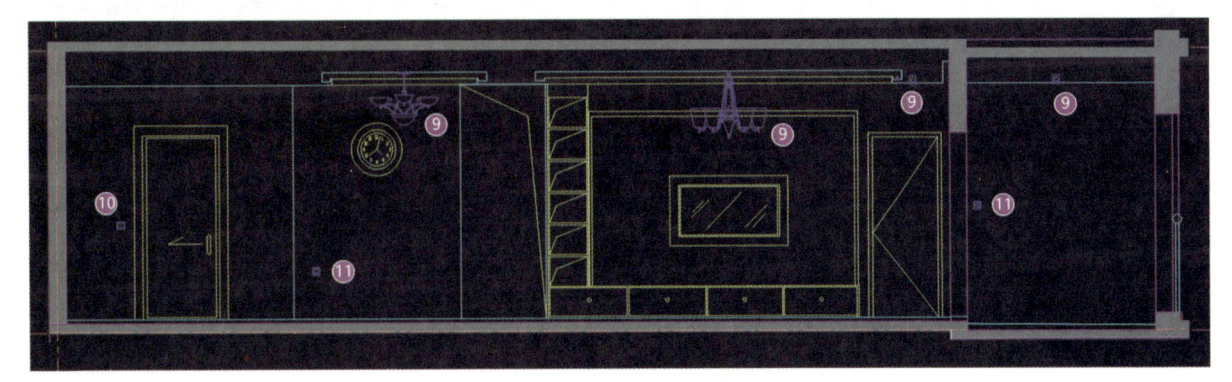

图4-42

（四）立面填充

将"立面填充"设置为当前图层（设为灰显层以使图面层次清晰），根据墙面装饰材料类别将墙面分区域进行材料符号填充。

在自定义填充图案（参见第三章第二节的"铺地平面图设计"）中选择合适的石材纹理⑫对电视背景墙进行填充，选择网格图案⑬对阳台瓷砖墙面进行填充并调整网格坐标原点（参见第一章第五节的"起铺符号"），同时对玄关及餐厅墙面进行填充。（图4-43）

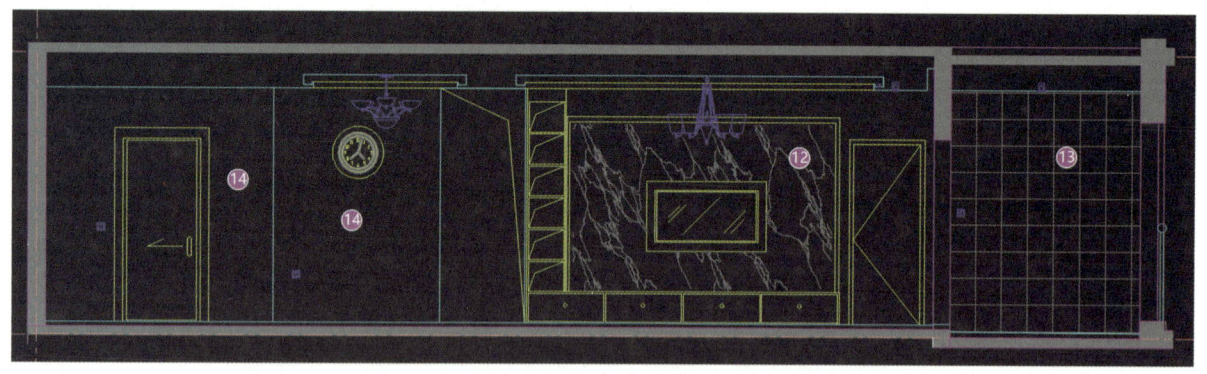

图4-43

（五）活动物品

将"活动家具"设置为当前层（设为虚线层以使图面层次清晰），结合平面布置图将活动家具⑮、电器⑯、洁具⑰及陈设⑱绘制完毕。（图4-44）

图4-44

四、客厅立面图整理

（一）布局图框及视口排版

进入布局空间，插入外部参照图框（参见第二章第三节的"外部参照图框"）；将"defpoints"设置为当前图层，选择适当的视口比例（例如1∶40）进行视口排版（参见第二章第三节的"视口排版与锁定"）。（图4-45）

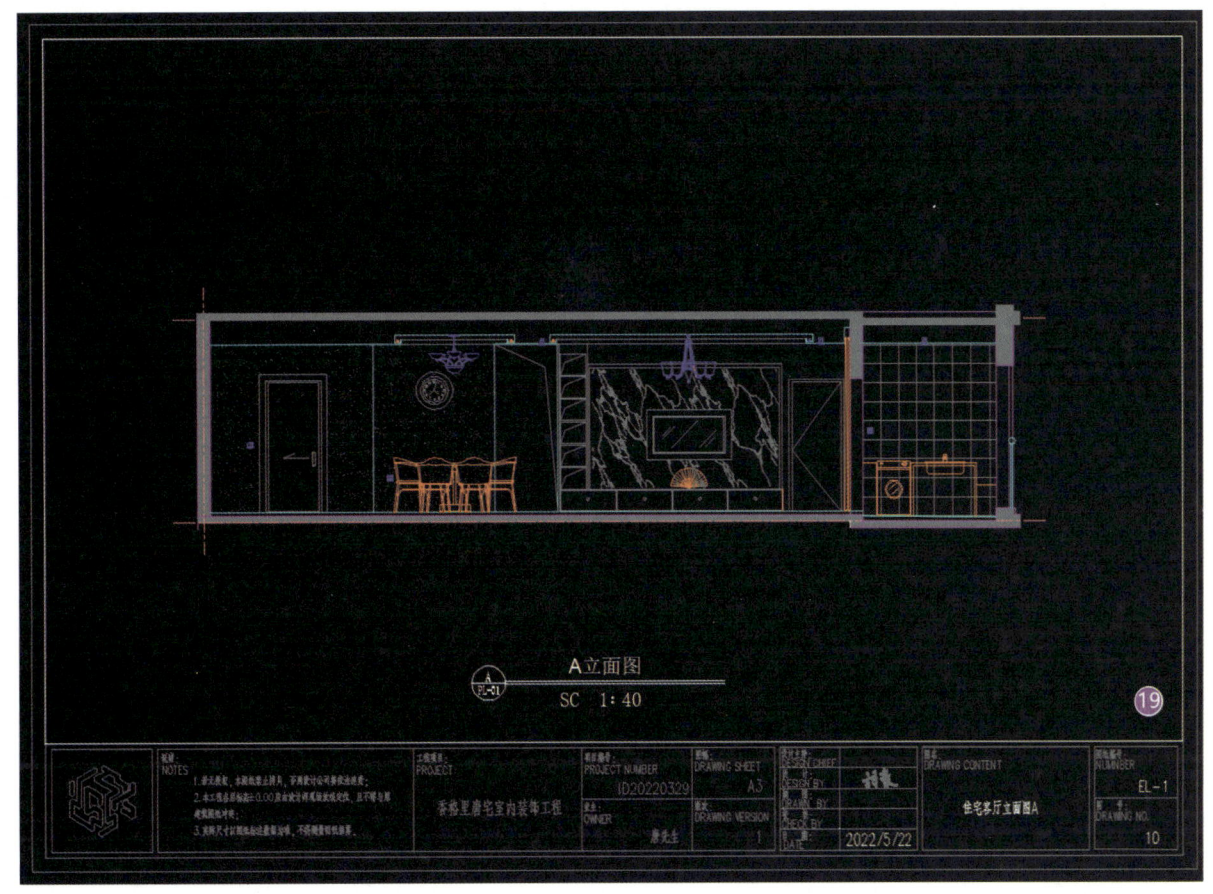

图4-45

（二）立面标注

将"立面标注"设置为当前图层之后进行尺寸标注⑳（参见第一章第二节的"尺寸标注"）、材料标注㉑（参见第一章第五节的"材料标注符号"）、标高标注㉒（参见第一章第二节的"标高符号"）、剖面符号标注㉓（参见第一章第二节的"索引符号、详图符号与剖视符号"）、对中符号标注㉔〔参见第一章第四节的"对中符号"（CL线）〕与图名标注㉕（参见第一章第二节的"文字标注"）。（图4-46）

（三）反索引

在立面图图名之前标注反索引符号㉖（参见第一章第二节的"索引符号、详图符号与剖视符号"），其中"PL—01"表示此立面图引自编号为"PL—01"的平面图；"A"表示此立面图对应"PL—01"的平面图中"A"的剖视方向。（图4-46）

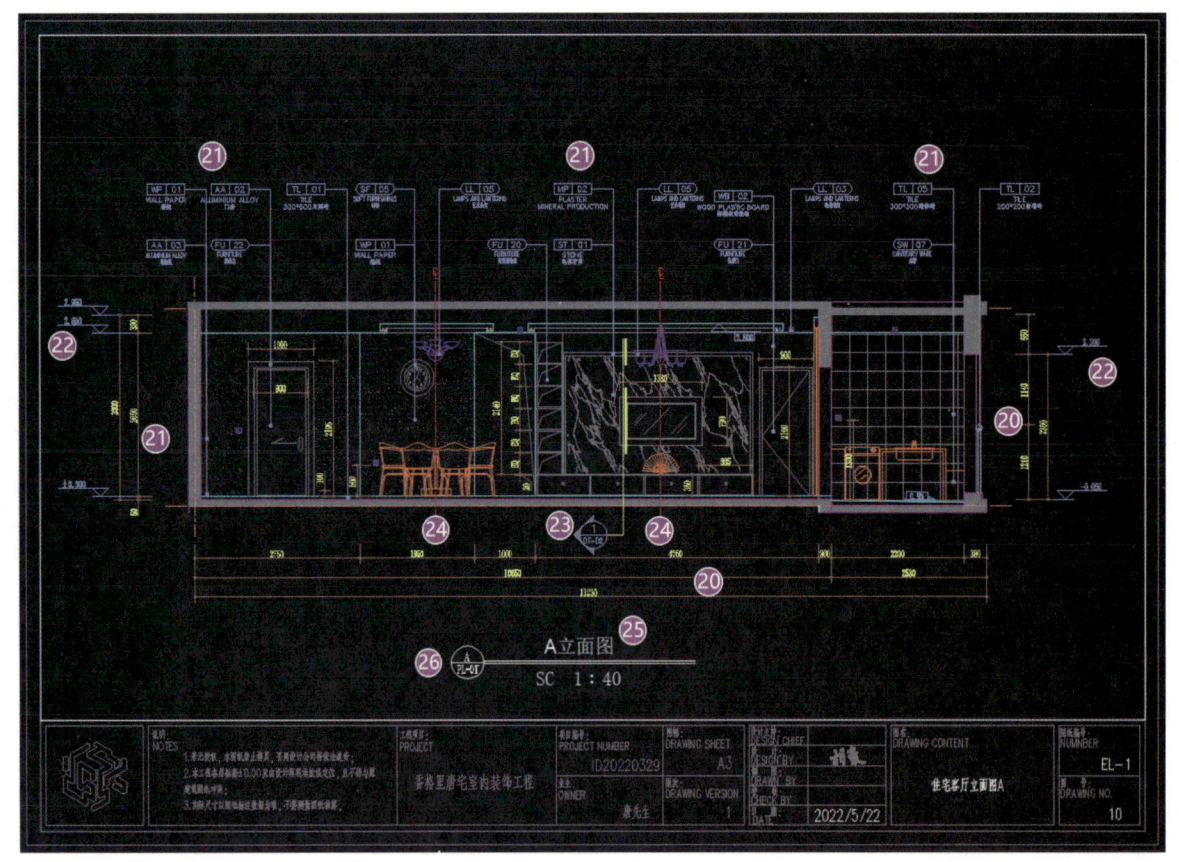

图4-46

第四节 其他空间立面图设计

一、卧室立面图设计

卧室立面图设计步骤同客厅立面图。（图4-47）

二、卫生间立面图设计

卫生间立面图设计步骤同客厅立面图。由于卫生间各立面较小，故适于用展开立面图进行表达，并在重要转折位置（转角）定位并以转角符号①标注（参见第一章第四节的"转角符号与展开立面图"）。（图4-48）

第四章 立面图设计

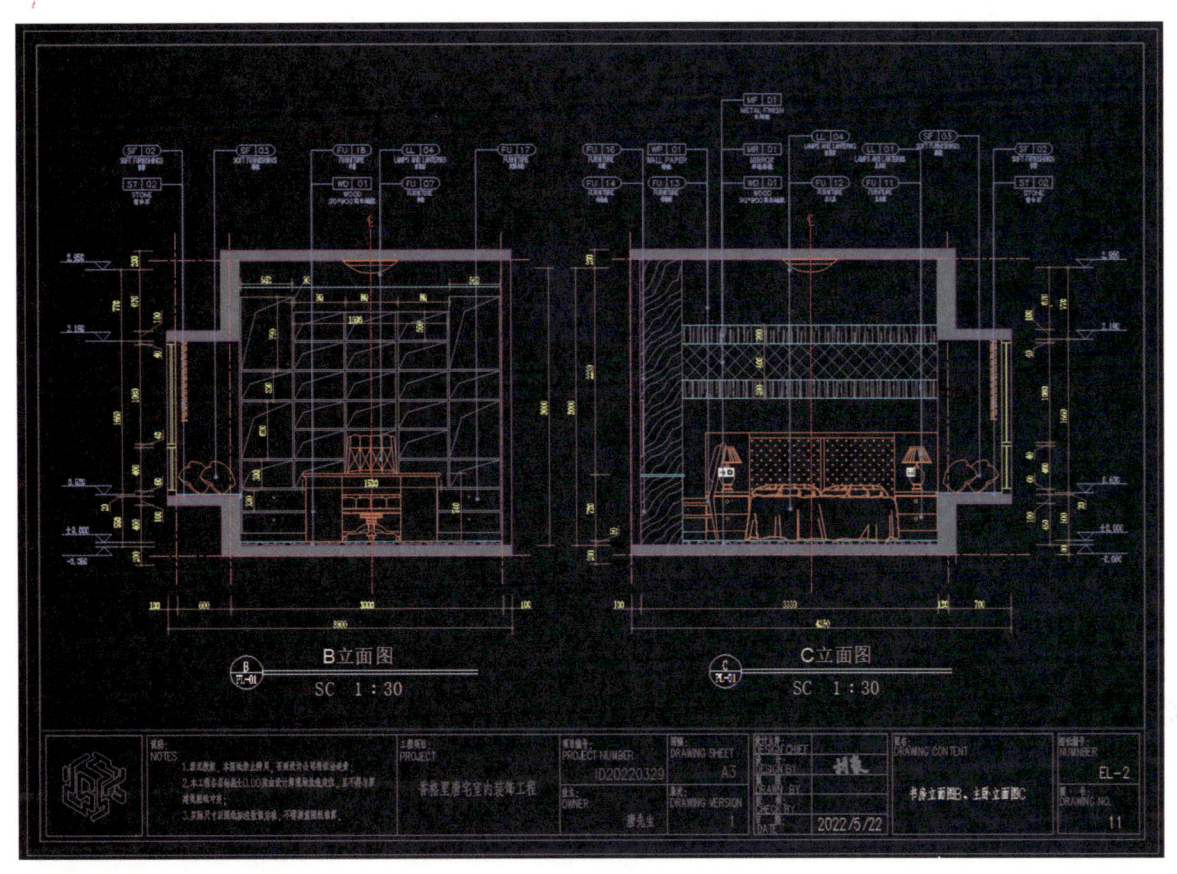

图4-47

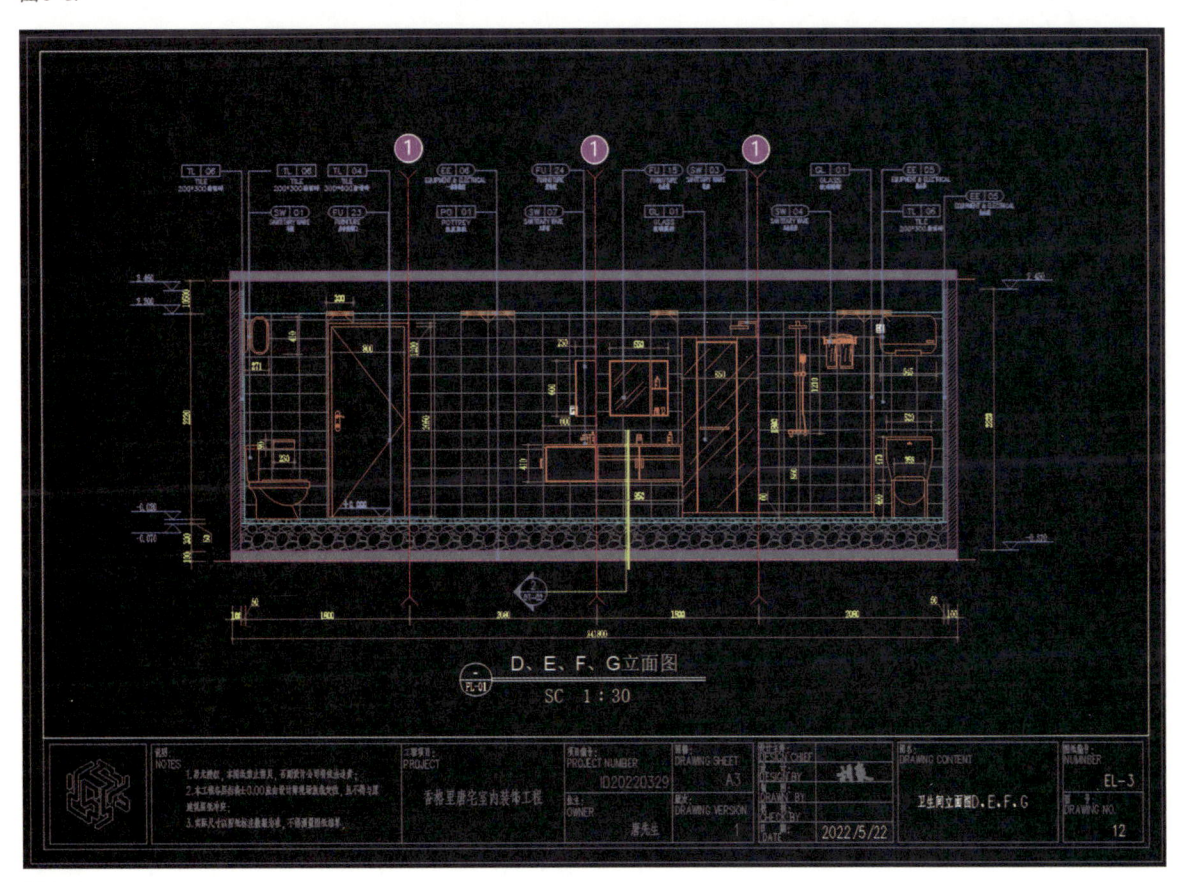

图4-48

125

第五章

构造详图设计

第一节 构造详图基础知识

一、构造详图的概念

室内装饰构造详图,指以假想剖面垂直于局部装饰面剖切而得的平行正投影,是室内装饰工程图纸中表达细部的图样,包含室内装饰工程局部的材料种类、详细尺寸、表里次序以及工艺要求等细节信息。囿于图幅与比例限制,上述细节信息在之前的平面图与立面图(约1:30~1:100)中无法尽述,故必须将这些细部放大,以大比例(1:1~1:10)绘制出内容详细、构造清楚的构造详图。内容详尽的构造详图是对平面图与立面图内容的延伸与补充,是室内装饰设计最终落地的关键环节,也是指导工程实施的重要依据。

二、构造详图的分类

由于表达方式和内容不同,室内装饰构造详图种类较多。

(一)普通构造详图和节点大样图

根据详图的比例,室内装饰构造详图可以分为普通构造详图和节点大样图。当详图内容范围较大时,通常采用普通构造详图,其比例一般为1:5~1:10。(图5-1)

当详图内容范围较小时,为表达更小尺寸的细节(例如装饰线条断面尺寸),通常采用节点大样图,其比例一般为1:1~1:2。(图5-2)

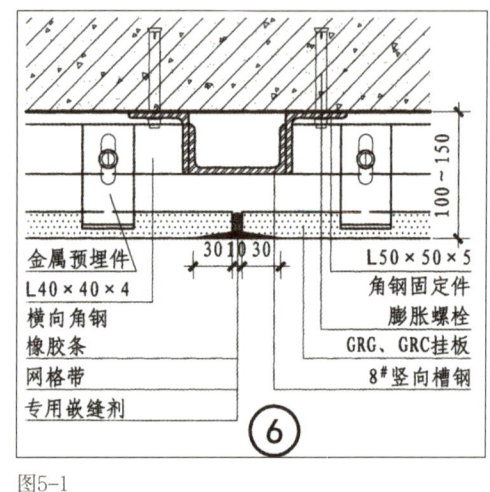

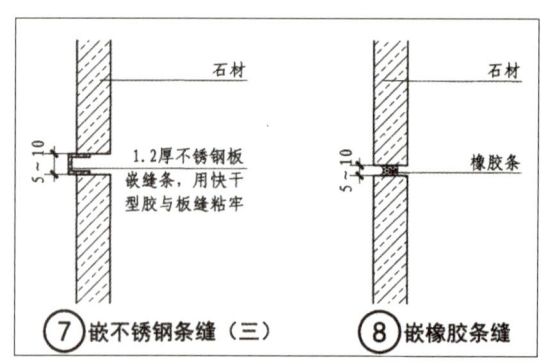

图5-1

图5-2

(二)天花详图、墙面详图和楼(地)面详图

根据详图内容的部位,室内装饰构造详图可以分为天花详图(图5-3)、墙面详图(图5-4)、楼(地)面详图(图5-5)和细部详图(图5-6)等。

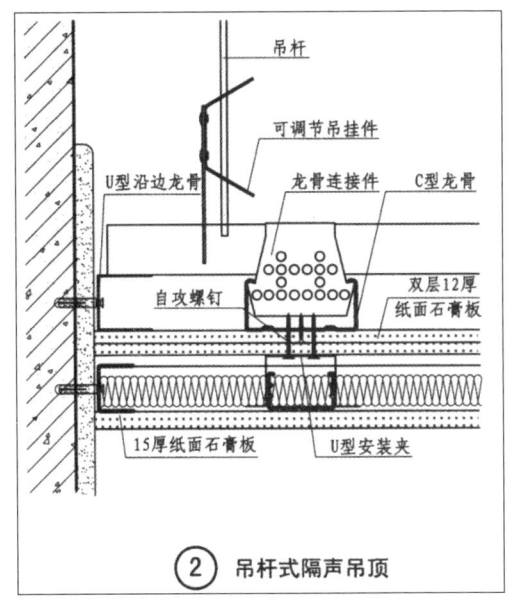

图5-3　②吊杆式隔声吊顶

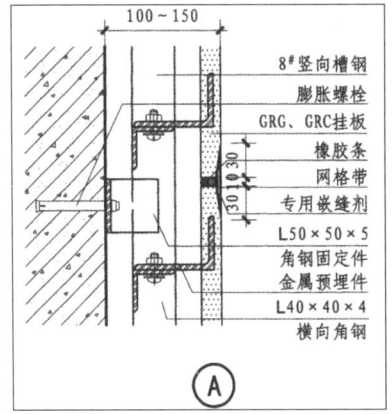

图5-4　Ⓐ

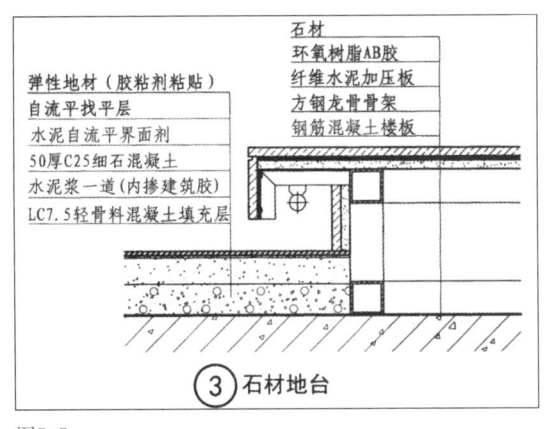

图5-5　③石材地台

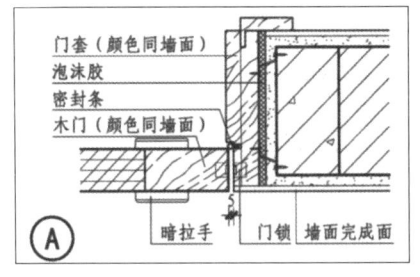

图5-6　Ⓐ

（三）通用详图与专用详图

根据详图内容的适应性，室内装饰构造详图可以分为通用详图和专用详图。通用详图，即室内装饰工程各个细部的通用典型构造与做法，通用详图往往以国家标准图集（参见第一章第二节"国标图集"）、地方标准图集或企业标准图集的形式出现，具有普遍适用性（局部尺寸常标注"设计定"，此部分尺寸在具体工程图纸中进一步确定，如图5-7所示）；室内装饰工程图纸中的通用详图可以直接索引标准图集而不必绘制（参见第一章第二节的"索引符号"）。专用详图，即室内装饰工程某个细部的特殊构造与做法，不具有普遍适用性；专用详图应详细绘制。通用详图和专用详图的差别是相对的。

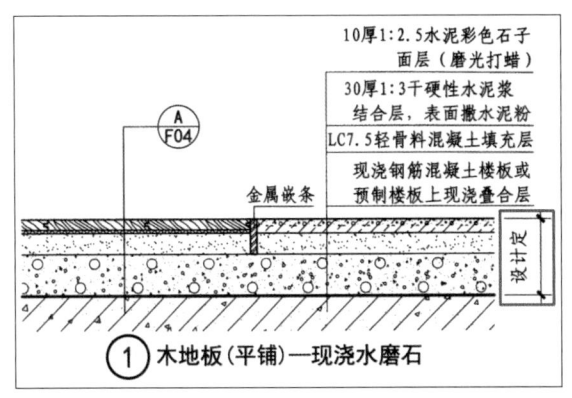

图5-7　①木地板（平铺）—现浇水磨石

（四）二维详图和三维详图

根据详图内容的表达方式，可以分为二维详图和三维详图。前者较为常见，后者偶尔用于表达空间关系较为复杂的细部构造，内容清晰但绘制难度较大。（图5-8）

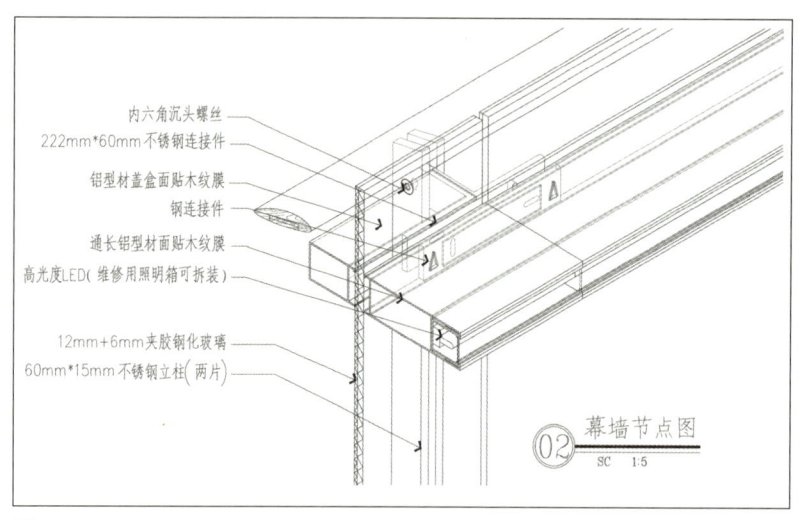

图5-8

三、构造详图的内容

室内装饰工程中，详图的内容与数量应根据工程的规模及复杂程度而定。普通室内装饰工程详图主要包含：

（1）室内装饰与建筑主体结构之间的连接方式及衔接尺寸。
（2）室内装饰造型的面层材料、过渡层材料与固定层材料等之间的相互关系。
（3）室内装饰重要部件、配件的详细尺寸、工艺做法和施工要求。
（4）室内装饰面层各材料之间的收口处理（拼接、封边、盖缝和嵌条等）的详细尺寸和做法。
（5）室内装饰面层上的设施安装或固定方法以及收口（拼接、封边、盖缝和嵌条等）方式。
（6）明确定位轴线、索引符号、控制性标高和图示比例等。

在绘制构造详图时，应做到图例与符号、尺寸标注细致准确，对图中的材料做法、材质、色彩及规格等应标注清楚。

四、构造详图的材料

（一）装饰材料图例

室内装饰构造详图中材料种类通常按制图规范以材料图例表达，力求简洁高效。（常用材料图例，轮廓线为粗线，内部线为细线）（图5-9）

（二）图例绘制细节

为整齐划一，室内装饰构造详图中材料图例中的斜线、短斜线、交叉斜线等应为45度或135度。（图5-10）

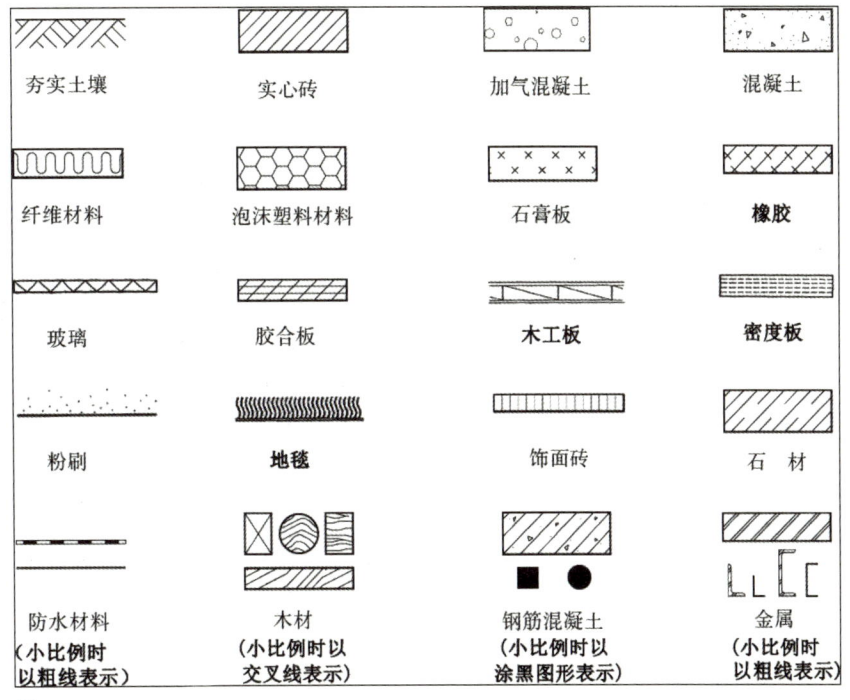

图5-9

同时，两个相同材料图例相接时，为了突出显示分界线的位置，分界线两侧材料图例中图线宜错开或者倾斜方向相反。（图5-11）

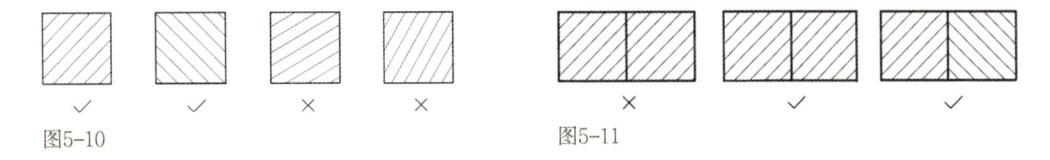

图5-10   图5-11

五、装饰材料连接方式

室内装饰详图表达内容为多种装饰材料的详细组合状态，装饰材料连接方式种类主要有以下几种：

（一）胶接

即利用胶黏剂在连接面上产生的机械结合力、物理吸附力和化学键合力而使两个胶接件连接起来的工艺方法。胶接不仅适用于同种材料，也适用于异种材料。常见的胶接材料有：

1. 白乳胶

主要用于黏结木制品，干燥快、黏性好、操作性佳；黏结力强、抗压强度高；耐热性强。（图5-12）

2. 玻璃胶

主要用于光洁表面材料（玻璃、金属等）的黏结与密封，玻璃胶根据用途主要分为硅酮结构密封胶、硅酮耐候密封胶、普通硅酮密封胶、特殊硅酮密封胶（防霉、防火等）。硅酮结构密封胶用于玻璃幕墙等对黏结力和耐候性要求高的场景。硅酮耐候密封胶用于阳光房等耐老化要求高的表面密封（不要求黏结力）。普通硅酮密封胶用于室内玻璃制品、洁具等表面的密封（不要求耐候性），此类玻

图5-12

璃胶又分为酸性普通硅酮密封胶和中性普通硅酮密封胶，前者黏结力较强而后者更环保。此类玻璃胶在室内装饰工程中用量较大，常见颜色有黑色、白色、灰色与透明；目前有彩色普通硅酮密封胶，与颜色丰富的装饰材料面层配合使用更美观。（图5-13）

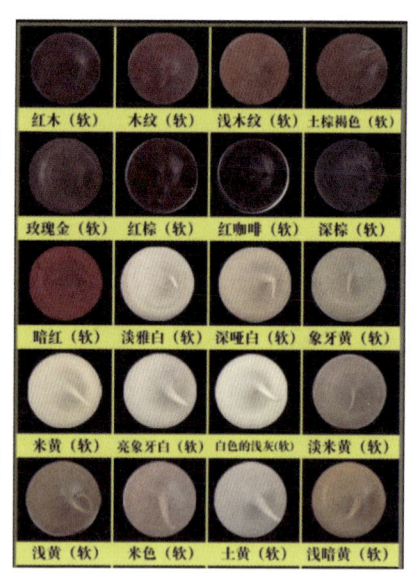

图5-13

3.泡沫胶

泡沫胶是一种凝固过程中体积膨大数十倍且产生大量海绵状多孔，具有黏结特性的聚氨酯胶。其特点为质轻、柔软、有弹性及不易传热，具有防震、缓和冲击、绝热、隔音等作用，多用于门窗边缝、构件伸缩缝、孔洞及管道井等处的填充、密封、黏结。（图5-14）

4.石材胶

石材胶的弹性较小，一般用于黏结石材或金属等装饰材料。为调节石材胶的凝固时间，石材胶与固化剂配合使用，分为云石胶和AB胶两种。云石胶罐中胶黏剂与胶管中固化剂按100：3左右均匀混合，黏结力一般但固化较快，耐水和耐腐蚀性能力不强，适用于石材或金属的局部修补或暂时固定。（图5-15）

AB胶中胶黏剂和固化剂混合比例为1：1，其黏结力较强但固化较慢，耐水和耐腐蚀性能力强，适用于石材或金属的结构件长期固定。（图5-16）

图5-14 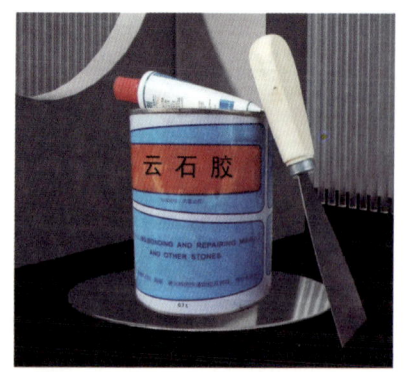　　　图5-15 　　　图5-16

（二）钉接

1.自攻螺钉（木螺钉）

可以直接旋入木质构件中，常用于木质构件之间的固定与连接，或者将其他装饰材料（如五金件或石膏板）固定在木质基层上。自攻螺钉连接属于可以拆卸连接，故大量运用于木质家具的制作与安装。可以通过表面电镀增强自攻螺钉的防锈能力，或加大螺纹间距以加快螺钉旋进速度，从而提高工作效率。（图5-17）

图5-17

2.气钉

利用空气压缩机提供的动力，把装在气钉枪弹夹里的钉打入木材用于固定与连接，故称"气钉"。目前也有利用市电或电池提供动力的钉枪。由于使用气钉枪可以连发打钉，能大大提高木制品的固定与连接效率。常见的气钉种类有直钉和码钉（U型钉），前者用于固定木制品，后者用于固定皮革和布匹。（图5-18、图5-19）

图5-18 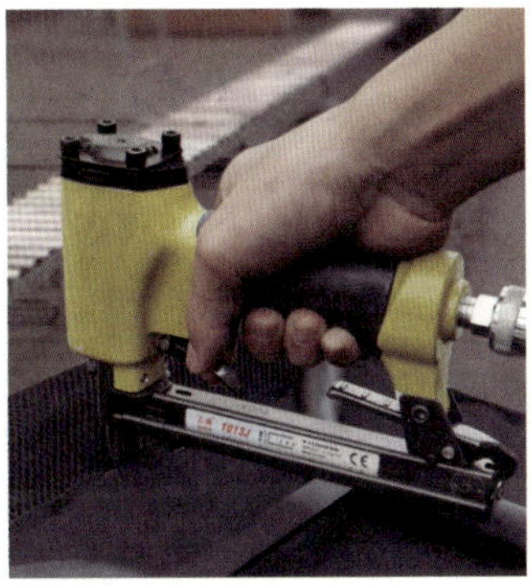　　图5-19

3.钻尾螺丝（燕尾螺丝、自钻螺丝）

前端有高硬度自攻钻孔头的螺丝，在电钻的扭转力作用下，可以连续完成钻孔、攻丝及锁紧过程，大幅度节约施工时间，常用于金属基层的固定与连接。（图5-20）钻尾螺丝的头部分为沉头、圆头和六角等，可以根据需要选用。（图5-21）

沉头钻尾螺丝　　圆头钻尾螺丝　　六角钻尾螺丝

图5-20　　图5-21

（三）卡接

卡接，即利用装饰材料自身形体的凸榫与凹槽互相咬合，这种连接方式不用胶水也不用钉，既环保又方便安装及拆除，施工效率高。卡接方式常见于天花卡式龙骨与锁扣木地板。

1.卡式龙骨

带有凸榫或凹槽的轻钢龙骨，普遍用于石膏板天花吊顶（图5-22）或铝方通吊顶（图5-23）。卡式龙骨的凸榫尺寸与覆面龙骨或铝方通的凹槽尺寸相吻合，且卡槽间距与吊顶石膏板长或宽模数相吻合，卡式龙骨体系安装效率较高。

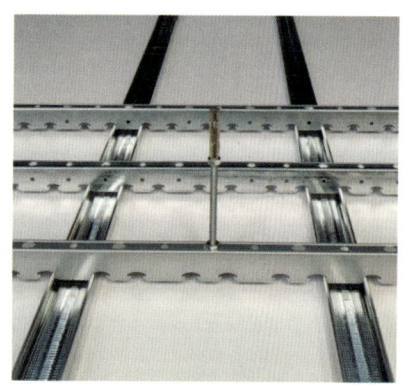

卡式龙骨与覆面龙骨　　　　　卡式龙骨与铝方通吊顶

图5-22　　　　　　　　　　图5-23

2.锁扣木地板

将木地板的侧边开槽做出凸榫与凹槽以便于相咬合。单锁扣能限制木地板上下错动，但不能限制木地板左右移动，故安装时仍需要用钉固定木地板的单侧边。双锁扣不仅能限制木地板上下错动，还能限制木地板左右移动，故安装时不需要用钉固定。这两种互相咬合的锁扣形式也称为"企口"。（图5-24）

单锁扣木地板　　　　双锁扣木地板

图5-24

（四）焊接

焊接，即以高温的方式熔化并接合金属，室内装饰工程焊接常见形式有铁焊、不锈钢焊。型钢（方钢、角钢等）焊接时表面的镀锌层经高温破坏后失去防锈保护作用，故应在焊接后清理焊渣并涂刷防锈漆。（图5-25）

六、装饰构造生根方式

室内装饰构造附着于建筑结构上，其固定方式类似树木在土地中生长树根，故称为"生根"。装饰构造生根的牢固程度涉及基本的安全性能，设计者应给予高度重视，严格按照技术规范选用合适的生根材料与方式，必要时进行力学计算。（参见附录I视频5-1）

图5-25

（一）木楔

钢钉很难直接钉入混凝土结构，故通常在混凝土结构上钻圆孔后植入木楔（方形短木）并敲击牢固，然后钢钉便可在木楔处生根。此种方法常用于将基层木制品（木龙骨及木层板等）固定在混凝土结构上；木楔需进行防腐处理以避免其在混凝土基层中受潮腐烂。（图5-26）

（二）胶塞

胶塞（膨胀管）是中空的塑料管，在混凝土结构上钻圆孔后放入胶塞，然后在木螺钉旋入胶塞的过程中使其膨胀，从而使木螺钉与胶塞在混凝土结构圆孔中挤紧、生根。此种方法常用于固定轻型灯具或者装饰件，胶塞规格较多，可以根据工艺需求进行选择。（图5-27）

图5-26 　　　　图5-27

（三）膨胀螺栓

膨胀螺栓是一种用于钢筋混凝土或其他致密基层（岩石等）结构的锚固设施，通过内部的膨胀套筒和螺栓螺纹的钻孔组合，在螺栓旋入套筒的过程中使其膨胀，从而使膨胀螺栓在钢筋混凝土或其他致密基层（岩石等）结构圆孔中挤紧、生根。膨胀螺栓常用于固定金属龙骨结构，能承受较大荷载。（图5-28）

值得注意的是，加气混凝土结构握裹力非常有限，故不能使用上述普通的膨胀螺栓（因为套筒光滑易松脱），应该使用加气混凝土专用膨胀螺栓（套筒有锯齿或倒牙易卡紧）且承受较小荷载。（图5-29）

对于较大荷载的装饰构件（干挂石材等），必须确定基层材料为钢筋混凝土才能进行膨胀螺栓固定。否则要进行加固处理（例如角码在混凝土柱梁板上生根后再与龙骨焊接）方可进行下一步施工。（图5-30）

图5-28 　　　　图5-29

图5-30

（四）化学螺栓和化学植筋

化学螺栓主要由化学胶管、螺杆与螺母组成，化学胶管含有反应树脂、固化剂和石英颗粒。施工时先在混凝土基层上钻孔后旋入螺杆，化学胶管内各组分在螺杆旋进过程中发生拌合反应并固化，与混凝

土之间产生握裹力和机械咬合力从而生根。（图5-31）

化学植筋与化学螺栓类似，是指在混凝土基层上钻孔，然后注入高强植筋胶再插入钢筋或型材，胶固化后将钢筋或型材在混凝土基层上生根。（图5-32）

化学螺栓与化学植筋主要用在旧有建筑结构以固定重型结构，由于二者对安装工艺要求较高（比如焊接高温传导会导致黏结剂性能急剧下降而引发安全事故），且各种厂家生产的化学黏结剂性能不同，故应谨慎使用。

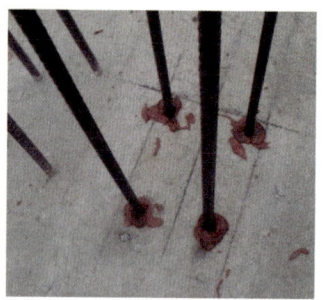

图5-31

图5-32

（五）穿墙螺栓

穿墙螺栓也称为"对拉螺栓"，指将螺栓穿透墙体后锁紧扩大垫板的生根方式。穿墙螺栓往往用于低强度墙体基层的局部加强处理（比如在加气块墙体上固定大尺寸壁挂电视）。（图5-33）

图5-33

七、典型装饰构造的组成及完成面厚度

装饰构造附着于建筑结构表面，其整体组合方式大致分为粘贴类和骨架类两个类别。

粘贴类构造的装饰材料主要用胶接的方式组合，基本分为建筑结构处理层、黏结层和饰面层三个层次（如壁纸和PVC地胶）；骨架类构造的装饰材料主要用钉接、卡接和焊接的方式（也可能用到胶接方式），并采取合适的生根方式组合而成，基本分为建筑结构处理层、骨架层和饰面层三个层次（如石膏板吊顶和干挂石材）。典型装饰构造的组成及完成面最小厚度见表5-1所示（含找平层抹灰）。

表5-1　典型装饰构造的组成及完成面最小厚度

			地面构造					天花构造		墙面构造							
	材料	厚度（mm）	PVC地胶	地毯	瓷砖	木地板	石材	石膏板	铝扣板	墙漆	墙纸	硬包	软包	不锈钢	镜面墙	木饰面	干挂石材
建筑结构处理层	找平层抹灰	20~35	√	√	√		√			√	√	√	√	√	√	√	
	自流平	5~10	√	√		√											
	黏结层素浆	5			√		√										
黏结层	胶黏剂		√								√						
生根层	08吊杆							√	√								
	膨胀螺栓																√
	50×50×5角码	50															√
骨架层	50×50×5方通	50															√
	50×50×5角铁	50															√
	轻钢龙骨	50						√	√								
	木方	40										√	√	√	√	√	
	木条板	12				√											
	防潮垫	1		√													
饰面层	PVC地胶	1	√														
	地毯	8		√													
	瓷砖	12			√												
	石材	30					√										√
	木层板	12						√				√	√	√	√	√	
	木地板	18				√											
	石膏板	9.5						√									
	涂料									√							
	镜子	6													√		
	海绵	40											√				
	皮（布）（含背板）	10										√	√				
	墙纸										√						
	木饰面	6														√	
	不锈钢	1												√			
	铝合金	1							√								
典型构造最小厚度（mm）			30	40	50	50	60	100	80	30	30	80	120	80	100	100	120

八、室内空间界面收口

（一）收口的一般原则

室内装饰材料的交界处理方式称为"收口"（或"收边"）。室内装饰天地墙界面的收口一般需要考虑两方面因素：

一方面是工艺因素。室内装饰工艺可以分为湿作业和干作业两种方式。湿作业是需要用水（水泥砂浆或墙面腻子）的装饰施工工艺，比如贴瓷砖和刷墙面漆；湿作业施工周期较长（需要干燥时间）且现场污染较大。干作业指装饰材料的连接方式，主要为钉接和卡接等工艺（无需用水），比如铝合金吊顶、墙面板安装及木地板安装等；干作业施工周期较短（无需干燥时间）且现场污染较小。墙面和地面可以干作业或湿作业，而天花只有干作业，考虑到工期及污染因素，一般的施工顺序是"墙—天—地"或"墙—地—天"。（参见附录Ⅰ视频5-2）

另一方面是美观因素。由于热胀冷缩、湿胀干缩和震动等原因，天、地、墙界面各装饰材料收口处极易出现裂缝，故应使缝隙朝向较为隐蔽的视线角度，从而增加空间的整体感与美观度。（参见附录Ⅰ视频5-3）

（二）收口的常见形式

由于上述"墙—天—地"或"墙—地—天"装饰工艺的先后关系，室内装饰天、地、墙界面常见收口形式有"天压墙"（先完成墙面后完成天花）和"地压墙"（先完成墙面后完成地面）。（图5-34）

上述收口方式应略加改进（天墙收口工艺缝和墙地收口踢脚线）从而使缝隙更隐蔽，增加空间的整体感与美观度。对于墙面砖和地面砖的收口，早年的瓷砖切割精度不够且填缝工艺粗糙，墙地砖收口常采用"墙压地"方式；而近年瓷砖切割精度及填缝工艺均明显提高，故墙地砖收口常采用"地压墙"方式，从而避免墙面底部瓷砖的大量切割工作（地面排水坡度导致墙面底部瓷砖是大小不一的梯形）。（图5-35）

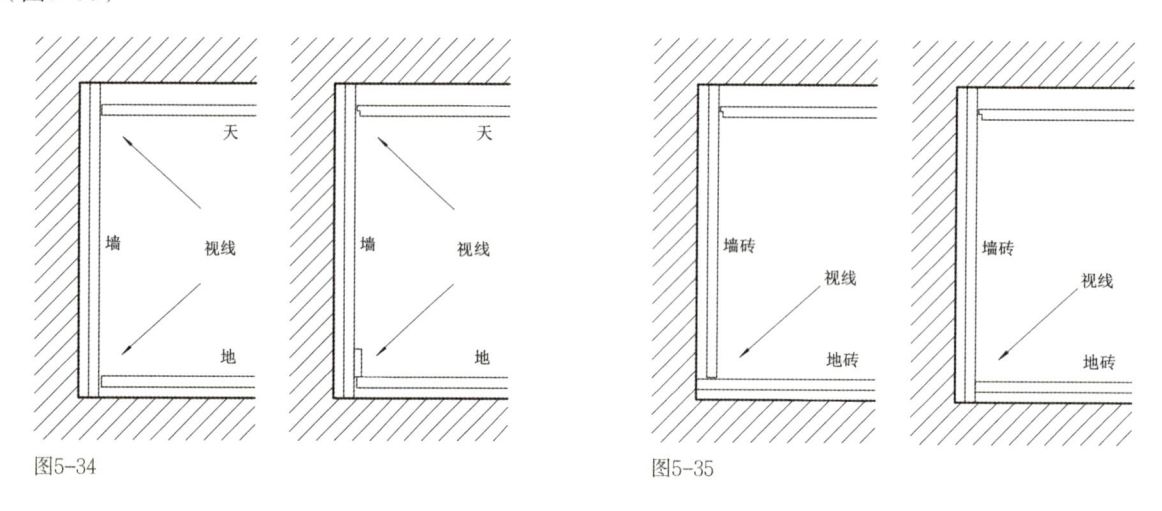

图5-34

图5-35

需要说明的是：此两种收口方式的根本目的是美观，与防水无关。因为墙砖和地砖都属于装饰面层，而防水层在装饰面层内侧，且有防水保护层与面层隔离，防水层与墙地砖面层互不影响。另外无论是"墙压地"还是"地压墙"，墙地砖收口处的缝隙都会因为毛细作用而吸水。

第二节　天花构造详图设计

一、天花构造详图的设计常识

（一）天花材料

天花构造常用材料参见本章第一节的"典型装饰构造的组成及完成面厚度"。（表5-1）

（二）天花灯槽

室内灯光设计的基本原则是"见光不见灯"，即根据空间特性设计合理的照明方式（一般照明和重点照明）与受光面，若灯具类型或者灯槽材料选择不当，便会产生眩光（天花为直接眩光，墙面为反射眩光），带来不适感。（图5-36）

LED灯带具有节能环保、色彩色温丰富及易于弯曲等优点（参见第三章第三节的"主要灯具的类型"），从而取代传统T5灯管而广泛运用于灯槽照明构造中。若LED灯带安装位置与安装角度不当，则会产生图5-37中明暗对比鲜明的截光线，影响灯光的整体效果。

LED灯带的缺点在于其发光有较强的方向性（发光角度约为120度），对于正灯槽（参见第三章第二节的"天花平面图设计常识"）而言，受光面为天花平面，只有选择合适的安装位置和安装角度（图5-38），才会有天花光线均匀过渡效果，从而避免产生截光线。（图5-39）

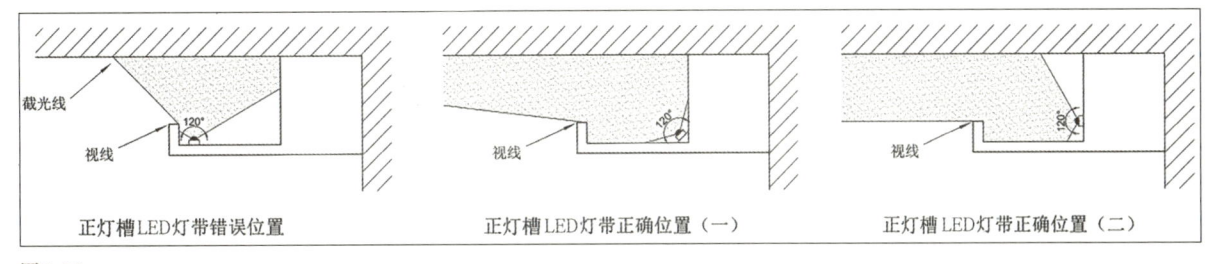

图5-36　　　　图5-37

| 正灯槽LED灯带错误位置 | 正灯槽LED灯带正确位置（一） | 正灯槽LED灯带正确位置（二） |

图5-36

图5-39

一般而言，灯槽开口宽度越宽出光越均匀，但也会使空间净尺寸缩小，因此需要综合权衡灯带出光效果与空间净尺寸二者的关系，常见净高2.7m的空间灯槽开口宽度宜为150mm，净高4.5m的空间灯槽开口宽度宜为250mm，其他灯槽开口宽度可根据空间净高设计，以此类推。

由于反灯槽（参见第三章第二节的"天花平面图设计常识"）受光面为墙面，只有选择合适的安装位置和安装角度，才能有洗墙（墙面光线均匀过渡）效果，从而避免产生截光线。（图5-40）

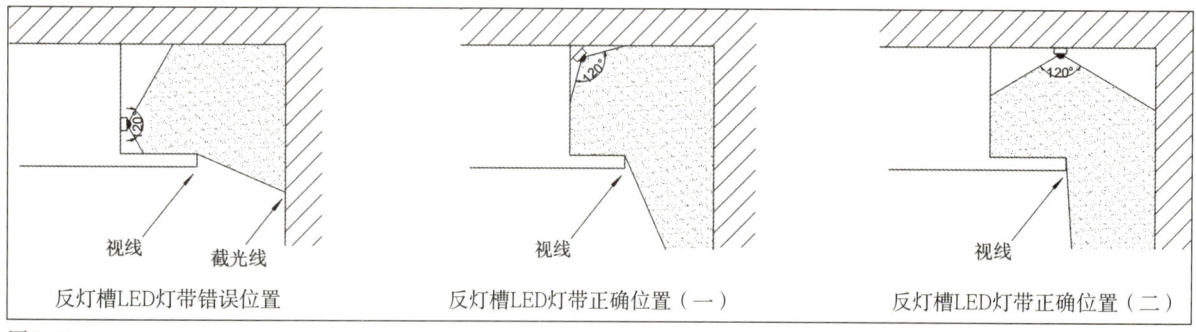

图5-40

由于传统石膏板加阳角条的工艺难以保证灯槽的顺直度要求，近年来有超薄铝合金灯槽等收边条产品出现，大大地丰富了天花灯槽的造型语言。（图5-41）

同时，也有多种规格的铝合金或硅胶嵌入式灯槽产品，满足多种设计要求。（图5-42）

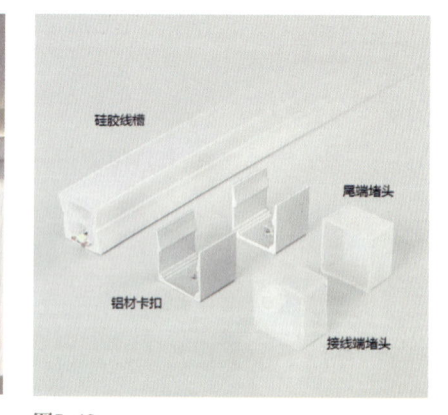

图5-41

图5-42

铝合金灯槽适合直线灯带效果，硅胶灯槽适合曲线效果，充分发挥LED灯带线性发光的特点。（图5-43）

图5-43

(三) 天花灯具

由于常见各类型的灯具光源均为LED光源，需要将220V交流电电压转换为较低的工作直流电压（12V或24V），因此灯具与供电线路之间都需要整流器，在天花设计时需要考虑暗藏整流器的空间，便于维修和散热。若为狭小的空间则需要考虑使用条状整流器。（图5-44）

图5-44

天花吊顶嵌入式筒灯开孔尺寸常为75mm，常见的天花嵌入式筒灯间距根据照明要求和灯具技术参数确定，通常住宅室内吊顶筒灯间距约1.5m。由于筒灯深度大于吊顶面层厚度，故天花平面图设计时应确定合适的龙骨位置，避免后期施工在吊顶开孔时破坏吊顶龙骨。吊灯重量超过3kg要用单独的吊钩或吊线固定于砼楼板上，严禁固定于天花吊顶体系的构件（面板、龙骨或天花吊杆）上。

二、天花构造详图的设计步骤

(一) 图层设置

与平面图、立面图相比，构造详图的图层相对比较简单，只要区分不同的装饰材料层次即可。应根据制图标准的线宽要求（参见第二章第一节的"施工图线型与线宽"）设置图层。（图5-45）

(二) 装饰构造层次

（1）将"Defpoints"图层设置为当前层并绘制天花轮廓线①以及构造边界线②。（图5-46）

图5-45

（2）将"构造粗线"设置为当前层并绘制天花砼楼板下表面界线③，将"构造中线"设置为当前层并绘制主要装饰材料（较厚的构造层次，如木工板及石膏板等）的剖切轮廓线④。（图5-47）

（3）将"构造细线"设置为当前层并绘制次要装饰材料（较薄的构造层次，如涂料及轻钢龙骨等）的轮廓线⑤。（图5-48）

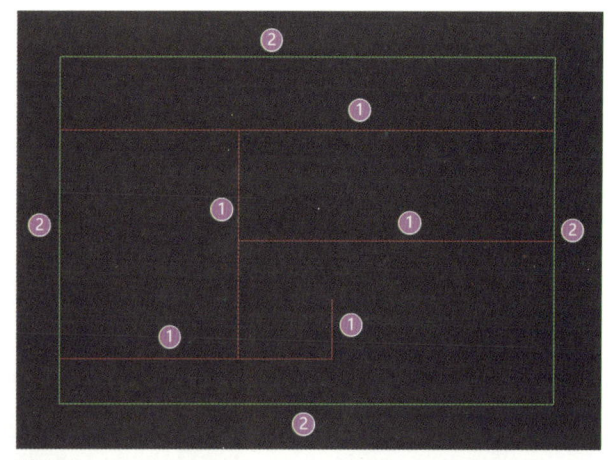

图5-46

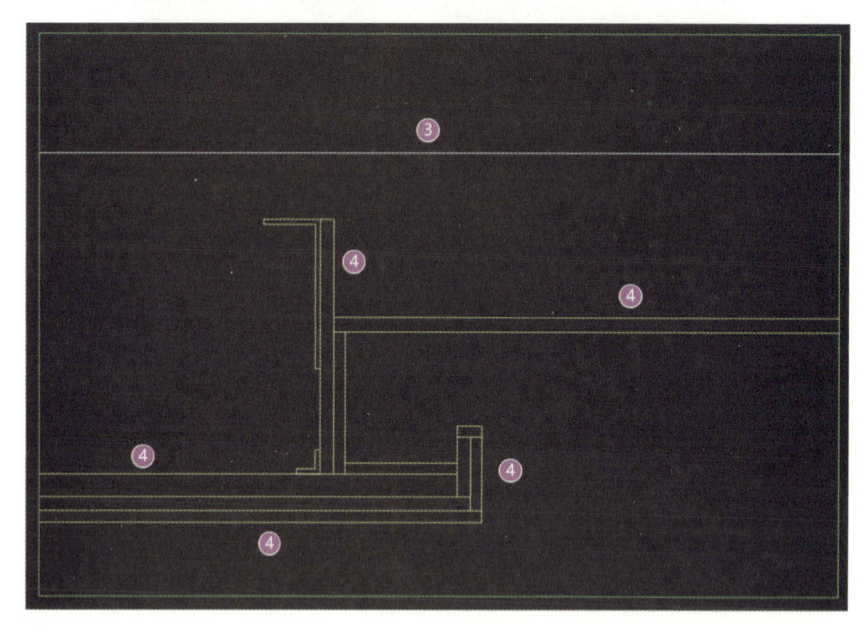

图5-47

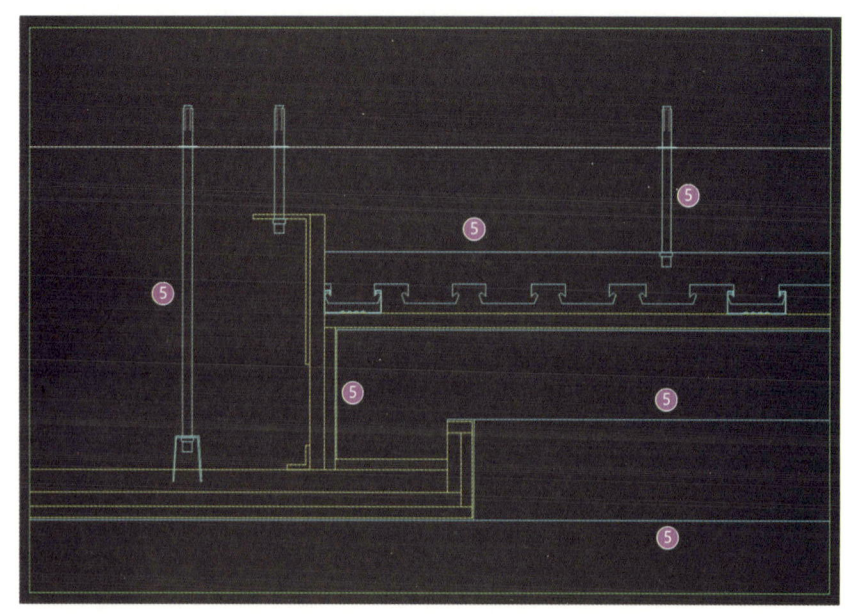

图5-48

（三）构造详图的细节

将"构造细线"设置为当前层并绘制LED灯带及螺钉等细节⑥，将"材料图案"设置为当前层，根据制图规范的材料图例要求（参见本章第一节的"装饰材料图例"），选择合适比例填充各主要装饰材料图例（金属L吊件及石膏板等）⑦。（图5-49）

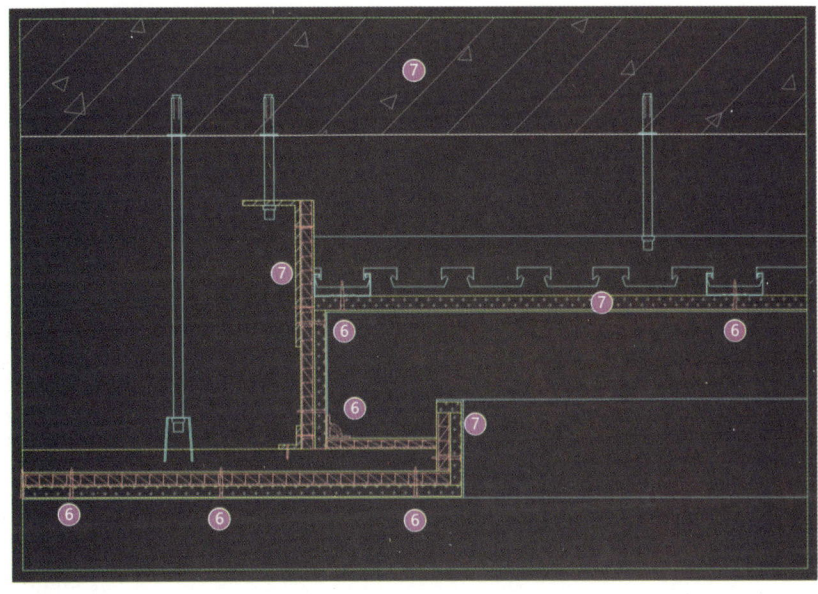

图5-49

（四）整理与标注

将"构造细线"设置为当前层并绘制折断线（参见第一章第二节的"折断线与连接符号"）⑧，转到布局空间，套图框（参见第二章第三节的"外部参照图框"）⑨，转到"Defpoints"图层，输入命令"MV"（创建视口），绘制合适的视口⑩，然后转到"标注"图层完成标注。（图5-50）

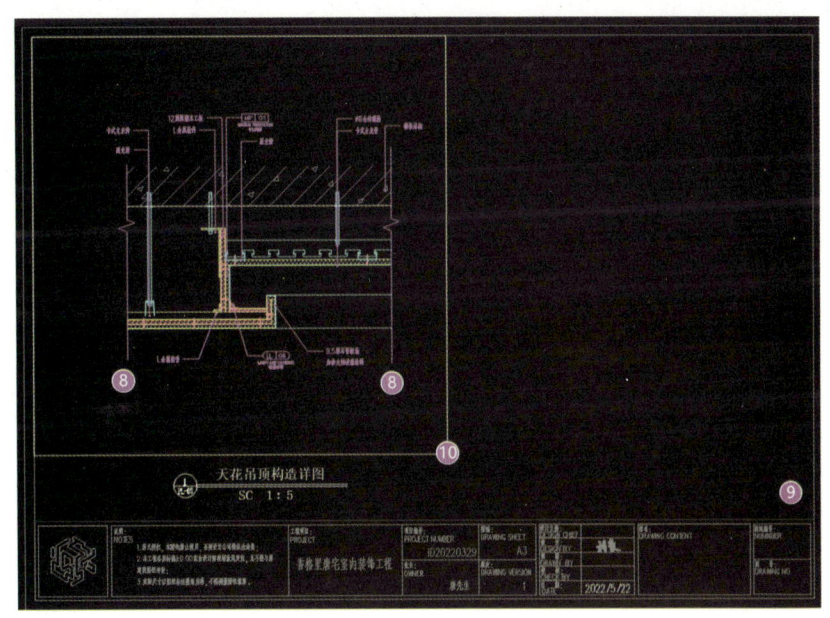

图5-50

三、天花节点大样图设计

（一）大样图的作用

当普通天花构造详图（比例1∶5～1∶10）需要进一步表达细节时，可以截取细部进行放大比例（1∶1～1∶2）绘制，即天花节点大样图。对于同一张构造图内的节点大样图，常使用小范围放大索引符号（参见第一章第二节的"放大索引符号"）进行放大索引。

（二）大样图的设计步骤

（1）将0图层设置于当前图层，输入"REC"（矩形）命令绘制需要放大的细节范围矩形①和预设节点大样图范围矩形②。（图5-51）（参见附录Ⅰ视频5-4）

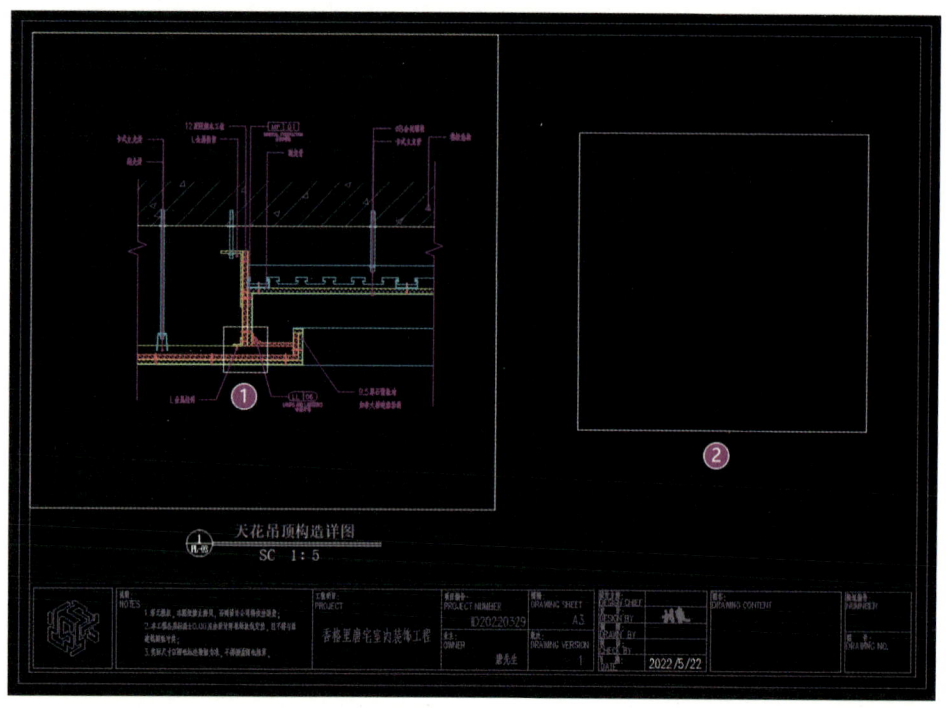

图5-51

（2）输入命令"F"（圆角）或在工具面板点击③（图5-52），在命令行中先选择④（图5-53）。

图5-52

（3）选择适合的半径⑤（如"15"），分别对上述两个矩形进行倒角（图5-54）；接着输入命令"SPLINE"（样条曲线），依次选择合适的控制点，得到曲线⑥。（图5-55）

图5-53

图5-54

（4）将矩形①②和样条曲线⑥的线型选择为虚线⑦（参见第二章第一节的"施工图线型"）。（图5-56）

图5-55

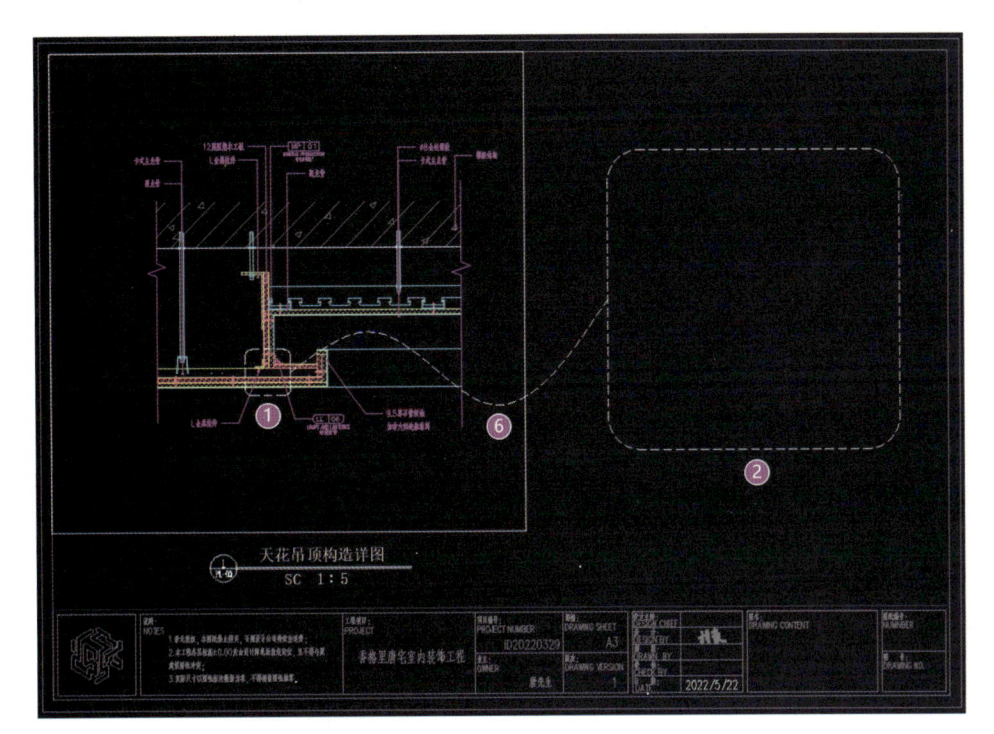

图5-56

（5）将"defpoints"图层设置为当前图层，并改为绿色，将矩形②复制为矩形⑦，此时矩形⑦与②重合（矩形②在矩形⑦后，故而不显示）。（图5-57）

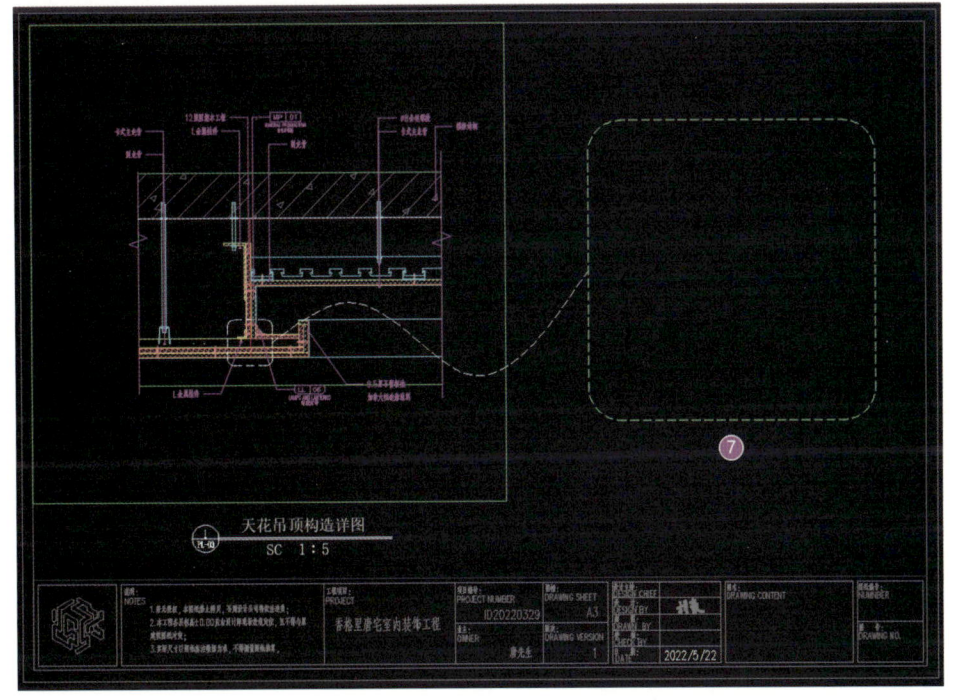

图5-57

（6）输入命令"MV"（创建视口），点击⑧（图5-58）后选择矩形⑦，即可将矩形⑦变为大样图视口，继而选择合适的大样图比例（如1∶1）并锁定视口（参见第二章第三节的"视口排版与锁定"）。（图5-59）

图5-58

145

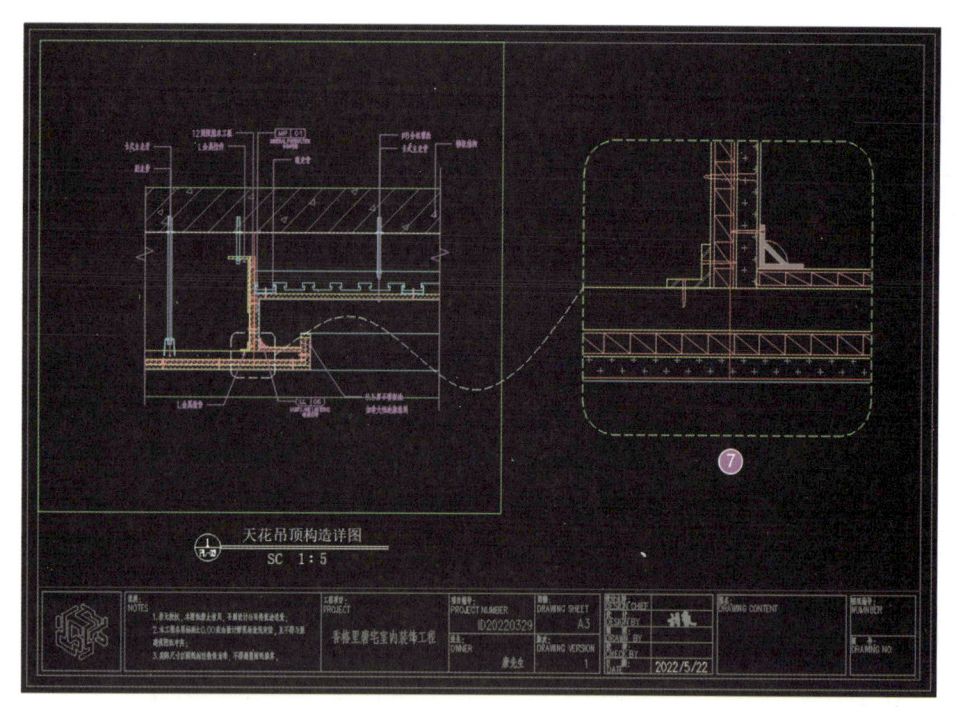

图5-59

（7）转到"标注"图层，完成标注。（图5-60）

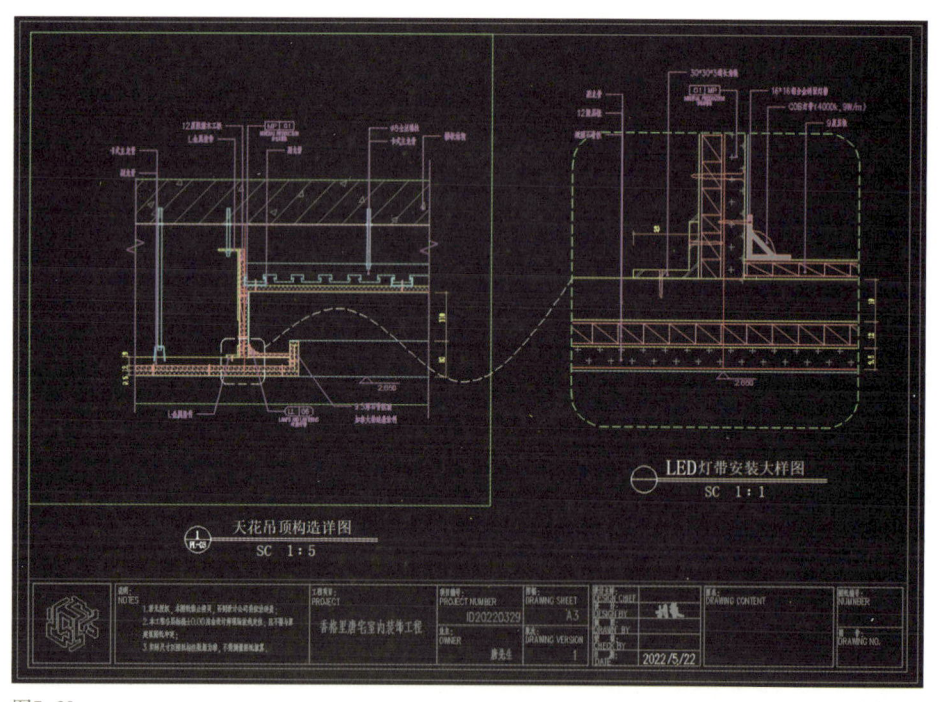

图5-60

第三节　墙面构造详图设计

一、墙面构造详图的设计常识

墙面构造常用材料参见本章第一节的"典型装饰构造的组成及完成面厚度"。

二、墙面构造详图的设计步骤

墙面构造详图的设计步骤类似于本章第二节的"天花构造详图的设计步骤",结果如图5-61所示。

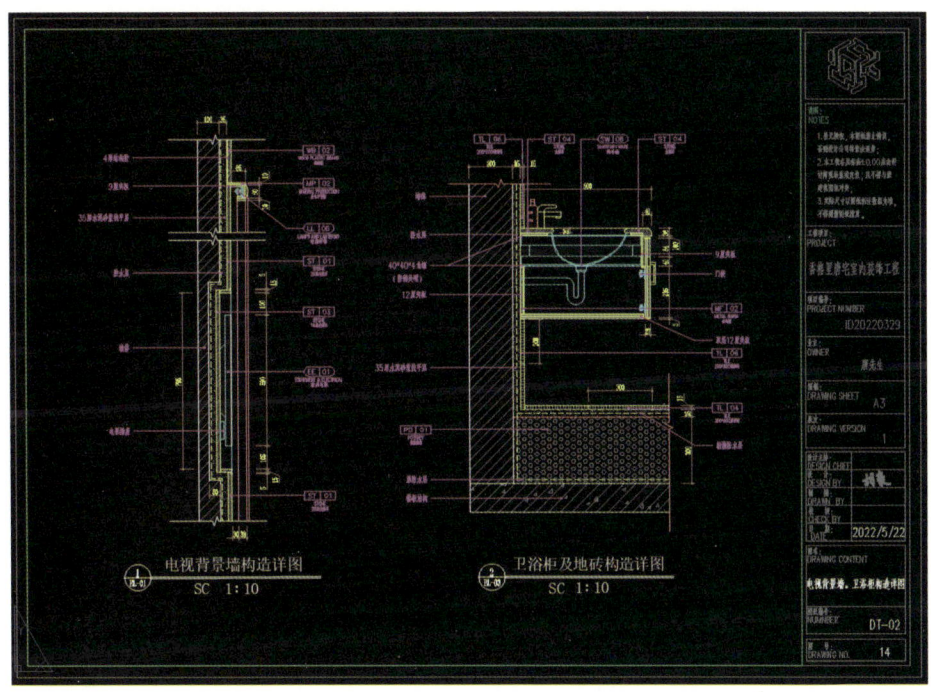

图5-61

第四节　楼（地）面构造详图设计

一、楼（地）面构造详图的设计常识

楼（地）面构造常用材料参见本章第一节的"典型装饰构造的组成及完成面厚度"。

二、楼（地）面构造详图的设计步骤

楼（地）面构造详图的设计步骤类似于本章第二节的"天花构造详图的设计步骤",结果如图5-61所示。

第六章
施工图编排、输出与管理

第一节　室内装饰施工图编排

一、施工图编排的原则

室内装饰施工图编排应遵循以下原则：

首先，室内装饰施工图编排应保证图纸的完整性且能指导施工。即封面、设计说明（含图例图表）、平面图、立面图及构造详图等要能表达项目的全部材料及工艺细节，能作为施工的指导性文件。

其次，室内装饰施工图编排应保证图纸的规范性且易于识读。主要是图纸命名、索引符号及缩略图符合现行制图规范及行业习惯，便于图纸的识读、审核与使用。

最后，室内装饰施工图编排应遵循合理的顺序且便于使用。小型室内装饰工程施工往往由一个施工班组实施，所以整套图纸按照图纸类别编排即可，即封面—设计说明（含图例图表）—平面图—立面图—构造详图；中大型室内装饰工程往往按照空间顺序分为多个施工段，或者整套图纸是由多个施工班组共同实施的，所以整套图纸会被拆开成若干份给不同的施工班组使用，故整套图纸应按照施工段（空间顺序）进行编排。（图6-1）

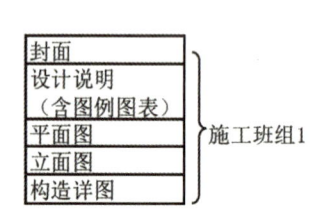

图6-1　小型室内装饰工程施工图顺序　中大型室内装饰工程施工图顺序

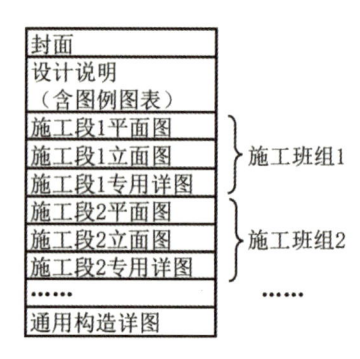

二、施工图的命名与编码

（一）dwg文件命名的要点

室内装饰项目文件夹中"D2施工图"（参见第二章第一节的"施工图工作架构逻辑"）中存放室内装饰施工图文件，其中"D23　DWG成果"文件夹中存放各版次施工图图纸文件，文件数量较多且始终处于动态调整中。因此，文件名必须足够清晰，做到"见名知意"，即看见文件名能知道基本内容。

随着工程项目规模增加，一方面，项目面积增加会导致空间定位区域复杂，例如一个商场有若干楼层且每个楼层有若干分区（参见第一章第二节的"分区轴号"），因此dwg文件命名必须简洁才能迅速定位且便于识读；另一方面，施工图dwg文件中内容也逐步增多，图层及外部参照关系繁杂，因此室内装饰工程施工图宜按照类别分成若干个dwg文件，从而减小单个dwg文件大小以降低卡顿概率，同时也减少信息层级而便于检索与定位。

dwg文件宜采用分段式命名格式："楼层编码.分区编码—文字内容描述.dwg"。

（1）楼层编码（两位字符）：地面以上楼层直接以数字表示，比如"05"表示第5层，"22"表示第22层；地面以下楼层以前缀"B"及数字表示，比如"B1"表示负一层。

（2）分区编码（一位字符）：以数字或字母表示分区编号，比如"C"表示C区，"3"表示第3

区。例如："B1.C—负一层C区休息厅平面类图纸.dwg"就可以满足"见名知意"的要求。

项目规模较小时，可适当省略楼层编码或分区编码，但必须保留图纸类别号，即表单类、平面类、立面类及详图类文件必须分开设置。

（二）施工图编码的要点

上述每个dwg文件中排版若干张图纸，随着图纸数量增加，单纯的图号（图纸序号）已经不能满足使用需求，故业内通常根据图纸内容进行编码。图纸编码必须具备足够的清晰度，做到"见码知意"，即看见图纸编码就能识别图纸基本内容。常见图纸编码类别有：

类别编码：以"GI"（General Information）表示设计说明（含图例图表），以"P"或"PL"（Plan）表示平面图，以"E""L""ET"或"EL"（Elevation）表示立面图，以"D""X"或"DT"（Detail）表示构造详图。

单张施工图纸宜采用分段式命名格式："楼层编码.分区编码—类别编码—顺序号"。

例如"B1.C—EL—02"就表示"负一层C区立面图第2张"，可以满足"见码知意"的要求。

大型室内装饰工程往往有更细致复杂的分类代码和空间名称代码，比如平面类图纸中以"RC"（Reflected Ceiling Plan）表示天花布置图，以"FC"（Floor Covering Plan）表示铺地图等；同时国标制图规范并无图纸编码的统一要求，故图纸编码的方式应在设计说明部分明示以便于使用者识读并使用。

（三）施工图编码的必要性

随着室内装饰工程规模与图纸数量的增加，各图纸之间的关联性也更为紧密，会出现大量的索引与反索引（参见第一章第二节的"索引符号、详图符号与剖视符号"）；图纸编码旨在保障图纸调整的灵活度，做到"增减自如"——图纸数量变化之后方便调整图纸关联。

以简单的图纸为例，如果目录仅用图号的编码方式，显然"2平面布置及索引图"中会出现若干立面索引符号，若根据实际需要增加"5天花灯具及开关图"，那么原图号5、6、7会依次顺延为6、7、8，则原"2平面布置及索引图"中的立面索引符号应做相应修改。当图纸数量很多时，这种索引符号与反索引符号的修改工作量无疑是繁重的。（表6-1、表6-2）（图6-2）

表6-1　"仅图号"原始目录

图号	图纸内容
1	图纸目录及设计说明
2	平面布置及索引图
3	铺地图
4	天花图
5	立面A
6	立面B
7	立面C
……	……

表6-2　"仅图号"目录增加图纸

图号	图纸内容
1	图纸目录及设计说明
2	平面布置及索引图
3	铺地图
4	天花布置图
5	天花灯具及开关图
6	立面A
7	立面B
8	立面C
……	……

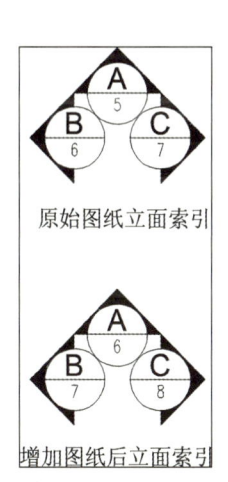

原始图纸立面索引

增加图纸后立面索引

图6-2

同样以上述图纸为例，如果目录采取"图号+编码"的编码方式，"2平面布置及索引图"中的立面索引符号可以索引至图纸编码而非图号，即便增加"5（PL-04）天花灯具及开关图"后，原图号5、6、7依次顺延为6、7、8，原"2平面布置及索引图"中的立面索引符号也无需修改。当图纸数量很多时，此种目录编排方式能避免大量的索引符号与反索引符号的修改工作。（表6-3、表6-4）（图6-3）

表6-3 "图号+编码"原始目录

	图纸编码	图纸内容
1	GI-01	图纸目录及设计说明
2	PL-01	平面布置及索引图
3	PL-02	铺地图
4	PL-03	天花图
5	EL-01	立面A
6	EL-02	立面B
7	EL-03	立面C
……	……	……

表6-4 "图号+编码"目录增加图纸

图号	图纸编码	图纸内容
1	GI-01	图纸目录及设计说明
2	PL-01	平面布置及索引图
3	PL-02	铺地图
4	PL-03	天花图
5	PL-04	天花灯具及开关图
6	EL-01	立面A
7	EL-02	立面B
8	EL-03	立面C
……	……	……

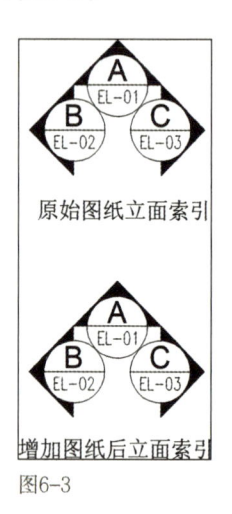

原始图纸立面索引

增加图纸后立面索引

图6-3

三、室内施工图的组成

室内施工图可分为以下几部分。（各部分字体及字高要求参见第一章第二节的"文字标注"）

（一）图纸封面

室内施工图封面包含项目名称、图纸专业、设计单位名称及LOGO、项目编号、编制日期及施工图版本等信息；图纸封面信息应该醒目，采用较大字号的黑体字，各行文字通常居中对称排版；图框采用设计规范标准尺寸图框（无标题栏）。

（二）图纸目录

室内施工图目录常采用表格形式，图纸目录包含五项基本信息：图号、图纸编码、图纸内容、图幅及比例。（图纸目录的编排方法参见本节"施工图的命名与编码"）

（三）设计说明

设计说明是整套图纸的汇总解释性文字，设计说明一般包含下列内容：

（1）设计依据。包括项目基础设计条件及数据（工程的招标文件、甲方提供的原始建筑图纸及前期室内设计方案图纸等），设计批准文件（消防审批文件等），经济文件（室内设计委托书或合同书等），技术文件（现行制图规范及设计规范等）。

（2）项目概况。包括项目名称，项目地点，建设单位，项目规模（建筑面积），项目基础数据（层数及层高等），设计标准（防火设计、耐火等级及造价指标），设计范围（标明原始建筑范围中室内装饰工程的涵盖范围）。

（3）基本约定。各层标注的标高±0.000均为该层地面装修完成面的高度，工程标高以米（m）为单位，其他尺寸以毫米（mm）为单位；图中未注明单位的，均以毫米（mm）为单位。

（4）材料工艺。包括室内装饰工程选材标准，室内装饰工程工艺标准，二次深化（灯光设计及软装设计等）的技术接口要求等。

（四）图例图表

室内装饰工程图例图表是整套图纸的汇总解释性图表，此部分内容是设计说明的组成部分。当图例图表数量较多时，往往采用系列表格的形式排列，以求效果清晰美观，其内容一般包含：

（1）门窗表。列明门窗的尺寸、开启方式、材料组成及技术参数等。

（2）标注图例。重点对图纸中出现的非规范通用符号进行说明，如图纸编码、天花标注符号（参见第一章第五节的"天花标注符号"）、起铺符号（参见第一章第五节的"起铺符号"）等，另有灯具、开关及插座图例表。（表6-5、表6-7）

表6-5 天花标准例表

图例	说明	规格	位置
✳	艺术吊灯	700mm×700mm三色吊灯	客厅、餐厅
◎	吸顶灯	600mm×600mm圆形吸顶灯	设计图
▢	排风机	300mm×300mm	卫生间
▦	一体浴霸灯	300mm×300mm	卫生间
⊕	筒灯	暗装圆形筒灯	客厅
------	灯带	暗装暖色LED灯带	客厅

表6-6 开关标注例表

平面图例	立面图例	英文名	中文名	位置
	▢	1-GANG SWITEH	一位单控开关	墙上
	▥	2-GANG SWITEH	二位单控开关	墙上
	▢	1-GANG 2 WAY SWITEH	一位双控开关	墙上
	▥	2-GANG 2 WAY SWITEH	二位双控开关	墙上
	▥	3-GANG 2 WAY SWITEH	三位双控开关	墙上
	▥	4-GANG 2 WAY SWITEH	四位双控开关	墙上

表6-7 插座图例表

平面图例	立面图例	英文名	中文名	位置
3	▢	3-HOLE SOCKET	三孔电源插座	墙上
4	▢	4-HOLE SOCKET	四孔电源插座	墙上
5	▢	5-HOLE SOCKET	五孔电源插座	墙上
5	▢	1-GANG 5-HOLE SOCKET	一开双控五孔电源插座	墙上
	▢	AIR CONDIYIONER, HOOD AND WASHING MACHINE	空调、油烟机、洗衣机等插座	墙上
D	▢	TELEPHONE SOCKET	电话插座	墙上
R	▢	WATER HEATER SOCKET	热水器插座	墙上
W	▢	NETWORK CABLE SOCKET	电视宽频网线插座	墙上
T	▢	TV SOCKET	电视插座	墙上
	▭	GROUND SOCKET	地插口	墙上

（3）装饰材料表。列明装饰材料的类别、编号、规格尺寸等，常采用分类排序（即"类别代号"+"编号"）的列表方式，其类别代号含义有：

MT（METAL）金属　　　　　PT（PAINT）涂料　　　　　　ST（STONE）石材
TL（TILE）瓷砖　　　　　　WD（WOOD）木材　　　　　　CP（CARPET）地毯
WP（WALLPAPER）墙纸　　　A（FABRIC）布料　　　　　　GL（GLAZING）玻璃
MR（MIRROR）镜子　　　　 PL（PLASTIC）塑料　　　　　CT（CEMENT）水泥
MO（MOSAIC）马赛克　　　 MP（MINERAL PRODUCTION）矿制品

典型装饰材料表如表6-8所示。

表6-8　典型装饰材料表

代号	代号说明	编号	物料名称	规格	使用区域
TL	TILE	01	瓷砖	600mm×600mm白色亚面砖	客厅地砖
		02	瓷砖	300mm×300mm白色防滑砖	厨房地砖
		03	瓷砖	200mm×200mm深灰色防滑砖	阳台地砖
		04	瓷砖	300mm×600mm深色防滑砖	卫生间地砖
		05	瓷砖	300mm×300mm咖啡色通体砖	阳台墙面
		06	瓷砖	200mm×300mm白色釉面砖	卫生间墙面
		07	瓷砖	50mm×50mm彩色马赛克瓷砖	卫生间淋浴间
ST	STONE	01	石材	20mm厚鱼肚白大理石	电视背景墙
		02	石材	20mm厚塞浦路斯灰大理石	飘窗台
		03	石材	米白色大理石	设计图
WD	WOOD	01	木材	90×900深色实木地板	设计图
MP	MINERAL PRODUCTION	01	石膏板	12厘白色石膏板	天花吊顶
		02	石膏板	白色石膏板（尺寸见图）	设计图
PT	PAINT	01	涂料	加拿大柏迪森涂料	设计图
WB	WOOD PLASTIC BOARD	01	木塑板	200mm×2200mm浅棕生态木	阳台吊顶
		02	木塑板	18mm厚深色生态木	设计图
AA	ALUMINIUM ALLOY	01	复合铝扣板	300mm×300mm复合铝扣板	卫生间、厨房
		02	铝扣板	5mm厚茶色铝合金包边	设计图
		03	铝扣板	铝合金踢脚线	设计图
WP	WALLPAPER	01	墙纸	米白色玉兰墙纸	墙面
MF	WETAL FINISH	01	木饰面	仿生态深色木饰面	设计图
		02	木饰面	深色木饰面	设计图
MR	MIRROR	01	镜子	茶色车边镜	设计图
GL	GLAZING	01	玻璃	12mm厚亚光玻璃隔断	卫生间隔断
MT	METAL	01	金属	不锈钢边框	设计图
PO	POTTERY	01	陶质	轻质陶粒	卫生间

4.物料表：列明家具、电器及洁具等的类别、编号、规格尺寸等，常采用分类排序（即"类别代号"+"编号"）的列表方式，其类别代号含义有：

FU（FURNITURE）家具　　　　　　HW（HARDWARE）五金　　　　　SW（SANITARY WARE）洁具
KT（KITCHEN）厨房设备　　　　　AR（ARTWORK）艺术陈设　　　　PL（PLANT）植物
SF（SOFT FURNISHINGS）软装潢　　EE（EQUIPMENT & ELECTRICAL）装置与电器

典型物料如表6-9所示。

表6-9 典型物料

代号	代号说明	编号	物料名称	规格	使用区域
FU	FURNITURE	01	玄关柜	2425mm×350mm×2400mm原木色	玄关
		02	餐桌	现代风成品六人餐桌	餐厅
		03	餐椅	现代风成品餐椅	餐厅
		04	沙发	成品皮质三人沙发	客厅
		05	沙发脚踏	240mm×465mm×450mm皮质	客厅
		06	茶几	成品亮面现代风茶几	客厅
		07	书椅	成品皮质书椅	书房
		08	电视柜	定制原木色电视柜（尺寸见图）	客厅
		09	休闲椅	成品花园休闲椅	阳台
		10	休闲桌	成品花园休闲桌	阳台
		11	床头柜	成品现代风床头柜	卧室
		12	双人床	1500mm×2000mm×450mm	主卧、小孩房
		13	化妆椅	成品木制化妆椅	卧室
		14	化妆桌	1058mm×470mm×720mm	卧室
		15	化妆镜	不锈钢包边	卧室
		16	衣柜	见图	卧室
		17	定制书柜	定制原木色（尺寸见图）	书房
		18	书桌	1530mm×667mm×740mm	书房
		19	单人床	1200mm×2000mm×450mm	小孩房
		20	定制置物柜	定制原木材料（尺寸见图）	见设计图
		21	隐形门	900mm×2100mm生态木隐形门	见设计图
		22	推拉门	900mm×2150mm推拉门	厨房
		23	磨砂玻璃门	800mm×2050mm磨砂玻璃门	卫生间
		24	置物柜	卫镜一体式置物柜	卫生间
SF	SOFT FURNISHINGS	01	枕头	白色鹅毛枕头	见设计图
		02	窗帘	不饱和蓝色带纱	见设计图
		03	抱枕	棉花抱枕	见设计图
		04	毛毯	深色毛毯	客厅
		05	时钟	成品现代风时钟	见设计图
LL	LAMPS & LANTERNS	01	床头灯	成品床头灯	主卧、小孩房
		02	台灯	成品台灯	见设计图
		03	暗装筒灯	暗装圆形筒灯	天花
		04	吸顶灯	600mm×600mm圆形吸顶灯	见设计图
		05	艺术吊灯	700mm×700mm三色吊灯	见设计图
		06	暗装灯带	暗装暖色LED灯带	见设计图
SW	SANITARY WARE	01	马桶	成品白色落地马桶	卫生间
		02	抽纸盒	110mm×230mm×90mm	卫生间
		03	花洒	离地高2040mm	卫生间
		04	五金挂件	成品五金挂件	见设计图
		05	洗手台	大理石石材	见设计图

（续表）

代号	代号说明	编号	物料名称	规格	使用区域
SW	SANITARY WARE	06	水槽	312mm×360mm×500mm油防水涂料	阳台
		07	卫浴柜	防水木色卫浴柜（尺寸见图）	卫生间
		08	洗手盆	成品洗手盆	见设计图
KI	KITCHEN	01	煤气灶	成品煤气灶	见设计图
		02	洗菜盆	成品洗菜盆	见设计图
EE	EQUIPMENT & ELECTRICAL	01	液晶电视	60寸液晶电视	客厅
		02	烤箱	620mm×600mm×420mm	厨房
		03	洗衣机	成品洗衣机	见设计图
		04	空调	800mm×300mm×380mm	见设计图
		05	热水器	1000mm×210mm×420mm	卫生间
		06	一体浴霸灯	模块化一体浴霸灯	卫生间
PL	PLANT	01	发财树	1200mm光瓜栗	阳台

（五）平面类图纸

详见《第二章 平面布置图设计》和《第三章 辅助平面图设计》。

（六）立面类图纸

详见《第四章 立面图设计》。

（七）构造类图纸

详见《第五章 构造详图设计》。

第二节 室内装饰施工图输出

一、施工图线型

制图规范对施工图线型有明确要求（参见第二章第一节的"施工图线型与线宽"）。常见的单点画线（Center）和虚线（Dashed）的间隙约为6个绘图单位，此空隙过大或者过小都会导致线型非正常显示。绘图过程中往往出现上述线型在模型空间显示正确，但在布局空间中显示近似直线的情况，其原因正是线型比例设置不当。正确的线型比例设置方法如下（参见附录Ⅰ视频6-1）：

（1）在"线型管理器"窗口中执行步骤①（选中单点画线和虚线）和②（将全局比例因子设置为图纸缩小比例的1/5左右，例如1∶50的平面图就设置全局比例因子为10），此时dwg文件模型空间中单点画线和虚线实际间隙约为6×10=60，间隙疏密与平面图其他图线和标注匹配。

（2）执行步骤③（取消"缩放时使用图纸空间单位"）和④。（图6-4）

（3）输入命令"REA"（重新生成），原布局中比例不正确的线型即可恢复正常显示。

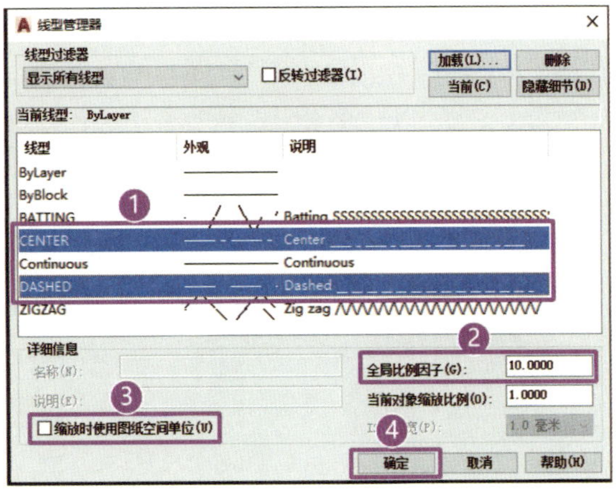

图6-4

二、施工图打印设置

控制打印线宽的基本思路是将不同线宽及灰度的图线分置于不同图层（对应不同颜色），在打印的时候以各种图线颜色来定义不同线宽。上述颜色与宽度的对应关系可以定义并保存为ctb文件（颜色打印样式表）反复使用。

（一）线宽优先级

dwg文件输出为pdf或图纸时，图线线宽定义优先级为PL线宽>分色线宽，故少数重要线宽以PL定义（参见第二章第一节的"施工图图幅及图框"），其余按照图线颜色分别定义线宽（参见附录Ⅰ视频6-2）。

（二）初次打印设置

（1）同时按"Ctrl"和"P"键，或点击"文件—打印"，调出打印设置窗口，执行步骤①（设置打印文件格式为pdf）、②（选择A3图幅），再执行步骤③④⑤（设置图形打印位置、大小及方向），选择⑥（初步选择打印全黑色图线），执行步骤⑦（进行打印样式设置）。（图6-5）（参见附录Ⅰ视频6-3）

图纸中大多数图线为细线，少量为粗线、中线及灰显；故可以先设定全部图线颜色均打印为黑色细线，然后再分别挑选粗线、中线及灰显对应的颜色进行特殊处理。

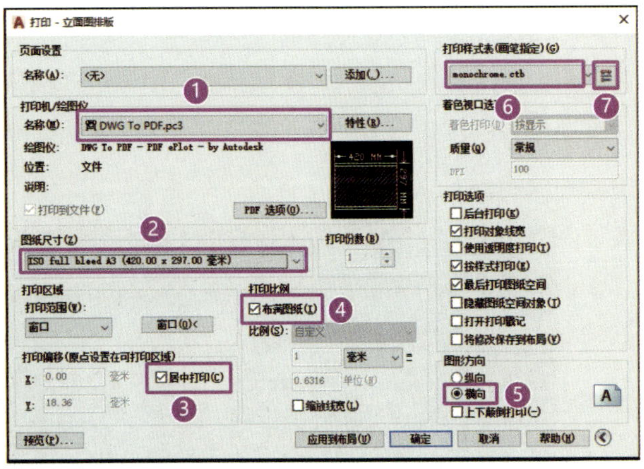

图6-5

（2）设定细线样式：进入"打印样式表编辑器"，执行步骤⑧（配合Shift键和滚动条全选所有颜色）、⑨（设定全部图线为100%黑色）、⑩（设定线型）、⑪（设定细线宽度）和⑫（设置图线连接处的转折为尖角）。（图6-6）（参见附录Ⅰ视频6-4）

（3）设定粗线、中线及灰显打印样式：执行步骤⑬⑭（设定7号色，打印为0.25mm粗线）。（图6-7）

（4）执行步骤⑮⑯（设定2号色，打印为0.15mm中线）。（图6-8）

（5）执行步骤⑰⑱（设定8号色，打印为50%灰度填充）。（图6-9）

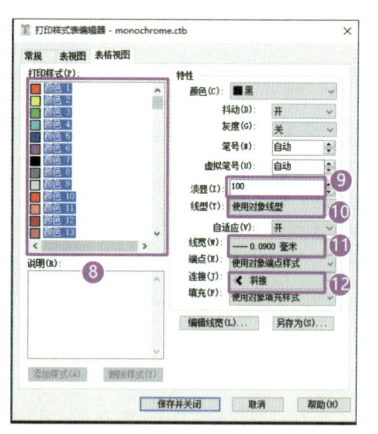

图6-6

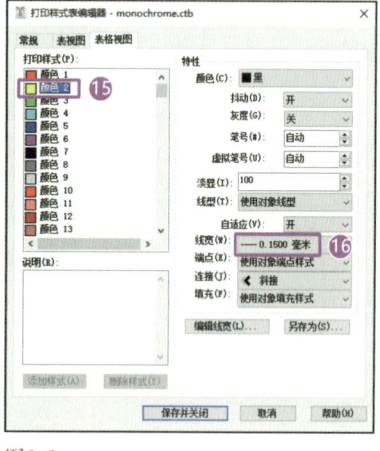

图6-7

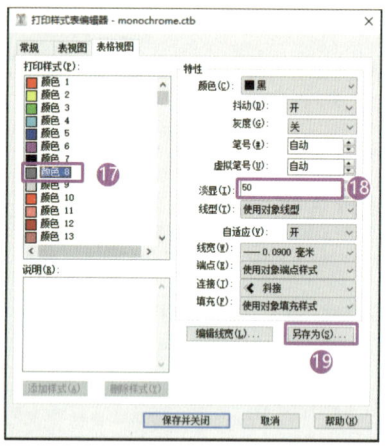

图6-8

图6-9

（6）执行步骤⑲⑳㉑㉒，将上述图线颜色与打印线宽对应关系另存为**.ctb（打印样式文件），继而执行步骤㉓（回到打印设置窗口）。（图6-10、图6-11）

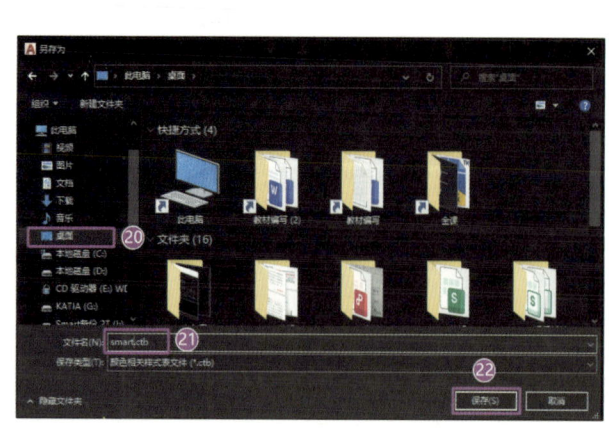

图6-10

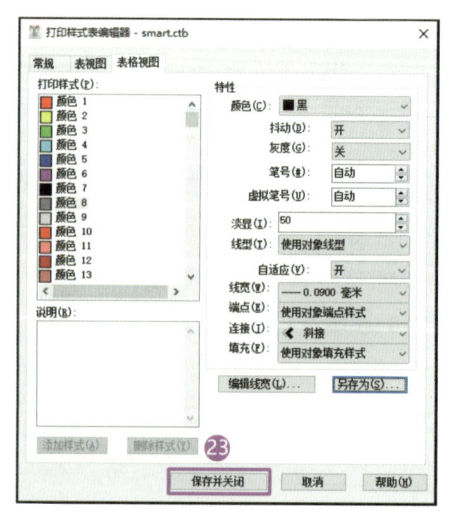

图6-11

第六章 施工图编排、输出与管理

（7）执行步骤㉔㉕（以选择矩形窗口对角点㉖㉗的方式确定打印范围）。（图6-12、图6-13）

图6-12

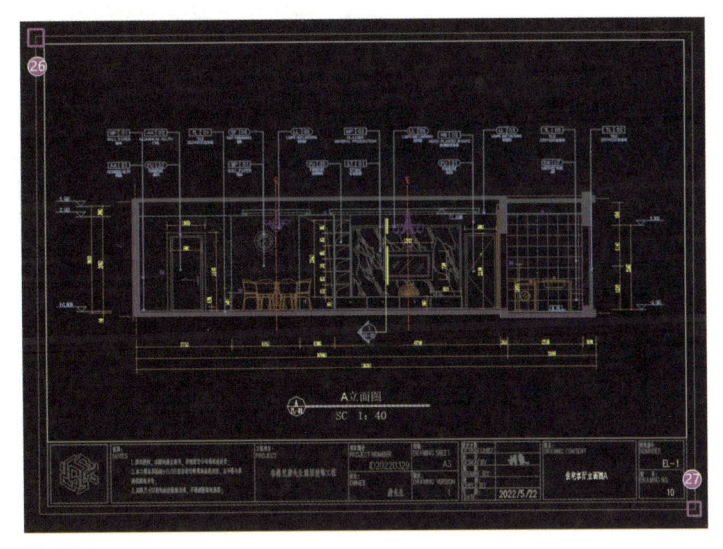

图6-13

（8）再次回到打印设置窗口，执行步骤㉘并配合鼠标滚轮即可放大查看打印预览，若打印预览不符合要求便可以重复①~㉗，直至打印预览符合要求后执行步骤㉙（将图纸打印为pdf并保存）。（图6-14）

（9）打印第二张图纸时需要重复使用上一次打印设置，执行步骤㉚即可代替①~㉓，然后重复㉔~㉙即可打印。（图6-15）

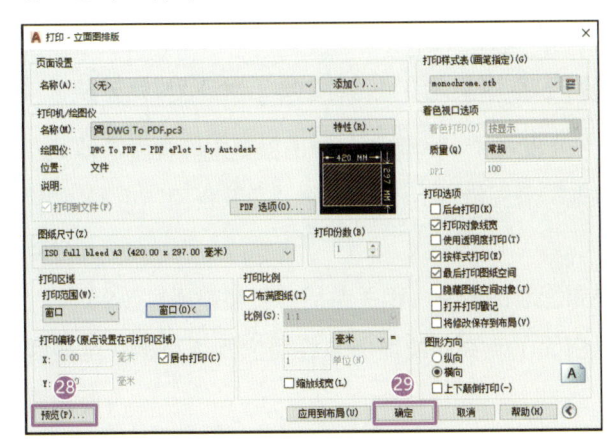

图6-14

图6-15

159

（三）多次打印设置

多次批量打印图纸时，安装前述**.ctb（打印样式文件）较为方便，安装方法为：

（1）输入命令"OP"调出"选项"面板，执行步骤①②③，然后执行步骤④（拷贝打印样式文件表文件夹路径）。（图6-16）

（2）打开资源管理器，执行步骤⑤（拷贝步骤④的地址至此）和⑥（拷贝之前的**.ctb文件至此，并加前缀@@，便于其在步骤⑦中置顶显示）。（图6-17）

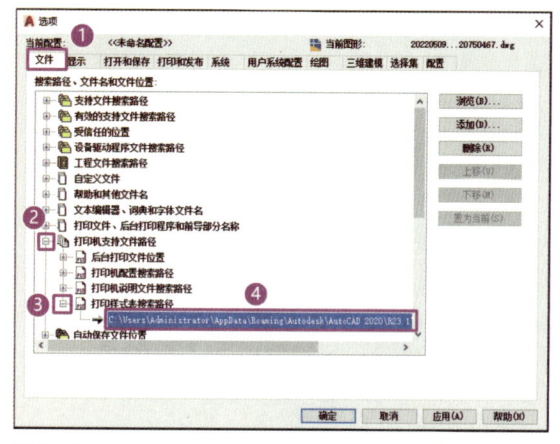

图6-16

图6-17

（3）执行步骤⑦⑧，即可设置好打印样式（与前述"初次打印设置"参数相同）。（图6-18、图6-19）

（4）进行后续打印操作（参见本节"初次打印设置"中步骤㉔～㉙）。

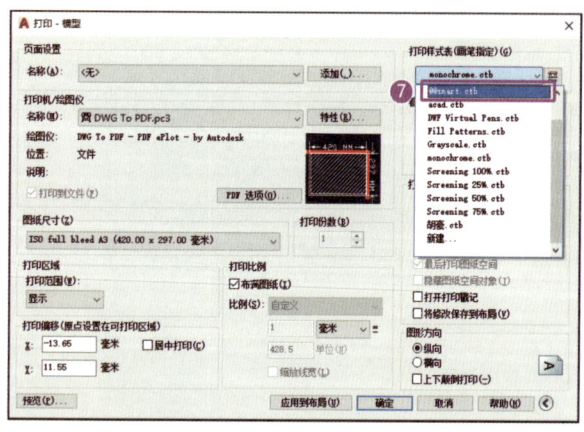

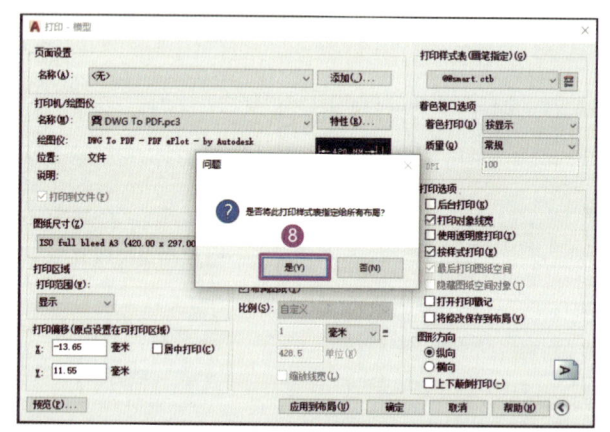

图6-18

图6-19

第三节　室内装饰施工图管理

一、施工图电子传递

施工图dwg文件常使用外部文件（如外部参照和字体文件），而在网络传输dwg文件时，上述外部文件常常缺失从而导致dwg文件不能正常显示，例如缺失字体文件（参见第一章第二节的"文字标注"），或者缺失外部参照文件（参见第二章第三节的"外部参照图框"）导致图线显示不全。使用电子传递，可以将dwg文件涉及的外部文件打包压缩后进行整体网络传输，降低出错的可能性。具体方法为：（参见附录Ⅰ视频6-5）

图6-20

（1）展开"文件"菜单后执行步骤①②，在随后的"创建传递"窗口可以看见dwg文件使用的外部文件（图片、绘图仪配置文件及外部参照等）。（图6-20）

（2）执行步骤③和④（重新设置传递内容）。（图6-21、图6-22）

（3）在"修改传递设置"窗口执行步骤⑤⑥⑦（将加载的shx字体也纳入电子传递范围）。（图6-23、图6-24）

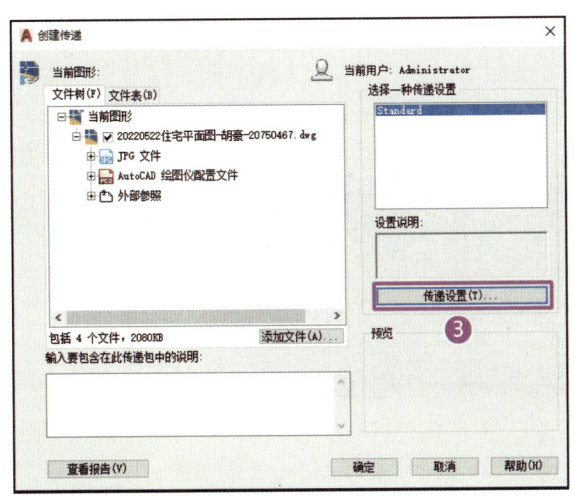

图6-21

图6-22

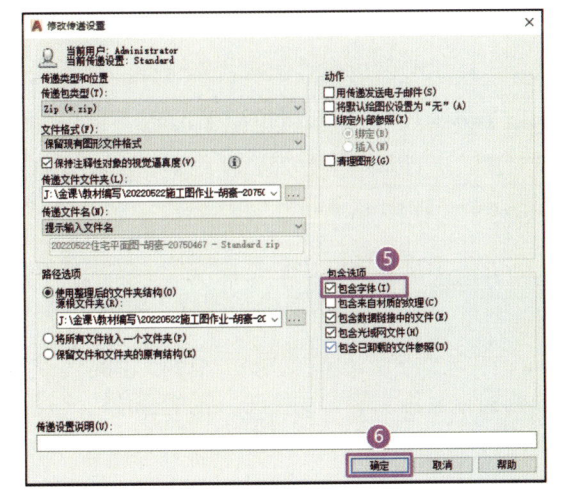

图6-23

图6-24

（4）回到"创建传递"窗口中可见shx等字体文件已纳入电子传递范围，执行步骤⑧⑨，将电子传递打包zip文件保存。（图6-25、图6-26）

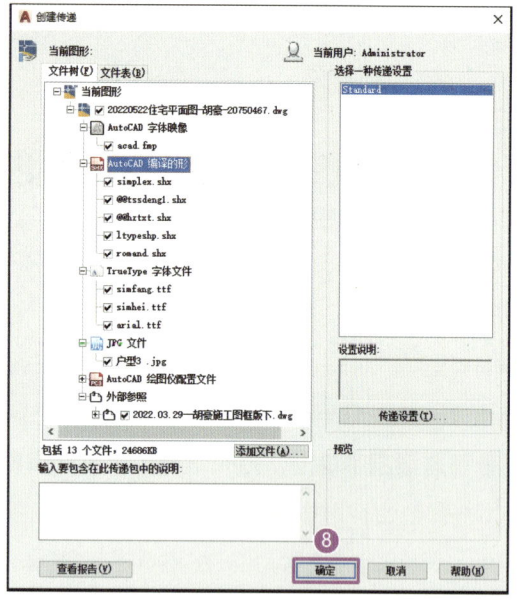

图6-25

图6-26

（5）右键该zip文件后执行步骤⑩（将电子传递文件解压缩），可得dwg文件及其外部文件。（图6-27）

图6-27

其中"Fonts"文件夹包含字体文件，"参考"文件夹包含外部图片及外部dwg参照文件。

二、施工图设计协同

施工图设计协同，即施工图设计过程中的数据动态更新与设计团队协作。室内装饰项目规模的扩大及设计周期加长导致图纸大量增加，整套施工图纸必须由设计团队合作完成。由于设计过程是不断更新细节的动态过程，因此全设计周期内，无论是单个设计师前后期的工作还是不同设计师之间的工作配合，都会产生大量的数据交互。传统人工核对方式工作量巨大且准确性较差，因此，必须采取相关手段迅速提高数据交互与核对的效率和准确性，即施工图设计协同。

施工图设计协同是当下设计行业技术更新的一个重要方向，也是设计技术发展的必然趋势。目前设计协同分为三个层级：

（1）文件级协同：XREF（外部参照dwg及图片等，参考第二章第三节的"外部参照图框"）。

（2）图层级协同：DWS（图层转换，参考第二章第二节"建筑底图的制作"）。

（3）数据级协同：BIM（三维数据协同）。

其中数据级协同适用于大型公共建筑中复杂的三维结构，而文件级协同及图层级协同常用于中小型项目建筑设计及室内装饰设计。常见的设计协同模式为：设计团队各成员的成果dwg文件均置于局域网服务器上，团队成员根据自身设计任务及权限完成并上传相应的设计文件至服务器，团队领导负责最终施工图纸的合成、编排与管理。

施工图设计协同模式减少了各专业之间及专业内部由于沟通不畅导致的错、漏、碰、缺，真正实现所有图纸信息元的单一性，实现一处修改其他自动修改，提升设计效率和设计质量。同时设计协同也对项目规范化管理起到重要作用，包括进度管理、设计文件管理、人员负荷管理、审批流程管理、自动批量打印及分类归档等。

三、施工图设计审查

施工图设计审查是资深技术人员按照有关法律法规，对施工图涉及公共利益、公众安全和工程建设强制性标准的内容进行的审查。施工图设计审查分为内审与外审，内审由设计单位总工负责完成，外审由建设主管部门认定的施工图审查机构完成。施工图设计审查的基本内容为：

（1）设计文件是否齐全。

（2）施工图设计所依据的有关标准、规定及规范是否恰当、正确。

（3）总图尺寸与分图、大样图等图纸的一致性。

（4）总索引图与分图、详图中编号是否相符。

……

四、竣工图归档

竣工图是指室内装饰项目完成验收后，真实反映项目实际施工结果的图样。竣工图归档是将竣工图按照规定的标准进行整理、保存和管理的过程，以保证竣工图的准确性、完整性和持久性。竣工图是工程施工的最终交工图纸，对客户和施工单位都具有重要的意义。

一方面，室内装饰工程施工过程中会因为各种原因（材料更换、工艺改变或造价调整）调整施工图内容，至工程竣工验收时，工程实际内容会与原施工图有一定差异；另一方面，室内装饰工程是一项复杂的系统工程，在装饰面层之下存在大量的不可见的隐蔽工程，而这些隐蔽工程往往涉及工程安全与使用功能。因此，在工程竣工时保留一套反映工程实际情况的完整竣工图尤为重要，这相当于给室内装饰工程保存一套完整的最新体检资料，竣工图对工程竣工后的保养和维护具有十分重要的意义。制作竣工图有两种方法：

第一种方法是在施工过程中将局部修改信息更新至电子版的原始施工图中，当工程竣工时即形成完整的电子版竣工图，最后将电子版竣工图打印成纸质版图即可。

第二种方法是先打印原始纸质版施工图，然后针对局部修改信息加盖竣工图章以及印戳，记录修改的相关内容及依据，最后将修改过的纸质版施工图当作竣工图。（图6-28、图6-29）

图6-28   图6-29

  竣工图归档的具体技术细节要求参见《GB/T 10609.3-2009技术制图　复制图的折叠方法》及《GB/T 50328-2019建设工程文件归档规范》。

附录 I　教学视频索引

视频0-1　设计协作与流程
视频0-2　设计图纸分类
视频1-1　投影准确性与读图方向
视频1-2　字体种类
视频1-3　单线字体设置
视频1-4　文字替代
视频1-5　标注尺寸线与关联标注
视频1-6　标注起止符号与数字
视频1-7　标注单位与比例调整
视频1-8　常用标注命令
视频1-9　遮罩
视频1-10　绘图次序
视频1-11　标高属性
视频1-12　索引符号与引出标注解析
视频1-13　索引符号属性
视频1-14　折断线的意义与绘制方法
视频1-15　轴线
视频1-16　孔洞符号与位置
视频1-17　烟风道符号与构造
视频1-18　对中CL线规范、绘制与应用
视频1-19　云线、电梯与转角符号
视频1-20　材料符号块表
视频2-1　快速访问工具栏、菜单栏及工具面板
视频2-2　文件选项卡、背景色、光标及捕捉、动态提示框、命令行与参照文件淡入度
视频2-3　模型与布局选项卡、状态栏
视频2-4　绘图单位、保存与打印
视频2-5　提速增效、自定义快捷键与配置文件
视频2-6　图幅、图框与会签
视频2-7　图幅版式选择
视频2-8　图框签名
视频2-9　字段基础（日期、工程名与自动标高）

视频2-10　线型类别与线型参数

视频2-11　线型与线宽

视频2-12　比例与细节

视频2-13　打印比例与线宽

视频2-14　总平面索引图与缩略图

视频2-15　图层控制与特殊图层

视频2-16　图层映射DWS01-概念与实例

视频2-17　图层映射DWS02-实例与操作

视频2-18　图层映射DWS03-建筑底图与缩略图

视频2-19　家装底图处理

视频2-20　装饰完成线与门套线

视频2-21　视口概念

视频2-22　外部参照XA-概念与基本操作

视频2-23　外部参照XA-参数设置

视频2-24　视口比例、锁定、空间转换

视频3-1　图层状态概念与意义

视频3-2　图层状态设置步骤

视频3-3　自定义填充图案

视频3-4　视口灰显

视频3-5　开关基本概念

视频3-6　开关控制类型和位置

视频3-7　墙面插座与地面插座

视频3-8　插座面板类型与特殊插座

视频4-1　剖面与立面

视频4-2　转折剖面

视频4-3　外部参照图层与图层状态

视频4-4　外部参照与块的裁切

视频5-1　材料连接与生根

视频5-2　工艺配合与模数

视频5-3　装饰对位与收口

视频5-4　多视口与异形视口

视频6-1　线型全局比例、当前缩放与缩放使用图纸单位

视频6-2　线宽优先级与打印基础概念

视频6-3　打印页面基础参数设置

视频6-4　打印线宽样式设置

视频6-5　电子传递

附录Ⅱ 图表参考

图1-1 中华人民共和国住房和城乡建设部、中华人民共和国国家质量监督检验检疫总局.GB/T 50001-2017房屋建筑制图统一标准[M].北京：中国计划出版社，2018

图1-2 中华人民共和国住房和城乡建设部、中华人民共和国国家质量监督检验检疫总局.GB/T 50104-2010建筑制图标准[M].北京：中国计划出版社，2011

图1-3 中华人民共和国住房和城乡建设部.JGJ/T 244-2011房屋建筑室内装饰装修制图标准[M].北京：中国计划出版社，2011

图1-4 中国建筑标准设计研究院.16J502-4内装修-细部构造[M].北京：中国计划出版社，2017

图1-7 中华人民共和国住房和城乡建设部、中华人民共和国国家质量监督检验检疫总局.GB/T 50001-2017房屋建筑制图统一标准[M].北京：中国计划出版社，2018：44

图1-9 中华人民共和国住房和城乡建设部、中华人民共和国国家质量监督检验检疫总局.GB/T 50104-2010建筑制图标准[M].北京：中国计划出版社，2011：10

图1-10 中华人民共和国住房和城乡建设部、中华人民共和国国家质量监督检验检疫总局.GB/T 50001-2017房屋建筑制图统一标准[M].北京：中国计划出版社，2018：15

图1-28 中华人民共和国住房和城乡建设部、中华人民共和国国家质量监督检验检疫总局.GB/T 50001-2017房屋建筑制图统一标准[M].北京：中国计划出版社，2018：43

图1-29 中华人民共和国住房和城乡建设部、中华人民共和国国家质量监督检验检疫总局.GB/T 50001-2017房屋建筑制图统一标准[M].北京：中国计划出版社，2018：10

图1-31a 中华人民共和国住房和城乡建设部、中华人民共和国国家质量监督检验检疫总局.GB/T 50001-2017房屋建筑制图统一标准[M].北京：中国计划出版社，2018：45

图1-31b 中华人民共和国住房和城乡建设部、中华人民共和国国家质量监督检验检疫总局.GB/T 50001-2017房屋建筑制图统一标准[M].北京：中国计划出版社，2018：45

图1-46 中华人民共和国住房和城乡建设部、中华人民共和国国家质量监督检验检疫总局.GB/T 50001-2017房屋建筑制图统一标准[M].北京：中国计划出版社，2018：53

图1-65 中华人民共和国住房和城乡建设部、中华人民共和国国家质量监督检验检疫总局.GB/T 50001-2017房屋建筑制图统一标准[M].北京：中国计划出版社，2018：44

图1-66 中华人民共和国住房和城乡建设部、中华人民共和国国家质量监督检验检疫总局.GB/T 50001-2017房屋建筑制图统一标准[M].北京：中国计划出版社，2018：49

图1-67 中华人民共和国住房和城乡建设部、中华人民共和国国家质量监督检验检疫总局.GB/T 50104-2010建筑制图标准[M].北京：中国计划出版社，2011：6

图1-68 中华人民共和国住房和城乡建设部、中华人民共和国国家质量监督检验检疫总局.GB/T 50104-2010建筑制图标准[M].北京：中国计划出版社，2011：7

图1-69　中华人民共和国住房和城乡建设部、中华人民共和国国家质量监督检验检疫总局.GB/T 50001-2017房屋建筑制图统一标准[M].北京：中国计划出版社，2018：21

图1-77　中华人民共和国住房和城乡建设部、中华人民共和国国家质量监督检验检疫总局.GB/T 50001-2017房屋建筑制图统一标准[M].北京：中国计划出版社，2018：22

图1-85　中华人民共和国住房和城乡建设部、中华人民共和国国家质量监督检验检疫总局.GB/T 50001-2017房屋建筑制图统一标准[M].北京：中国计划出版社，2018：21

图1-87　中华人民共和国住房和城乡建设部、中华人民共和国国家质量监督检验检疫总局.GB/T 50104-2010建筑制图标准[M].北京：中国计划出版社，2011：26

图1-88　中华人民共和国住房和城乡建设部.JGJ/T 244-2011房屋建筑室内装饰装修制图标准[M].北京：中国计划出版社，2011：10

图1-98　中华人民共和国住房和城乡建设部、中华人民共和国国家质量监督检验检疫总局.GB/T 50001-2017房屋建筑制图统一标准[M].北京：中国计划出版社，2018：24

图1-102　中华人民共和国住房和城乡建设部、中华人民共和国国家质量监督检验检疫总局.GB/T 50001-2017房屋建筑制图统一标准[M].北京：中国计划出版社，2018：22

图1-103　中华人民共和国住房和城乡建设部、中华人民共和国国家质量监督检验检疫总局.GB/T 50001-2017房屋建筑制图统一标准[M].北京：中国计划出版社，2018：22

图1-104　中华人民共和国住房和城乡建设部、中华人民共和国国家质量监督检验检疫总局.GB/T 50001-2017房屋建筑制图统一标准[M].北京：中国计划出版社，2018：22

图1-107　中华人民共和国住房和城乡建设部、中华人民共和国国家质量监督检验检疫总局.GB/T 50001-2017房屋建筑制图统一标准[M].北京：中国计划出版社，2018：26

图1-109　中华人民共和国住房和城乡建设部、中华人民共和国国家质量监督检验检疫总局.GB/T 50104-2010建筑制图标准[M].北京：中国计划出版社，2011：7

图1-110　中华人民共和国住房和城乡建设部、中华人民共和国国家质量监督检验检疫总局.GB/T 50104-2010建筑制图标准[M].北京：中国计划出版社，2011：7

图1-111　中华人民共和国住房和城乡建设部、中华人民共和国国家质量监督检验检疫总局.GB/T 50104-2010建筑制图标准[M].北京：中国计划出版社，2011：10

图1-117　中华人民共和国住房和城乡建设部、中华人民共和国国家质量监督检验检疫总局.GB/T 50104-2010建筑制图标准[M].北京：中国计划出版社，2011：10

图1-118　中华人民共和国住房和城乡建设部、中华人民共和国国家质量监督检验检疫总局.GB/T 50104-2010建筑制图标准[M].北京：中国计划出版社，2011：10

图1-119　中华人民共和国住房和城乡建设部、中华人民共和国国家质量监督检验检疫总局.GB/T 50104-2010建筑制图标准[M].北京：中国计划出版社，2011：11

图1-122　中华人民共和国住房和城乡建设部、中华人民共和国国家质量监督检验检疫总局.GB/T 50104-2010建筑制图标准[M].北京：中国计划出版社，2011：17

图1-123　中华人民共和国住房和城乡建设部、中华人民共和国国家质量监督检验检疫总局.GB/T 50104-2010建筑制图标准[M].北京：中国计划出版社，2011：22

图1-124　中华人民共和国住房和城乡建设部.JGJ/T 244-2011房屋建筑室内装饰装修制图标准[M].北京：中国计划出版社，2011：13

图1-128　中华人民共和国住房和城乡建设部.JGJ/T 244-2011房屋建筑室内装饰装修制图标准[M].北京：中国计划出版社，2011：14

图2-60　中华人民共和国住房和城乡建设部、中华人民共和国国家质量监督检验检疫总局.GB/T 50001-2017房屋建筑制图统一标准[M].北京：中国计划出版社，2018：7

表2-1　中华人民共和国住房和城乡建设部、中华人民共和国国家质量监督检验检疫总局.GB/T 50001-2017房屋建筑制图统一标准[M].北京：中国计划出版社，2018：5

表2-5　中华人民共和国住房和城乡建设部、中华人民共和国国家质量监督检验检疫总局.GB/T 50001-2017房屋建筑制图统一标准[M].北京：中国计划出版社，2018：17

图2-87　中华人民共和国住房和城乡建设部、中华人民共和国国家质量监督检验检疫总局.GB/T 50001-2017房屋建筑制图统一标准[M].北京：中国计划出版社，2018：34

图2-88　中华人民共和国住房和城乡建设部、中华人民共和国国家质量监督检验检疫总局.GB/T 50001-2017房屋建筑制图统一标准[M].北京：中国计划出版社，2018：34

图3-25　中国建筑标准设计研究院.20J813《民用建筑设计统一标准》图示[M].北京：中国计划出版社，2020：6-3

图4-1　中华人民共和国住房和城乡建设部、中华人民共和国国家质量监督检验检疫总局.GB/T 50001-2017房屋建筑制图统一标准[M].北京：中国计划出版社，2018：34

图4-7　中华人民共和国住房和城乡建设部、中华人民共和国国家质量监督检验检疫总局.GB/T 50001-2017房屋建筑制图统一标准[M].北京：中国计划出版社，2018：35

图4-10　中国建筑标准设计研究院.12J502-2内装修-室内吊顶[M].北京：中国计划出版社，2013：A15

图4-12　中华人民共和国住房和城乡建设部、中华人民共和国国家质量监督检验检疫总局.GB/T 50104-2010建筑制图标准[M].北京：中国计划出版社，2011：10

图4-13　中华人民共和国住房和城乡建设部、中华人民共和国国家质量监督检验检疫总局.GB/T 50001-2017房屋建筑制图统一标准[M].北京：中国计划出版社，2018：36

图4-14　中华人民共和国住房和城乡建设部、中华人民共和国国家质量监督检验检疫总局.GB/T 50103-2010总图制图标准[M].北京：中国计划出版社，2011：14

图4-16　中国建筑标准设计研究院.20J813《民用建筑设计统一标准》图示[M].北京：中国计划出版社，2020：6-31

图4-17　中国建筑标准设计研究院.20J813《民用建筑设计统一标准》图示[M].北京：中国计划出版社，2020：6-31

表4-1　中华人民共和国住房和城乡建设部.GB 50352-2019民用建筑设计统一标准M].北京：中国计划出版社，2020：30-31

图4-18　中国建筑标准设计研究院.20J813《民用建筑设计统一标准》图示[M].北京：中国计划出版社，2020：6-26

图4-19　中国建筑标准设计研究院.20J813《民用建筑设计统一标准》图示[M].北京：中国计划出版社，2020：6-26

图4-21　中国建筑标准设计研究院.20J813《民用建筑设计统一标准》图示[M].北京：中国计划出版社，2020：6-27

图4-22　中国建筑标准设计研究院.20J813《民用建筑设计统一标准》图示[M].北京：中国计划出版社，2020：6-27

图4-23　中国建筑标准设计研究院.20J813《民用建筑设计统一标准》图示[M].北京：中国计划出版社，2020：6-42

图4-24　中国建筑标准设计研究院.20J813《民用建筑设计统一标准》图示[M].北京：中国计划出版社，2020：6-42

图4-25　中国建筑标准设计研究院.20J813《民用建筑设计统一标准》图示[M].北京：中国计划出版社，2020：6-43

图4-26　中国建筑标准设计研究院.20J813《民用建筑设计统一标准》图示[M].北京：中国计划出版社，2020：6-43

图4-27　中国建筑标准设计研究院.20J813《民用建筑设计统一标准》图示[M].北京：中国计划出版社，2020：6-43

图5-1　中国建筑标准设计研究院.13J502-1内装修-墙面装修[M].北京：中国计划出版社，2013：J05

图5-2　中国建筑标准设计研究院.13J502-1内装修-墙面装修[M].北京：中国计划出版社，2013：D17

图5-3　中国建筑标准设计研究院.12J502-2内装修-室内吊顶[M].北京：中国计划出版社，2013：A47

图5-4　中国建筑标准设计研究院.13J502-1内装修-墙面装修[M].北京：中国计划出版社，2013：J05

图5-5　中国建筑标准设计研究院.13J502-3内装修-楼（地）面装修[M].北京：中国计划出版社，2013：P02

图5-6　中国建筑标准设计研究院.16J502-4内装修-细部构造[M].北京：中国计划出版社，2017：E07

图5-7　中国建筑标准设计研究院.13J502-3内装修-楼（地）面装修[M].北京：中国计划出版社，2013：G05

附录Ⅲ　室内装饰施工图（部分）例图

香格里唐宅室内装饰工程施工图A版

2024 年 3 月 25 日

项目编号：ID2024-01

XX设计公司

XX省XX市XX区XX大道XX栋XX室

TEL：0755-12345678　　FAX：0755-12345678

图纸目录

序号	图纸编号	图名	比例及图幅
01		图纸封面	
02	GI-01	图纸目录、设计说明	A3
03	GI-02	灯具图例、地材图例、电器图例	A3
04	GI-03	标注图例、隔墙图例、装饰材料表	A3
05	GI-04	物料表	A3
06	PL-01	家具及索引平面图	1:50(A3)
07	PL-02	铺地平面图	1:50(A3)
08	PL-03	天花布置平面图	1:50(A3)
09	PL-04	灯具开关连线平面图	1:50(A3)
10	PL-05	插座平面图	1:50(A3)
11	EL-01	客厅A立面图	1:40(A3)
12	EL-02	书房B立面图、卧室C立面图	1:30(A3)
13	EL-03	卫生间D、E、F、G展开立面图	1:30(A3)
14	DT-01	天花吊顶构造详图、LED灯带安装大样图	1:5(A3)
15	DT-02	电视背景墙构造详图、卫浴柜及地砖构造详图	1:10(A3)

设计说明

(一) 项目概况

1.1 工程名称：香格里唐宅室内装饰工程
1.2 建设单位：深圳职业技术学院室内设计教研室
1.3 建设地点：云南省昆明市滇藏高台州格里店

2.1 工程设计标准国家现行设计规范；
2.2 房屋建筑制图标准2010；
2.3 建筑制图标准2010。

(二) 设计内容及范围

3.1 本装饰工程包括室内地面、墙面、天花吊顶及家具配置；
3.2 设计施工要求。

(三) 防火要求

4.1 根据建设等级及防火建筑规范及《建筑设计防火规范》要求，在本装饰工程设计中主要采用阻燃性材料和难燃性材料；
4.2 所有隐蔽木结构部分表面（包括木搁栅、基层板表面）及隔墙内表面必须涂刷防火涂料两遍。

(四) 防腐处理

5.1 墙、顶面通道等部分防止潮湿侵入造成入混凝土底木结构变形、腐烂，所有隐蔽木结构部分表面（包括木搁栅、基层板双面）涂刷防腐漆两遍；
5.2 为防止钢构件锈蚀，所有钢结构表面容器构件应除锈、刷防锈漆两遍。

(五) 吊顶装饰工程

6.1 卫、餐厅及其他配水间湿区吊顶采用铝合金扣板；
6.2 卧房、书房用厚300mm*300mm复合铝板；
6.3 石膏板搁栅采用12mm*1200mm*3000mm纸面石膏板，石膏线装修、切45度角、自攻螺丝施工。

6.4 吊顶顶与墙壁、窗套、门套等交接应处理密实，不得漏缝现象。

(六) 墙面装饰工程

7.1 卧、餐厅墙面用色600mm*600mm釉面砖；
7.2 厨房、卫生间、阳台墙面用尺800mm*300mm,300mm*600mm,200mm*200mm防滑砖墙；
7.3 主卧、小卧房、书房采用900mm*18mm装饰木纹板墙装。

(七) 其他装修工程

8.1 踢脚面用白玉兰白墙基；
8.2 电视背景墙采用木纹理、石膏雕塑、墙纸LED灯带；
8.3 主卧木质家采用墙面木纹墙、卫生间合装修、其余采用白色玉兰墙装；
8.4 沙发背景墙采用木纹墙白色玉兰墙。

(八) 灯具、五金配件

9.1 预订、灯具、艺术灯等按特定建议按造型；
9.2 卫生间全部金属件采用铜质防锈蚀的不锈钢件，铜卫浴器产品。

(十) 其他说明

未尽事宜，参照现行有关国家规范作及规范执行。

说明：
1. 若无表明，本图铁单位是亳米，否则按公司图纸格式注意；
2. 本工程底层标高是±0.000由设计师勘现场决定，且不得与原建筑图纸冲突；
3. 未标尺寸以图纸标注尺寸为准，不得擅自图纸修改。

项目编号 PROJECT NUMBER	ID2024-01
业主 OWNER	唐先生

工程项目 PROJECT：香格里唐宅室内装饰工程

图名 DRAWING CONTENT	图纸目录 设计说明
设计主持 DESIGN CHIEF	
设计 DESIGN BY	青松
制图 DRAWN BY	松
审核 CHECK BY	
日期 DATE	2024/3/25
图幅 DRAWING SHEET	A3
版次 DRAWING VERSION	1

| 图纸编号 NUMBER | GI-1 |
| 图号 DRAWING NO. | 1 |

一、灯具图例

图例	说明	英文名（ENGLISH）	规格	位置
✳	艺术吊灯		700mm*700mm三色吊灯	客厅、餐厅
◉	吸顶灯		600mm*600mm圆形吸顶灯	见图
▧	排风机		300mm*300mm	卫生间
▦	一体浴霸灯		300mm*300mm	卫生间
⊕	筒灯		暗装圆形筒灯	客厅
-----	灯带		暗装暖色LED灯带	客厅

二、地材图例

图例	中文说明（CHINA）	英文名（ENGLISH）
→○	放线起始方向	
0.9% ◁	排水找坡	
▣	地漏	

三、电器图例

平面图例	立面图例	英文名	中文名	位置
╱	□	1-GANG SWITCH	一位单控开关	墙上
╱╱	▤	2-GANG SWITCH	二位单控开关	墙上
╱	□	1-GANG 2 WAY SWITCH	一位双控开关	墙上
╱╱	▥	2-GANG 2 WAY SWITCH	二位双控开关	墙上
╱╱╱	▥	3-GANG 2 WAY SWITCH	三位双控开关	墙上
╱╱╱╱	▥	4-GANG 2 WAY SWITCH	四位双控开关	墙上
▽3	⊡	3-HOLE SOCKET	三孔电源插座	墙上
▽4	⊞	4-HOLE SOCKET	四孔电源插座	墙上
▽5	⊞	5-HOLE SOCKET	五孔电源插座	墙上
▽S	⊡	1-GANG 5-HOLE SOCKET	一开双控五孔电源插座	墙上
▽D	⊡	AIR CONDITIONER,HOOD AND WASHING MACHINE	空调、油烟机、洗衣机等插座	墙上
▽R	⊡	TELEPHONE SOCKET	电话插座	墙上
▽W	⊡	WATER HEATER SOCKET	热水器插座	墙上
▽N	⊡	NETWORK CABLE SOCKET	电视宽频网线插座	墙上
▽T	⊡	TV SOCKET	电视插座	墙上
▣	▭	GROUND SOCKET	地插口	墙上

说明：
NOTES
1. 本无反权，本图禁止翻，否则设计公司将依法追责。
2. 本工程各层标高±0.00是由设计师现场款线定位，且不得与原建筑层标冲突。
3. 尺寸标注以图纸标注为准，不得测量图纸核算。

工程项目： PROJECT	香格里唐宅室内装饰工程
项目编号： PROJECT NUMBER	IC2024-01
业主： OWNER	唐先生
图幅： DRAWING SHEET	A3
版次： DRAWING VERSION	1
设计主持 DESIGN CHIEF	
设计： DESIGN BY	
图： DRAWN BY	羽琴
校核： CHECK BY	
日期： DATE	2024/3/25
图名： DRAWING CONTENT	灯具图例 地材图例 电器图例
图纸编号： NUMBER	GI-2
图号： DRAWING NO.	2

173

四、标注图例

图例	说明
	立面索引
	剖面索引
文字说明	文字标注
文字说明	文字标注
	指北针
FU 01 FURNITURE 沙发暂略	家私标注
PT 02 200*200抛光砖	材料标注
+0.000	天花标高
	建筑轴号
±0.000	地面标高
±0.000	立面标高

五、隔墙图例

图例	中文说明（CHINA）	英文名（ENGLISH）
	原有剪力墙	
	原有建筑墙体	

六、装饰材料表

代号	代号说明	物料名称	编号	规格	使用区域
TL	TILE	瓷砖	01	600mm*600mm白色亚面砖	客厅地砖
		瓷砖	02	300mm*300mm白色防滑砖	厨房地砖
		瓷砖	03	200mm*200mm深灰色防滑砖	阳台地砖
		瓷砖	04	300mm*600mm深棕色防滑砖	卫生间地面
		瓷砖	05	300mm*300mm咖啡色通体砖	阳台墙面
		瓷砖	06	200mm*300mm白色釉面砖	卫生间墙面
		瓷砖	07	50mm*50mm彩色马赛克瓷砖	卫生间淋浴墙
ST	STONE	石材	01	20mm厚白色大理石	电视背景墙
		石材	02	20mm厚深色大理石	飘窗台
		石材	03	15mm厚深色大理石	电视背景墙
WD	WOOD	木材	04	米白色大理石（尺寸见图）	见图
		木材	01	90*900实木地板	见图
MP	MINERAL PRODUCTION	石膏板	01	12厘白色石膏板	天花吊顶
		石膏板	02	白色石膏板（尺寸见图）	见图
PT	PAINT	涂料	03	立邦大白他森涂料	见图
WB	WOOD PLASTIC BOARD	木塑板	01	18mm厚深色生态木	阳台吊顶
		木塑板	02	200mm*2200mm浅棕生态木	见图
AA	ALUMINIUM ALLOY	复合铝扣板	01	300mm*300mm复合铝合板	卫生间、厨房
		铝扣板	02	5mm厚本色铝合金包边	见图
		铝扣板	03	铝合金踢脚线	见图
WP	WALLPAPER	墙纸	01	米白色玉兰墙纸	墙面
MF	METAL FINISH	木饰面	01	仿生态深色木饰面	见图
		木饰面	02	深色木饰面	见图
MR	MIRROR	镜子	01	茶色车边镜	见图
GL	GLAZING	玻璃	01	12mm厚亚光玻璃隔断	卫生间隔断
MT	METAL	金属	01	不锈钢边框	见图
PO	POTTERY	陶瓷	01	轻质陶粒	卫生间

说明：
NOTES:
1. 未无说明，本图纸禁止转贝，否则设计公司将依法追责；
2. 本工程经标高±0.00由设计师背项做线放位，且不得与原建筑图纸冲突；
3. 求取尺寸以图纸标注套图为准，不得量取纸绘算。

项目编号: PROJECT NUMBER	ID2024-01	图名: DRAWING CONTENT	标注图例 隔墙图例 装饰材料表	图纸编号: NUMNBER	GI-3
业主: OWNER	唐先生				
工程项目: PROJECT	杏格里唐宅室内装饰工程	设计主持 DESIGN CHIEF / 设 计 DESIGN BY / 制 图 DRAWN BY / 校 核 CHECK BY	唐豪	图 号: DRAWING NO.	3
		日 期: DATE	2024/3/25		
		图幅: DRAWING SHEET	A3		
		版次: DRAWING VERSION	1		

七、物料表

代号	代号说明	编号	物料名称	规格	使用区域
FU	FURNITURE	01	玄关柜	2425mm*350mm*2400mm原木色	玄关
		02	餐桌	现代风成品六人餐桌	餐厅
		03	餐椅	现代风成品餐椅	餐厅
		04	沙发	成品皮质三人沙发	客厅
		05	沙发脚踏	240mm*465mm*450mm皮质	客厅
		06	茶几	成品亮面现代风茶几	客厅
		07	书柜		书房
		08	电视柜	定制原木色电视柜	客厅
		09	休闲椅	成品花园休闲椅	阳台
		10	休闲桌	成品花园休闲桌	阳台
		11	床头柜	成品现代风床头柜	见图
		12	双人床	1500mm*2000mm*450mm	主卧、小孩房
		13	化妆柜		见图
		14	化妆桌	1058mm*470mm*720mm	见图
		15	化妆凳	不锈钢包边	见图
		16	衣柜	见图	见图
		17	定制书柜	定制原木色(尺寸见图)	书房
		18	书桌	1530mm*667mm*740mm	书房
		19	单人床	1200mm*2000mm*450mm	小孩房
		20	定制置物柜	定制原木材料(尺寸见图)	见图
		21	隐形门	900mm*2100mm生态木隐形门	厨房
		22	推拉门	900mm*2150mm推拉门	卫生间
		23	磨砂玻璃门	800mm*2050mm磨砂玻璃门	见图
		24	置物柜	卫浴一体式置物柜	卫生间
KI	KITCHEN	01	煤气灶	成品煤气灶	见图
		02	洗菜盆	成品洗菜盆	见图

代号	代号说明	编号	物料名称	规格	使用区域
LL	LAMPS & LANTERNS	01	床头灯	成品床头灯	主卧、小孩房
		02	台灯	成品台灯	见图
		03	暗装筒灯	暗装圆形光筒灯	天花
		04	吸顶灯	600mm*600mm圆形吸顶灯	见图
		05	艺术吊灯	700mm*700mm三色吊灯	见图
		06	暗装灯带	暗装暖色LED灯带	见图
SW	SANITARY WARE	01	马桶	成品白色落地马桶	卫生间
		02	抽纸盒	110mm*230mm*90mm	卫生间
		03	花洒	离地高2040mm	卫生间
		04	五金挂件	成品五金挂件	见图
		05	洗手台	大理石石材	卫生间
		06	浴室柜	312mm*360mm*500mm防水木色卫浴柜(尺寸见图)	卫生间
		07	洗手盆	防水木色卫浴柜	卫生间
EE	EQUIPMENT & ELECTRICAL	01	液晶电视	60寸液晶电视	客厅
		02	洗衣机	620mm*600mm*420mm	厨房
		03	空调	成品洗衣机	见图
		04	热水器	800mm*300mm*380mm	卫生间
		05	一体浴霸灯	1000mm*210mm*420mm模块化一体浴霸灯	卫生间
PL	PLANT	01	发财树	发财树	阳台
SF	SOFT FURNISHINGS	01	枕头	白色鹅毛枕头	见图
		02	窗帘	不饱和壹色带纱	见图
		03	抱枕	棉花抱枕	见图
		04	毛毯	深色毛毯	客厅
		05	时钟	成品现代风时钟	见图

说明：
NOTES
1.若有疑问，本图纸未揉贝，各顾设计公司持法追责。
2.本工程各层标高±0.00应出设计青零界装线在，且不得与原建筑标示冲突。
3.实际尺寸以图纸标注数据为准，不得擅图纸量取。

工程项目 PROJECT	香格里唐宅室内装饰工程
项目编号 PROJECT NUMBER	ID2024-01
业主 OWNER	唐先生
图幅 DRAWING SHEET	A3
版次 DRAWING VERSION	1
设计主持 DESIGN CHIEF	胡豪
设计 DESIGN BY	
绘图 DRAWN BY	
校核 CHECK BY	
日期 DATE	2024/3/25
图名 DRAWING CONTENT	物料表
图纸编号 NUMBER	GI-4
图号 DRAWING NO.	4

家具及索引平面图 1:50

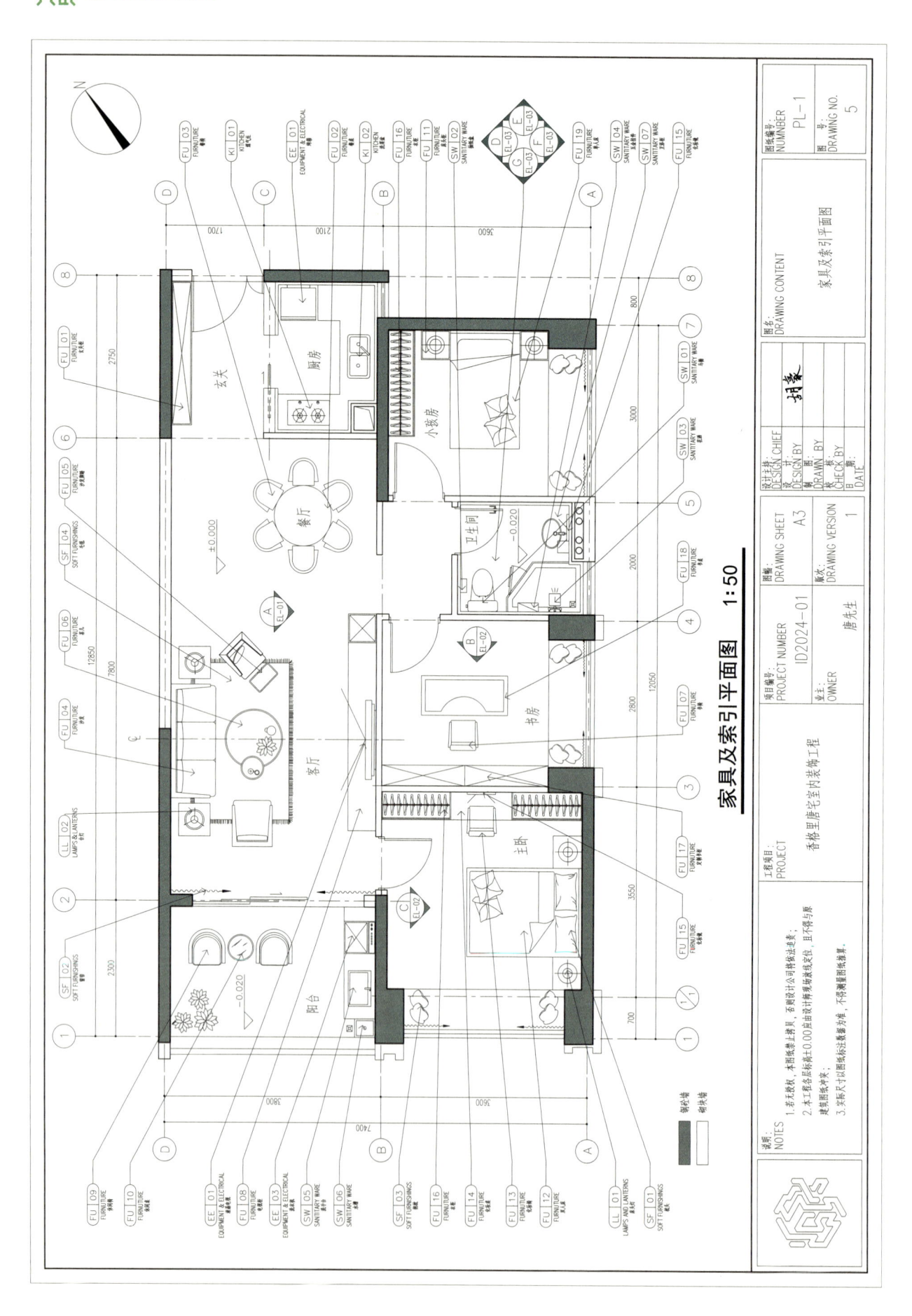

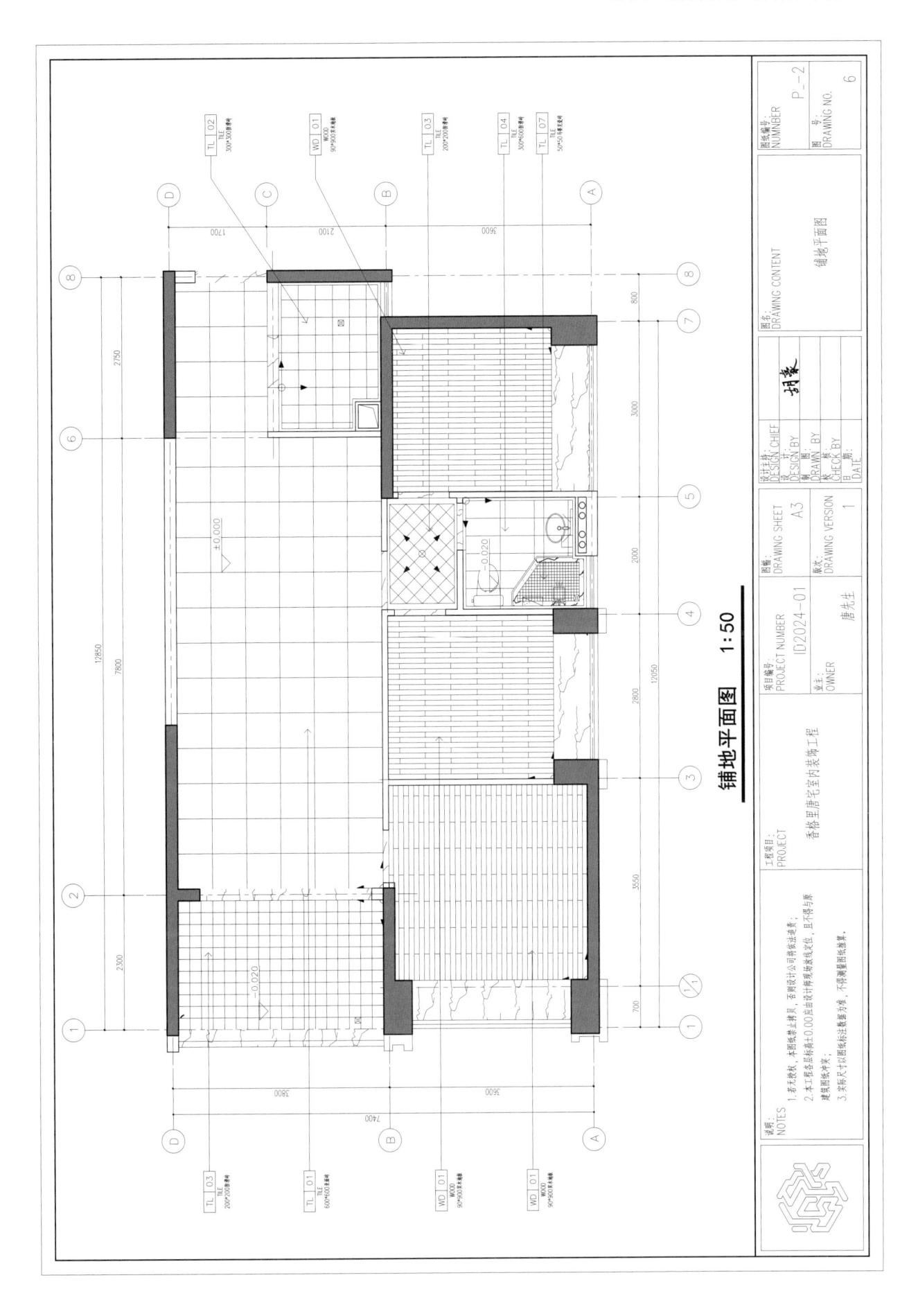

附录Ⅲ 室内装饰施工图（部分）例图

177

178

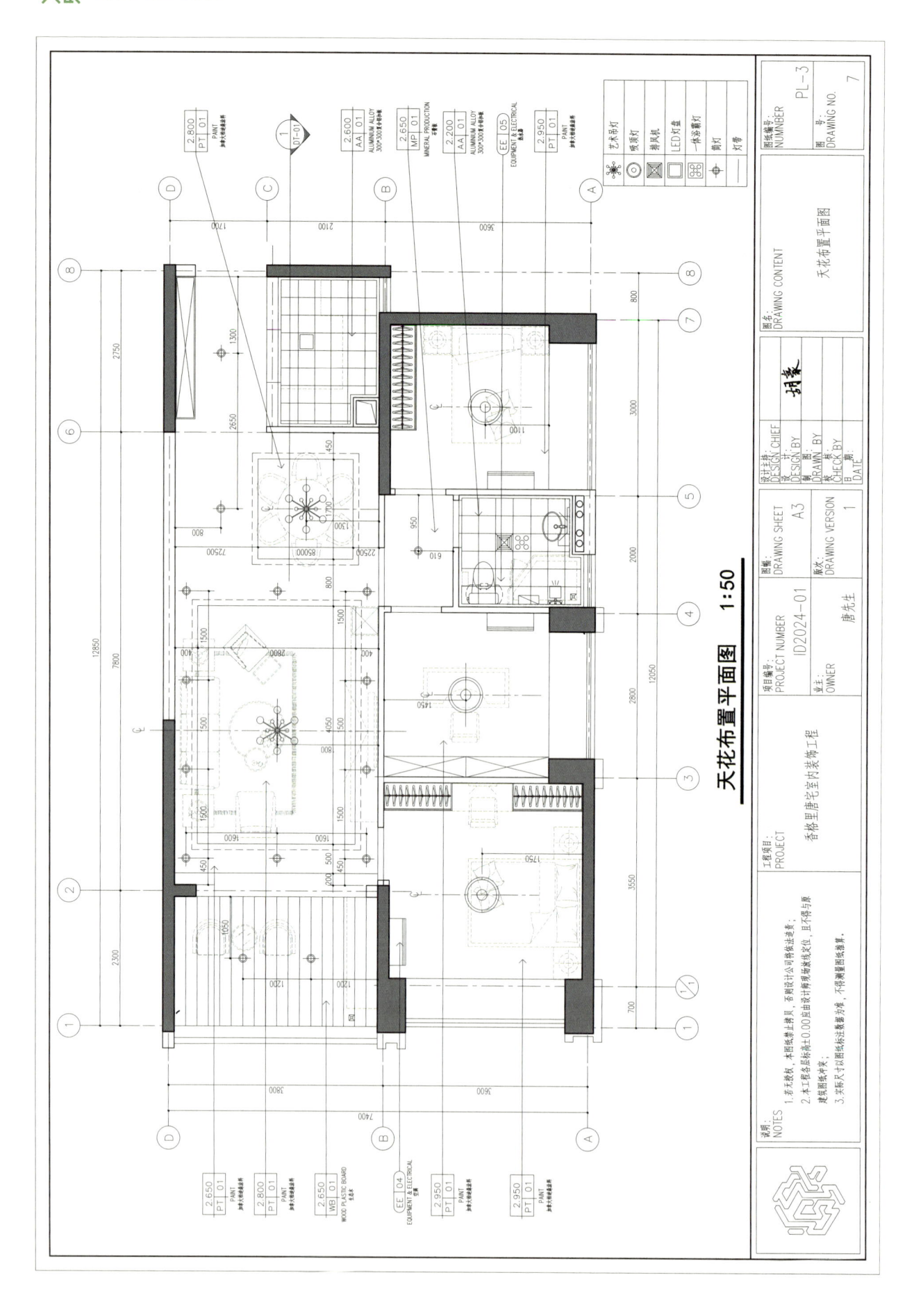

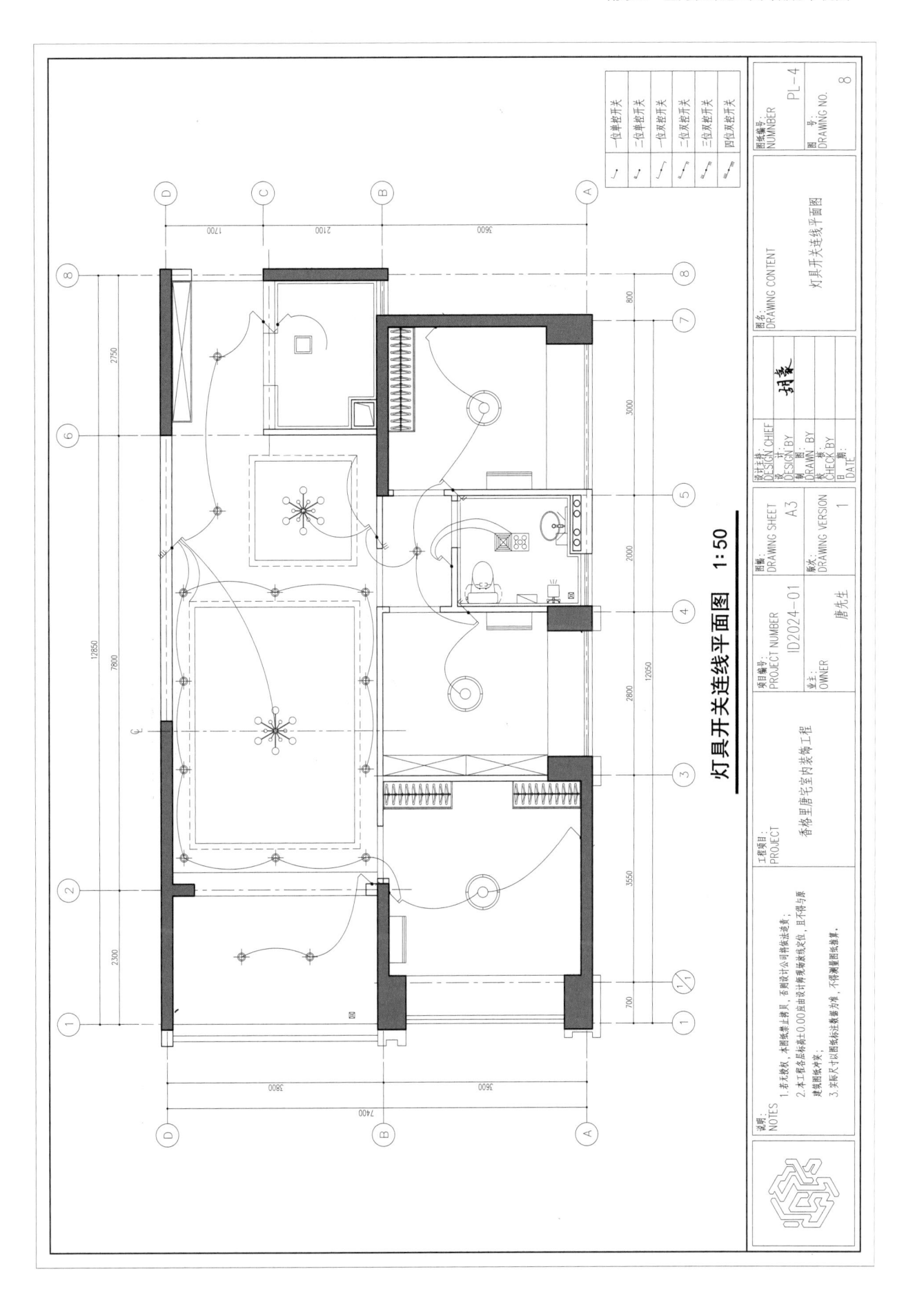

附录 Ⅲ 室内装饰施工图（部分）例图

灯具开关连线平面图 1:50

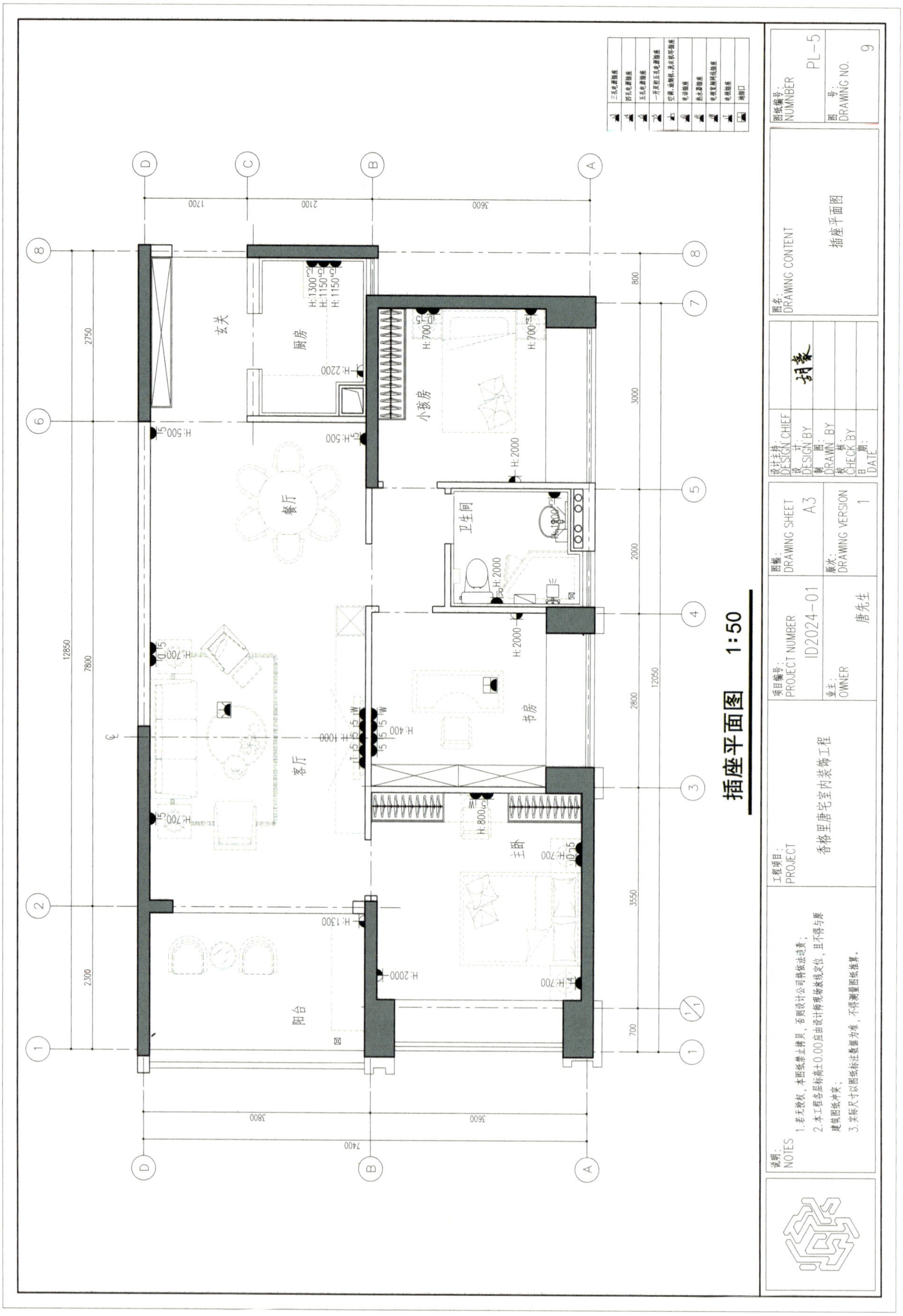
插座平面图 1:50
玄关
厨房
小孩房
餐厅
卫生间
客厅
书房
主卧
阳台
DRAWING CONTENT
插座平面图
NUMBER
PL-5
DRAWING NO.
9
DRAWING SHEET
A3
DRAWING VERSION
1
PROJECT NUMBER
ID2024-01
OWNER
唐先生
PROJECT
香格里唐宅室内装饰工程

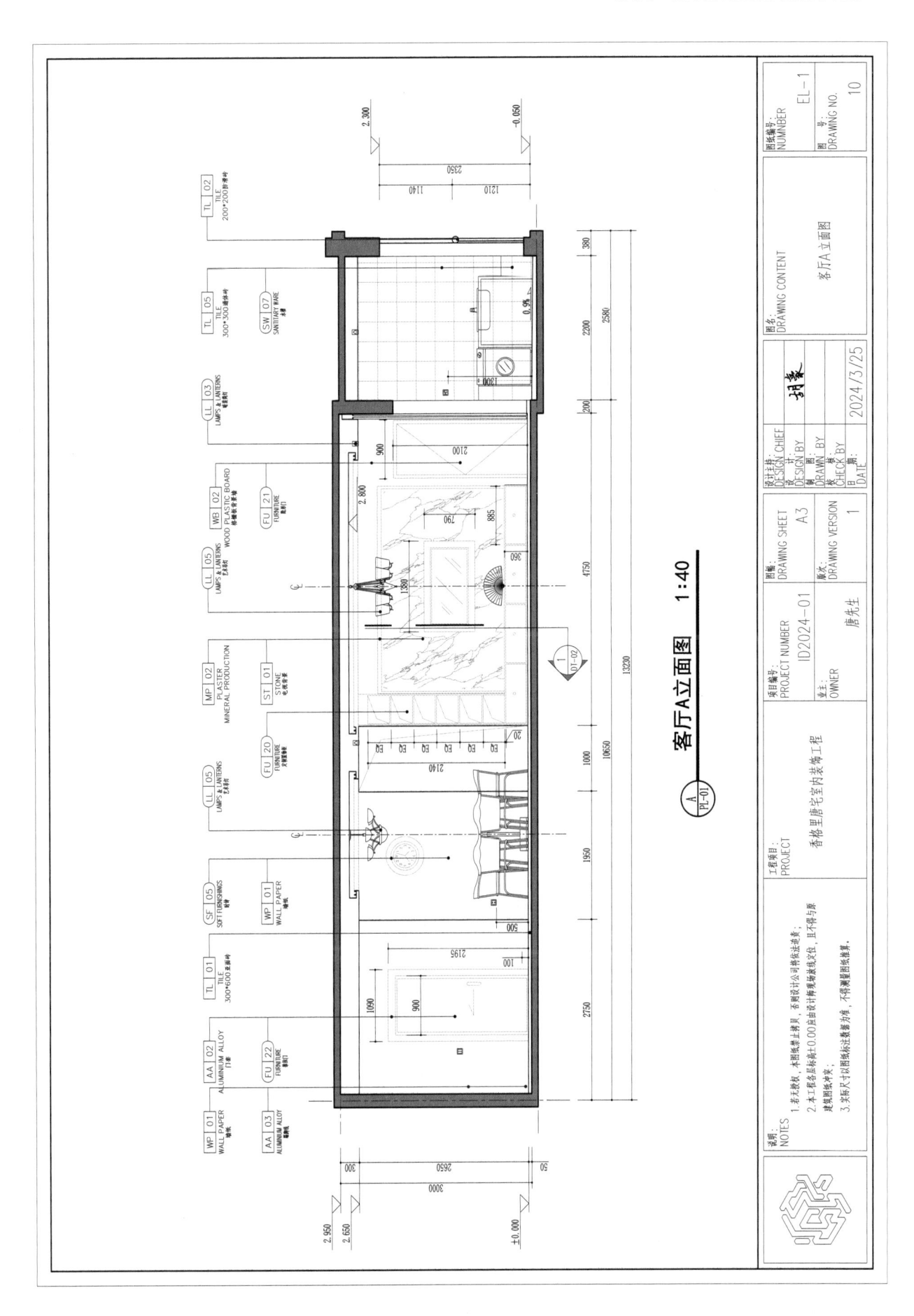

附录 Ⅲ 室内装饰施工图（部分）例图

客厅A立面图 1:40

181

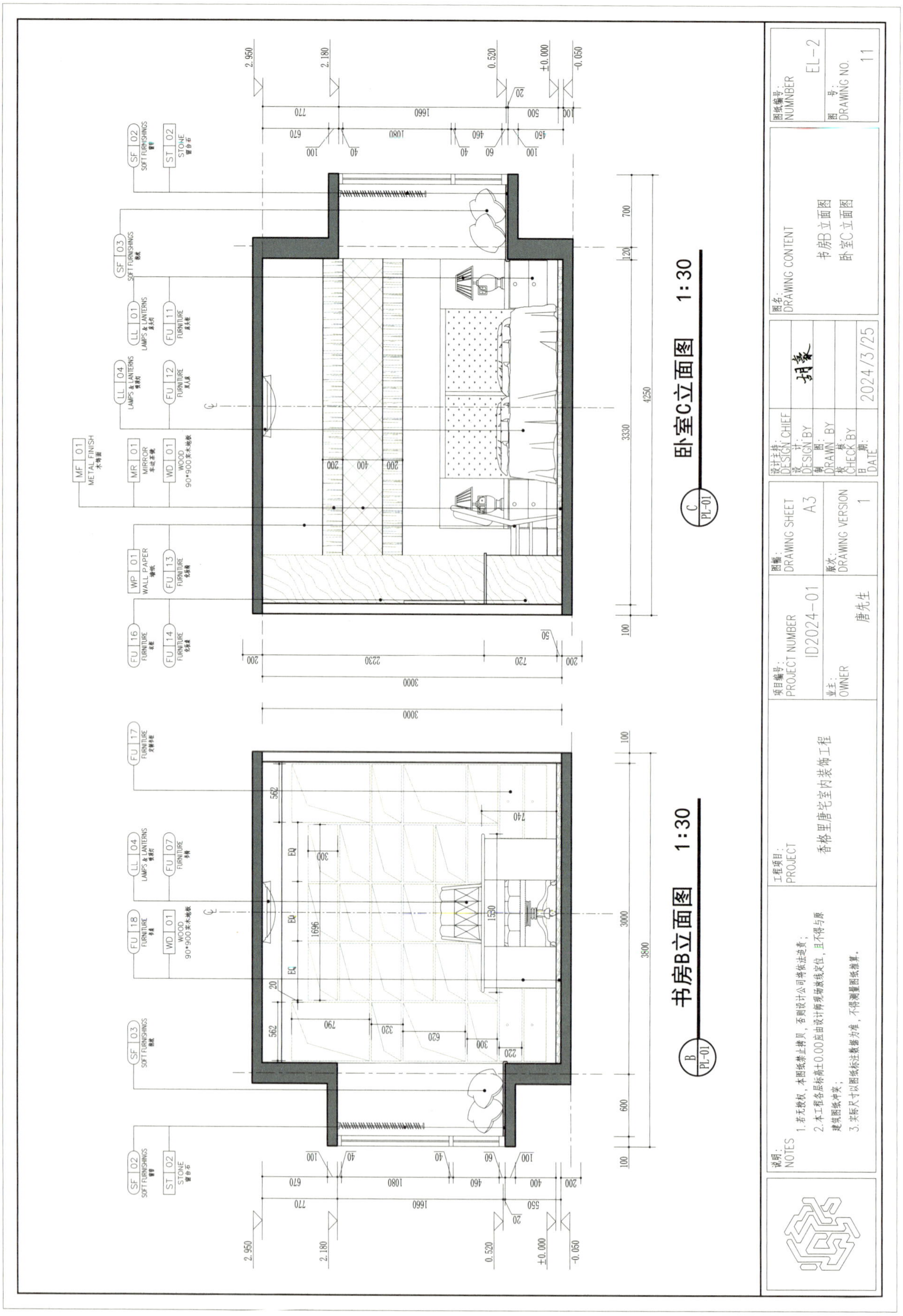
卧室C立面图 1:30
书房B立面图 1:30
说明:
NOTES
1.若无授权，本图纸禁止拷贝，否则设计公司将依法追责；
2.本工程各层标高±0.00应由设计师现场放线定位，且不得与原建筑图纸冲突；
3.实际尺寸以图纸标注数据为准，不得测量图纸换算。
工程项目:
PROJECT
香格里唐宅室内装饰工程
项目编号:
PROJECT NUMBER
ID2024-01
业主:
OWNER
唐先生
图幅:
DRAWING SHEET
A3
版次:
DRAWING VERSION
1
设计主持:
DESIGN CHIEF
设计:
DESIGN BY
制图:
DRAWN BY
校核:
CHECK BY
日期:
DATE
2024/3/25
图名:
DRAWING CONTENT
书房B立面图
卧室C立面图
图纸编号:
NUMNBER
EL-2
图号:
DRAWING NO.
11

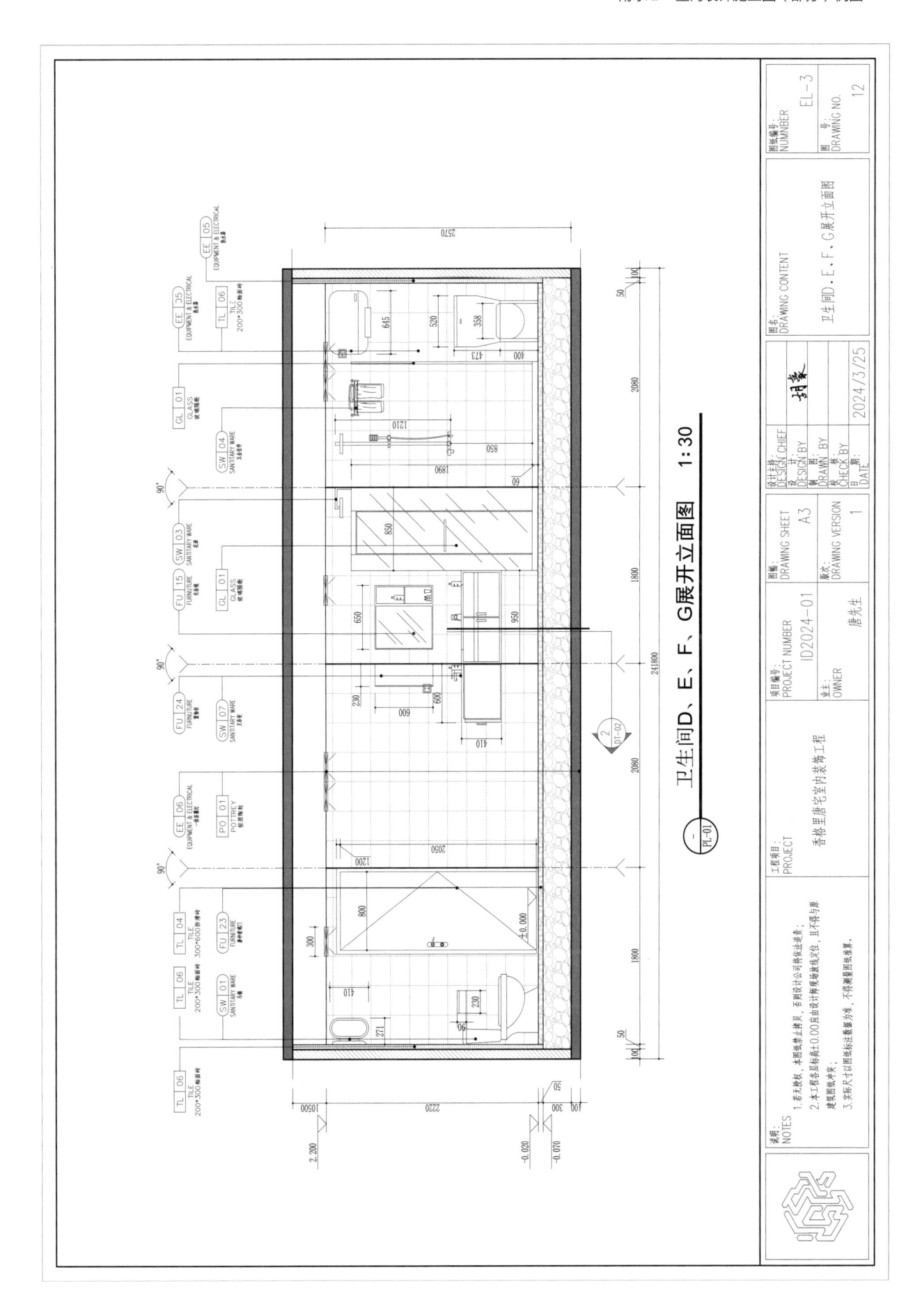

附录 Ⅲ 室内装饰施工图（部分）例图

卫生间 D、E、F、G 展开立面图 1:30

183

天花吊顶构造详图 / LED灯带安装大样图

LED灯带安装大样图 1:1

- 9厘层板
- COB灯带（4000k，9W/m）
- 16*16铝合金斜面灯槽
- 30*30*3连接角铁
- MP|01 MINERAL PRODUCTION 白色春瓷漆
- 副龙骨
- 12厘层板
- 纸面石膏板

天花吊顶构造详图 1:5

- 楼板结构
- φ8全丝螺栓
- 卡式主龙骨
- 9.5厚石膏板端
- 涂拿大松木色磁漆
- MP|01 白色春瓷漆
- 副龙骨
- LL|06 LAMP'S & LANTERNS 嵌装灯带
- 12厘阻燃木工板
- L金属挂件
- 卡式主龙骨
- 副龙骨

说明 NOTES:
1. 本图版权归本图绘制单位所有，否则设计公司保留追究；
2. 本工程各层标高自±0.00由设计师现场确定校核，且不得与原建筑图样不符；
3. 实际尺寸以图纸标注整套方案为准，不得测量图纸缩算。

项目编号 PROJECT NUMBER:	ID2024-01
业主 OWNER:	唐先生
工程项目 PROJECT:	香榭丽唐宅室内装饰工程
图纸 DRAWING SHEET:	A3
版次 DRAWING VERSION:	1
图名 DRAWING CONTENT:	天花吊顶构造详图 LED灯带安装大样图
设计主持 DESIGN CHIEF:	邦豪
设计 DESIGN BY:	
制图 DRAWN BY:	
校核 CHECK BY:	
日期 DATE:	2024/3/25
图纸编号 NUMBER:	DT-01
图号 DRAWING NO.:	13

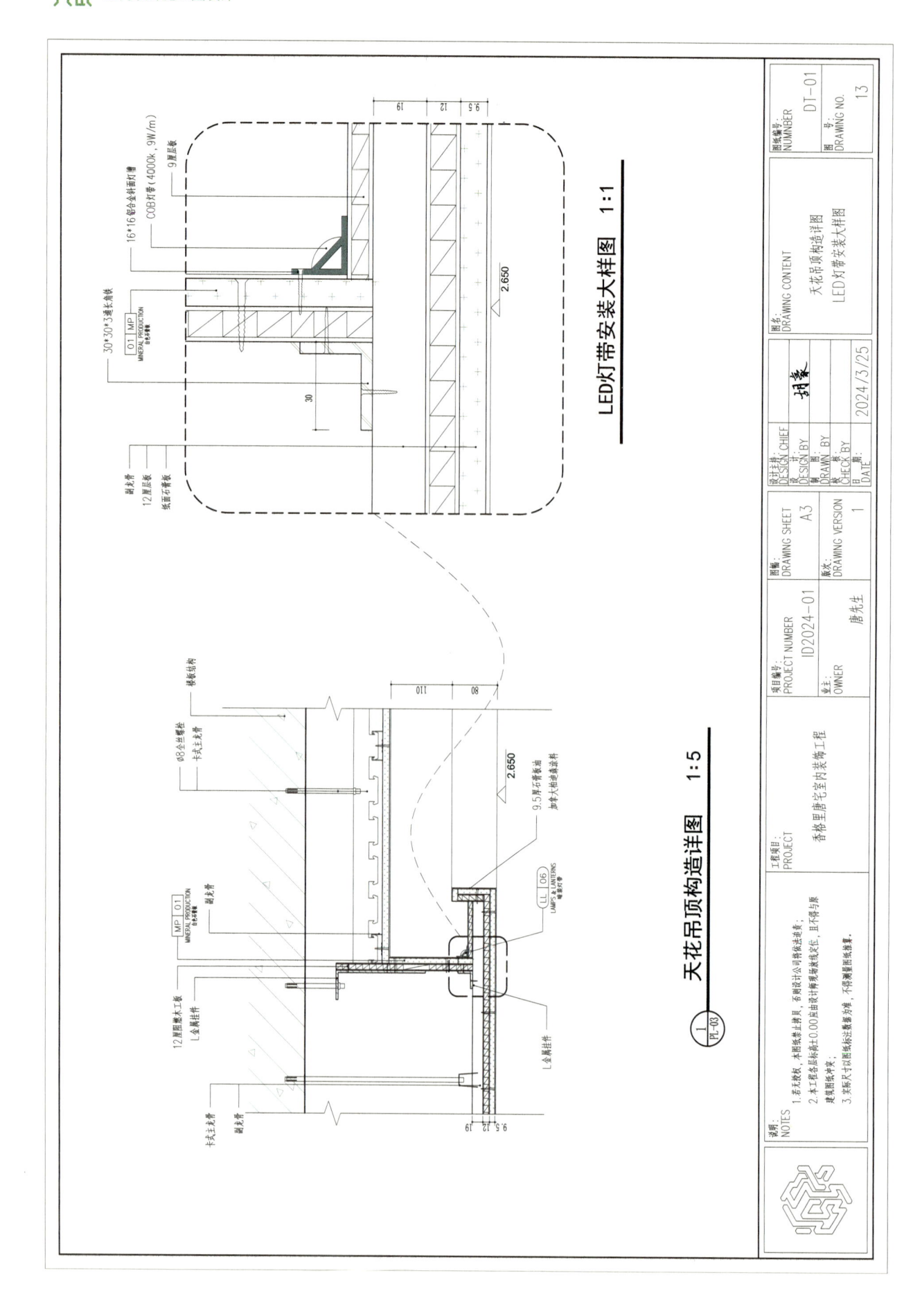

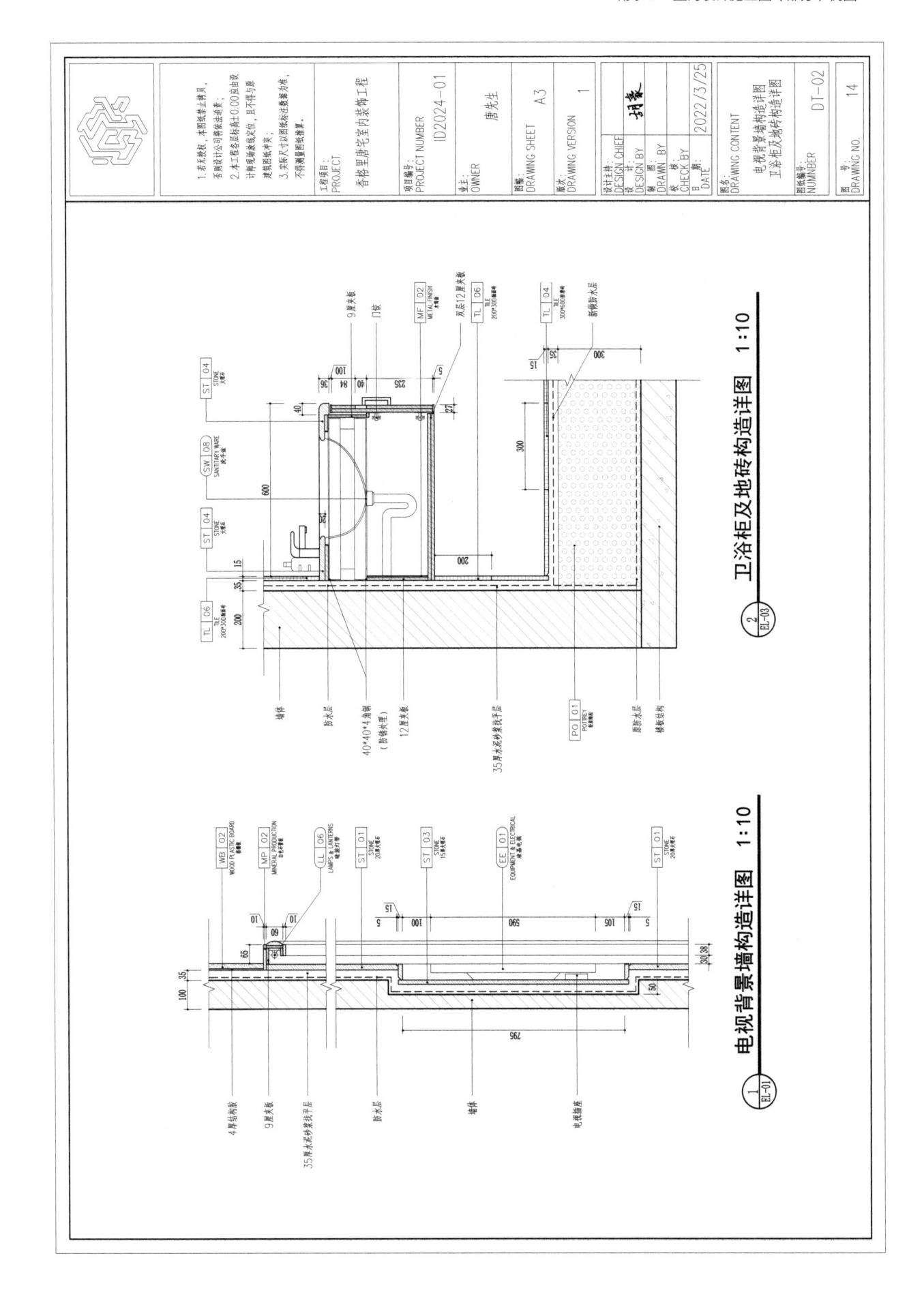

附录Ⅲ 室内装饰施工图（部分）例图

185